Christoph Überhuber
Stefan Katzenbeisser
Dirk Praetorius

MATLAB 7

Eine Einführung

SpringerWienNewYork

Ao. Univ.-Prof. Dipl.-Ing. Dr. Christoph Überhuber
Dipl.-Ing. Stefan Katzenbeisser
Institut für Angewandte und Numerische Mathematik
Univ.-Ass. Dipl.-Ing. Dr. Dirk Praetorius
Institut für Analysis und Scientific Computing
Technische Universität Wien, Wien, Österreich

SpringerWienNewYork ist ein Unternehmen von Springer Science + Business Media
springer.at

Satz: Reproduktionsfertige Vorlage der Autoren
Druck: Novographic Druck G.m.b.H., 1230 Wien, Österreich
Umschlagbild: Grafik von Robert Lettner und Phillipp Stadler, Wien, nach einer Vorlage von
Armin Scrinzi, Wien, die die Wirkung von ultrakurzen Laserpulsen darstellt
Gedruckt auf säurefreiem, chlorfrei gebleichtem Papier – TCF
SPIN 10990780

Mit 57 Abbildungen

Bibliografische Information Der Deutschen Bibliothek
Die Deutsche Bibliothek verzeichnet diese Publikation in der Deutschen Nationalbibliografie;
detaillierte bibliografische Daten sind im Internet über http://dnb.ddb.de abrufbar.

ISBN 3-211-21137-3 SpringerWienNewYork

Vorwort

Multifunktionale Programmsysteme vereinigen – mit unterschiedlichen Schwerpunkten – die Funktionalität von Numerik-, Symbolik- und Grafik-Systemen in übergeordneten Softwareprodukten mit einheitlicher Benutzerschnittstelle. Sie ermöglichen die komfortable interaktive Bearbeitung rasch wechselnder Aufgaben am PC oder auf einer Workstation.

MATLAB ist unter den multifunktionalen Programmsystemen der prominenteste Vertreter der numerisch orientierten Produkte. Mit diesem interaktiven Programm kann man Gleichungen sehr einfach definieren und auswerten, Daten und selbstdefinierte Funktionen speichern und wiederverwenden sowie Berechnungsergebnisse grafisch darstellen. Im Zentrum von MATLAB steht die interaktive numerische Lineare Algebra und Matrizenrechnung: **MAT**rix **LAB**oratory.

MATLAB umfasst neben Methoden der Matrizenrechnung noch viele andere numerische Verfahren, z. B. zur Nullstellenbestimmung von Polynomen, für die FFT (*Fast-Fourier-Transform*) und für die numerische Lösung von gewöhnlichen und partiellen Differentialgleichungen. Umfangreiche Grafik-Funktionalität ermöglicht das Erstellen von zwei- und dreidimensionalen technischen Grafiken am Farbbildschirm oder Drucker.

MATLAB verfügt über einen Interpreter und lässt sich programmieren. Auf diese Weise kann man die Funktionalität des Systems noch erweitern. Aus MATLAB können auch Fortran- und C-Programme aufgerufen werden, wodurch man die Bearbeitung rechenintensiver Aufgaben beschleunigen und bestehende Software einbinden kann.

Eine Reihe von Zusatzmodulen, sogenannte *Toolboxen*, sind für verschiedene Anwendungsgebiete und spezielle Aufgabenstellungen erhältlich: Signalverarbeitung, Splines, Chemometrie, Optimierung, Neuronale Netze, Regelungssysteme, Statistik, Bildverarbeitung etc. Eine spezielle Erweiterungsmöglichkeit von MATLAB geht in Richtung Symbolik: Mit der *Symbolic Math Toolbox*, die auf dem MAPLE-Kern aufbaut, wird der Bereich der Computer-Algebra abgedeckt.

Programmbeispiele

Umfangreichere MATLAB-Programmbeispiele, die die Verwendung von MATLAB zur Lösung von Aufgaben aus dem Bereich der Numerischen Mathematik veranschaulichen, konnten aus Platzgründen nicht vollständig in diesem Buch abgedruckt werden. Diese Beispiele sind durch den Zusatz **CODE** gekennzeichnet und können in maschinenlesbarer Form von

```
http://www.math.tuwien.ac.at/matlab
```

bezogen werden. Eine Beschreibung, wie aus MATLAB auf diese Beispiele zugegriffen werden kann, findet sich ebenfalls auf obengenannter Web-Site. Dort gibt es auch eine Reihe von Übungsaufgaben.

Danksagung

Dank möchten wir an dieser Stelle jenen aussprechen, die zur Entstehung dieses Buches beigetragen haben. Manuel Grohs danken wir für die sorgfältige sprachliche Überarbeitung des Textes. Bei Richard Warnung bedanken wir uns für die Bearbeitung der Programmieraufgaben und bei Michael Ibi für die äußerst kompetente Mitarbeit bei der Umsetzung des Manuskripts in LaTeX.

Winfried Auzinger vom Institut für Analysis und Scientific Computing der TU Wien hat große Teile des Manuskripts gelesen und dessen Gestalt durch Kritik und Verbesserungsvorschläge beeinflusst.

Viele Studenten der TU Wien haben durch Anregungen und Korrekturen dabei geholfen, aus einem Lehrbehelf ein Buchmanuskript zu schaffen. Ihnen allen möchten wir für ihre Hilfe und Unterstützung danken.

Das Entstehen dieses Buches wurde nicht zuletzt durch die Unterstützung des österreichischen Fonds zur Förderung der wissenschaftlichen Forschung (FWF) ermöglicht.

Wien, im September 2004   CHRISTOPH ÜBERHUBER
                                                                STEFAN KATZENBEISSER
                                                                DIRK PRAETORIUS

Inhaltsverzeichnis

Kapitel 1

MATLAB

Die erste Version von MATLAB wurde Ende 1970 an den Universitäten von New Mexico und Stanford entwickelt. MATLAB war als Lehrmittel für den Unterricht in Fächern wie Lineare Algebra oder Numerische Mathematik vorgesehen. Es sollte den Studenten die einfache Verwendung der numerischen Programmpakete LINPACK und EISPACK (den Vorläufern von LAPACK) ermöglichen.

MATLAB wurde im Laufe der Jahre, beruhend auf dem Feedback vieler Anwender, ständig erweitert und an die Anforderungen der Angewandten Mathematik und des Wissenschaftlichen Rechnens (*scientific computing*) angepasst. MATLAB wird wegen seiner leichten Erlernbarkeit und vielseitigen Verwendbarkeit nicht nur im akademischen Bereich, sondern auch kommerziell eingesetzt.

Diese Entwicklungen haben dazu geführt, dass MATLAB zu einem universellen Mathematik-Softwaresystem erweitert wurde. MATLAB bietet eine interaktive Arbeitsumgebung, in der einzelne Befehle direkt ausgeführt werden können, wie auch einen Interpreter, der Quellcode-Dateien der MATLAB-Programmiersprache abarbeiten kann. Dadurch eignet sich MATLAB auch zur Erstellung größerer Programme. Es gibt auch einen Cross-Compiler, der MATLAB-Programme in C-Quellcode übersetzen kann und auf diese Weise hohe Laufzeit-Effizienz ermöglicht.

MATLAB ist mittels sogenannter „Toolboxen" auf verschiedene Anwendungsgebiete erweiterbar.[1] Es existieren beispielsweise Toolboxen für symbolische Mathematik, Simulation, Signalverarbeitung, Regelungstechnik, Fuzzy Logic, Neuronale Netze und eine Reihe anderer Gebiete.

Es gibt auch einige Konkurrenzprodukte, wie z. B. O-MATRIX[2] oder das GNU-Programm OCTAVE [3], die (eingeschränkt) zu MATLAB kompatibel sind und MATLAB-Programme ausführen können.

---

[1]siehe http://www.mathworks.com/products
[2]siehe http://www.omatrix.com
[3]siehe http://www.octave.org

1.1   Problem Solving Environments

Unter einem *problem solving environment* (PSE) versteht man, grob gesagt, ein Software-System, das – über eine spezielle Benutzeroberfläche – Problemlösungen in einer bestimmten Problemklasse besonders unterstützt. PSEs werden als Lösungshilfsmittel für schwierige Probleme eingesetzt, die *keinen* Routine-Charakter besitzen. Diese Eigenschaft unterscheidet ein PSE von anderer Anwendungssoftware.

Als Benutzer eines PSEs wird stets ein Mensch angenommen, d. h., nicht ein anderes Programm oder ein anderer Computer. Benutzerkomfort und hoher Gebrauchswert der Ausgabe (vorzugsweise in grafischer Form) spielen daher eine wesentliche Rolle beim Design eines PSEs. Effiziente Ausnutzung der Hardware-Ressourcen ist ein wichtiger Gesichtspunkt, wird aber i. Allg. der Minimierung des menschlichen Aufwands (seitens des PSE-Benutzers) untergeordnet.

Im Idealfall erledigt ein PSE in effizienter Weise die Routine-Anteile an der Problemlösung ohne Eingriffe des Benutzers. Es trifft die Auswahl algorithmischer Lösungs-Alternativen und legt problemabhängige Algorithmus-Parameter fest.

Sobald das Problem in hinreichender Genauigkeit spezifiziert ist, entscheidet das PSE, welches Teilsystem oder welche Unterprogramme zur Lösung heranzuziehen sind. Der Auswahlmechanismus kann von einfachen Entscheidungsbäumen bis zu Expertensystemen reichen, deren Wissensbasis sich auf die Kenntnisse von Fachleuten des Problembereichs stützt.

Wenn die internen Lösungsmechanismen Resultate geliefert haben, muss das PSE diese in eine Form bringen, die für den Benutzer eine sinnvolle Interpretation und Weiterverwendung gestattet. Die *Visualisierung* numerischer Lösungen ist dabei unerlässlich.

Wie in den meisten Software-Systemen ist es auch in PSEs üblich auf Wunsch des Benutzers Hilfestellungen (durch *Help*-Funktionen) zu geben. Es handelt sich dabei meist um *lokale* (kontextabhängige) Help-Systeme.

1.2   MATLAB

Mit der Entwicklung von MATLAB wurde ein entscheidender Schritt in Richtung eines allgemein verwendbaren mathematisch orientierten PSEs gemacht.

Benutzeroberfläche

Nach dem Start von MATLAB, der entweder über die grafische Oberfläche oder durch Eingabe des Befehls *matlab* im Kommando-Interpreter des Betriebssystems geschieht, meldet sich MATLAB mit der in Abb. 1.1 dargestellten eigenen Benutzeroberfläche.

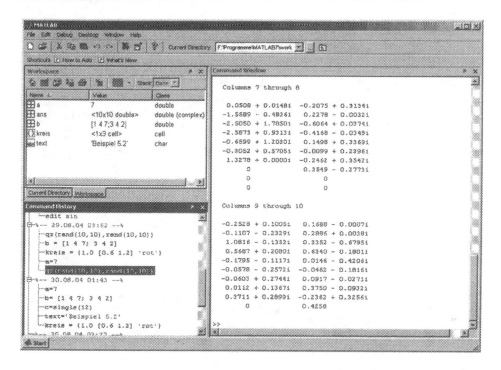

Abbildung 1.1: Benutzeroberfläche von MATLAB.

Die Benutzeroberfläche besteht aus einer Menü- und einer Symbolleiste, einem Fenster mit den Registern „Current Directory" und „Workspace", einem Kommandofenster („Command Window") und der „Command History". Der Startknopf links unten ermöglicht den Zugang zu allen (am verwendeten Computer installierten) MATLAB-Produkten. Klickt man auf einen Produkteintrag, so erhält man eine Liste der verfügbaren Online-Dokumentationen sowie der Demonstrations- und Hilfsprogramme zu dem ausgewählten Produkt.

Der „Workspace"-Browser ermöglicht im Fenster „Workspace" das Anzeigen und Verändern von Variablen. Alternativ dazu kann im Fenster „Current Directory" der Inhalt des aktuellen Verzeichnisses angezeigt werden.

Das Kommandofenster dient der interaktiven Eingabe von MATLAB-Befehlen. Positioniert man den Cursor nach dem „Prompt" ≫, so können direkt Anfragen an MATLAB gestellt werden; die weiteren Kapitel dieses Buches werden sich hauptsächlich mit der Formulierung solcher Anfragen beschäftigen.

Die „Command-History" enthält eine Liste aller bisher ausgeführten Befehle; falls ein Befehl noch einmal ausgeführt werden soll, genügt ein „Doppelklick" auf den entsprechenden Befehl.

Integrierte Entwicklungsumgebung

Sollen komplexere Probleme in MATLAB behandelt werden, so wird die interaktive
Eingabe von MATLAB-Befehlen im Kommandofenster umständlich. Hier bietet
sich die Verwendung von MATLAB-Funktionen und -Skripts an, die in Kapitel
7 näher vorgestellt werden. Die Benutzeroberfläche von MATLAB enthält einen
Texteditor, mit dem man solche Funktionen und -Skripts komfortabel erstellen
kann. Dazu klickt man auf das erste Symbol der Symbolleiste (wenn eine neue
Datei erstellt werden soll) oder auf das zweite Symbol (für Änderungen einer
bereits bestehenden Datei).

MATLAB-Beispiel 1.1

Die Eingabe von *edit ode45* am   ≫ edit ode45
Prompt ≫ öffnet die Datei im
Texteditor (siehe Abb. 1.2).

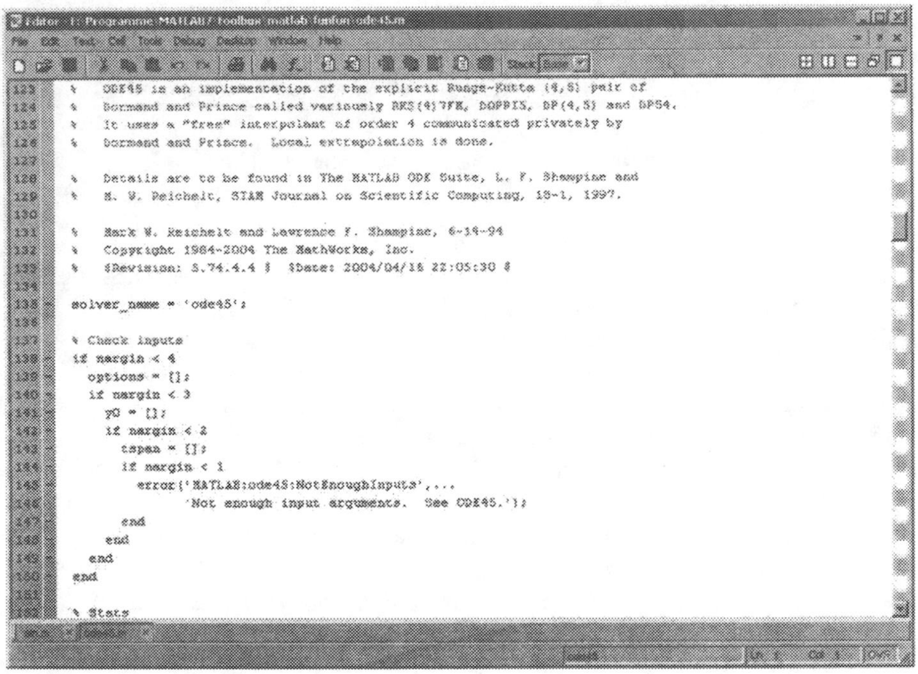

Abbildung 1.2: Datei *ode45* im Texteditor der MATLAB-Entwicklungsumgebung. Der Texteditor bietet *Syntax-Highlighting* und enthält einen Debugger für MATLAB-Programme.

Hilfefunktionen

Aus der MATLAB-Kommandozeile ist es über den Befehl *help* möglich, zu allen MATLAB-Befehlen detaillierte Informationen abzufragen. Zudem ist die gesamte MATLAB-Dokumentation digital verfügbar.

Auf die Online-Hilfe kann entweder über den MATLAB-Startknopf oder aber durch Eingabe des MATLAB-Befehls *helpdesk* zugegriffen werden. MATLAB startet daraufhin den „Help-Desk" (siehe Abb. 1.3). Dieser ist auch online verfügbar:

`http://www.mathworks.com/access/helpdesk/help/techdoc/matlab.html`

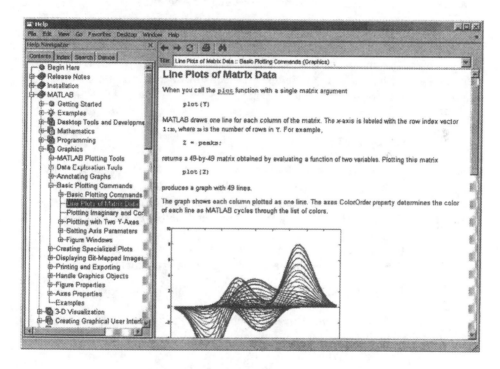

Abbildung 1.3: Online-Hilfe von MATLAB.

Unterprogramme, Module

MATLAB hat einen streng modularen Charakter. Durch die Entwicklung eigener MATLAB-Funktionen ist es möglich, die Basisfunktionalität von MATLAB entscheidend zu erweitern.

Die Möglichkeit zur Verwendung von optionalen Parametern und Rückgabewerten erhöht den Bedienungskomfort. Weiters ist die Definition von „privaten" Unterprogrammen möglich, die nur von einem bestimmten Unterprogramm aufgerufen werden können.

MATLAB unterstützt eine Vielzahl verschiedener Konstrukte imperativer Programmiersprachen (wie etwa Schleifen, Abfragen), mit denen der Programmfluss abhängig vom aktuellen Wert einer Variablen steuerbar ist.

Datenobjekte

MATLAB bietet eine Vielzahl vordefinierter maschinenabhängiger und maschinenunabhängiger Datentypen (siehe Kapitel 4). Auf Grund des objektorientierten MATLAB-Datenkonzepts können neu definierte Datentypen die Basisfunktionalität bestehender Datentypen durch Vererbung übernehmen.

Visualisierung von Daten

MATLAB stellt eine Vielzahl an Visualisierungsfunktionen zur Verfügung. Grafiken können auch interaktiv verändert werden, um sie z.B. mit einem Titel oder Annotationen zu versehen (siehe Abschnitt 9.4).

1.3   Toolboxen

MATLAB-Toolboxen sind Sammlungen vordefinierter Unterprogramme, mit denen die Funktionalität von MATLAB beträchtlich erweitert werden kann. Es gibt zahlreiche nicht-kommerzielle Toolboxen, die über das Internet frei verfügbar sind. Daneben sind von MathWorks u. a. die folgenden Toolboxen erhältlich:[4]

- *Symbolic Math Toolbox* erweitert MATLAB um einen MAPLE-Kern, der die symbolische Lösung mathematischer Probleme ermöglicht,

- *Optimization Toolbox* dient der linearen und nichtlinearen Optimierung,

- *Genetic Algorithm and Direct Search Toolbox* dient der Optimierung in jenen Fällen, in denen die Voraussetzungen „klassischer Optimierungsalgorithmen" nicht erfüllt sind,

- *Curve Fitting Toolbox* ermöglicht die Approximation und Interpolation numerischer Werte (Datenpunkte) durch Funktionen,

- *Spline Toolbox* ist ein Hilfsmittel zur Interpolation und Approximation numerischer Werte (Datenpunkte) mittels Spline-Funktionen,

- *Partial Differential Equation Toolbox* ist ein Hilfsmittel für die numerische Lösung partieller Differentialgleichungen,

---

[4]siehe http://www.mathworks.com/products

- *Statistics Toolbox* dient statistischen Daten-Analysen,

- *Control System Toolbox* gestattet die Modellierung von Regelungssystemen,

- *Signal Processing Toolbox* enthält Algorithmen und Methoden der digitalen Signalverarbeitung,

- *Wavelet Toolbox* ist für die Signalverarbeitung mittels Wavelets gedacht,

- *Financial Toolbox* ermöglicht finanzmathematische Analysen,

- *Image Processing Toolbox* ist für die digitale Bildverarbeitung vorgesehen,

- *Neural Networks Toolbox* unterstützt die Entwicklung neuronaler Netze,

- *Data Acquisition Toolbox* erlaubt die Steuerung angeschlossener Hardware aus MATLAB heraus.

In diesem Buch wird auf die Besprechung der Toolboxen aus Platzgründen verzichtet. Die vollständige Dokumentation ist über die MathWorks-Homepage

```
http://www.mathworks.com/products
```

frei verfügbar (inkl. Handbücher im pdf-Format).

Aufbauend auf MATLAB erlaubt ein weiteres Produkt der Firma MathWorks, SIMULINK, die interaktive Modellierung, Simulation und Analyse von dynamischen Systemen. SIMULINK kann etwa zur Simulation von digitalen Signalprozessoren, Kommunikationssystemen und Regelungssystemen eingesetzt werden und gestattet den Aufbau grafischer Blockdiagramme, um Design und Test derartiger Systeme zu vereinfachen.

1.4   Studentenversion

Es gibt eine Studentenversion von MATLAB und SIMULINK (derzeit zum Preis von 70 US $). Neben den Vollversionen beider Produkte enthält die Studentenversion auch die *Symbolic Math Toolbox*. Nähere Informationen finden sich unter

```
http://www.mathworks.com/academia.
```

Kapitel 2

MATLAB als interaktives System

MATLAB kann wie ein „Taschenrechner" verwendet werden. Gibt man neben dem Prompt ≫ im Kommandofenster mathematische Ausdrücke ein, so werden diese von MATLAB nach dem Drücken der ENTER-Taste ausgewertet.

2.1   Arithmetische Operationen und Variable

Bei der Auswertung arithmetischer Ausdrücke werden die üblichen Prioritätsregeln (siehe Tabelle 5.1 auf Seite 72) angewendet. Werden Operatoren gleicher Priorität miteinander verkettet, wird von links nach rechts ausgewertet.

MATLAB-Beispiel 2.1

Dieser Befehl bewirkt eine Ausgabe ohne Leerzeilen.

```
≫ format compact
```

MATLAB wertet arithmetische Ausdrücke aus.

```
≫ 355/113
ans =
   3.1416
```

Operatoren können auch verkettet werden.

```
≫ 1.41 + (2/1.41 - 1.41)/2
ans =
   1.4142
```

Ein MATLAB-Ausdruck kann über mehrere Zeilen gehen; in diesem Fall verwendet man die Notation „...".

```
≫ 1.41 + (2/1.41 - ...
   1.41)/2
ans =
   1.4142
```

MATLAB wertet Ausdrücke unter Berücksichtigung der üblichen Prioritätsregeln aus.

```
≫ 36/6/2 - 36 - 6 - 2
ans =
   -41
```

8

Dieser Ausdruck wird von links nach rechts ausgewertet: $(2^3)^4$.	``` ≫ 2^3^4 ans = 4096 ```

Neben den arithmetischen Operatoren +, -, * und / kennt MATLAB auch eine Vielzahl an Standardfunktionen wie *sin*, *cos*, *asin* etc. Eine Liste der wichtigsten vordefinierten Funktionen ist in Kapitel 12 (ab Seite 282) enthalten. Zu beachten ist, dass die Operanden für trigonometrische Funktionen immer im Bogenmaß angegeben werden müssen.

Zu jedem MATLAB-Befehl kann mittels *help* Hilfe angefordert werden; z. B. liefert *help cos* Informationen über die MATLAB-Funktion *cos*. Mittels *helpdesk* kann auf die MATLAB-Dokumentation zugegriffen werden.

MATLAB-Beispiel 2.2

Zu jedem MATLAB-Befehl kann durch *help befehl* Hilfe (auf Englisch) angefordert werden.	``` ≫ help cos ```
Der Kosinus von $\pi/2$ ($= 90°$) ist 0. Der numerische Wert von π kann über die vordefinierte Variable *pi* erhalten werden.	``` ≫ cos(pi/2) ans = 6.1232e-017 ```
Zugriff auf die MATLAB-Dokumentation.	``` ≫ helpdesk ```

Berechnungsergebnisse können Variablen zugewiesen werden, damit diese in späteren Berechnungen weiterverwendet werden können (siehe Kapitel 5). Variable müssen vor ihrer Verwendung *nicht* explizit deklariert werden!

Variablennamen können aus (maximal 31) Groß- und Kleinbuchstaben sowie aus Zahlen und Unterstrichen bestehen, wobei der Name mit einem Buchstaben beginnen muss. Die deutschen Sonderzeichen (ä, ö, ü, ß etc.) sind hierbei *nicht* zugelassen. MATLAB unterscheidet zwischen Groß- und Kleinschreibung.

MATLAB-Beispiel 2.3

Rechenergebnisse können in Variablen gespeichert werden, die (vor ihrer Verwendung) *nicht* deklariert werden müssen.	``` ≫ pi_approx = 355/113 pi_approx = 3.1416 ```

Das Ergebnis einer interaktiven
Berechnung, das keiner Variablen zugewiesen wurde, wird in
der Variable *ans* abgespeichert.

```
≫ exp(1)
ans =
    2.7183
```

Somit kann das Ergebnis der
letzten interaktiven Berechnung
weiterverwendet werden.

```
≫ 193/71 - ans
ans =
    2.8031e-005
```

ACHTUNG: Die vordefinierte Variable *pi* kann, sollte aber nie
umdefiniert werden.

```
≫ pi = 4; cos(pi/2)
ans =
   -0.4161
```

Durch *clear pi* kann die ursprüngliche Definition wieder-
hergestellt werden.

```
≫ clear pi; pi
ans =
    3.1416
```

Jede Zuweisung erzeugt ein „Echo", d. h., MATLAB gibt das Ergebnis der Berechnung aus oder stellt die aktuelle Belegung einer Variablen dar. Diese automatische
Ausgabe kann durch einen Strichpunkt (;) nach dem Befehl unterdrückt werden.
In diesem Fall weist MATLAB zwar das Ergebnis der angegebenen Variablen zu,
gibt das Ergebnis aber nicht auf dem Bildschirm aus.

MATLAB-Beispiel 2.4

Jede Zuweisung erzeugt ein
„Echo" ...

```
≫ n = 12
n =
    12
```

... sofern sie nicht durch einen
Strichpunkt abgeschlossen ist.

```
≫ n = 13;
```

Komplexe Zahlen können unter Verwendung der symbolischen Konstanten *i* und
j eingegeben werden. Alle arithmetischen Operatoren und mathematischen Funktionen wie *sin*, *log* etc. können auch auf komplexe Argumente angewendet werden.

MATLAB-Beispiel 2.5

Die Wurzel aus -1 ist *i*.

```
≫ sqrt(-1)
ans =
    0 + 1.0000i
```

Die Variable a wird mit der komplexen Zahl $1 + 2i$ initialisiert.

```
>> a = 1 + 2i
ans =
       1.0000 + 2.0000i
```

Alternativ kann auch das Symbol j als imaginäre Einheit verwendet werden. In der Ausgabe wird aber immer das Symbol i benutzt.

```
>> a = 1 + 2j
ans =
       1.0000 + 2.0000i
```

Auf den komplexen Zahlen sind alle üblichen Operatoren wie $+, -, *, /$ etc. definiert.

```
>> a / (3 + 4i)
ans =
       0.4400 + 0.0800i
```

Real- und Imaginärteil einer komplexen Zahl erhält man mit den Funktionen *real* und *imag*.

```
>> real(a), imag(a)
ans =
       1
ans =
       2
```

Argument (im Bogenmaß) und Betrag einer komplexen Zahl erhält man durch *angle* und *abs*. Zwei nacheinander auszuführende Befehle werden durch einen Beistrich getrennt.

```
>> angle(a), abs(a)
ans =
       1.1071
ans =
       2.2361
```

Die konjugiert komplexe Zahl erhält man mit *conj*.

```
>> conj(a)
ans =
       1.0000 - 2.0000i
```

Alle mathematischen Standardfunktionen wie *sin*, *cos*, *log* etc. können auch auf komplexe Argumente angewendet werden.

```
>> cos(a), log(a)
ans =
       2.0327 - 3.0519i
ans =
       0.8047 + 1.1071i
```

Nach der Eulerschen Formel gilt $e^{i\pi} = -1$.

```
>> exp(i*pi)
ans =
       -1.0000 + 0.0000i
```

Die Variablen i und j haben als vordefinierten Wert die imaginäre Einheit.

```
>> a = i
a =
       0 + 1.0000i
```

ACHTUNG: Durch Zuweisungen an i und j wird deren Vordefinition verändert.	``` » i = 4; » a = 1 + 2*i a = 9.0000 ```

In komplexen *Konstanten* behalten i und j ihre Bedeutung als imaginäre Einheit.	```
	» a = i, b = 1i
	a =
	   4
	b =
	   0 + 1.0000i
	``

Durch *clear* kann die ursprüngliche Definition wiederhergestellt werden.	``` » clear i; i ans = 0 + 1.0000i ```

MATLAB rechnet im Normalfall in doppelt genauer Gleitpunkt-Arithmetik (mit ca. 16 Dezimalstellen); wird eine Gleitpunktzahl auf dem Bildschirm ausgegeben, werden jedoch standardmäßig nur 4 Nachkommastellen dargestellt. Der Befehl *format* bewirkt, dass man das Ergebnis ab diesem Zeitpunkt in einer anderen Darstellungsform erhält (siehe Abschnitt 9.2). Eine dauerhafte Einstellung der bevorzugten Darstellungsart ist über den Menüpunkt „File/Preferences" möglich.

MATLAB-Beispiel 2.6

Standardmäßig gibt MATLAB nur die ersten 4 Nachkommastellen aus.	``` » test1 = sin(35) test1 = -0.4282 ```
Ist das Ergebnis jedoch zu klein, so wählt MATLAB automatisch eine Darstellung mit Exponent.	``` » test2 = sin(355) test2 = -3.0144e-05 ```
format long weist MATLAB an, *double*-Gleitpunktzahlen mit 14 Nachkommastellen auszugeben.	``` » format long; test1 test1 = -0.42818266949615 ```
format long e weist MATLAB an, alle Gleitpunktzahlen mit Mantisse und Exponent auszugeben.	``` » format long e; test1 test1 = -4.28182669496150e-01 ```
Mit *format* ohne Angabe eines Parameters kehrt man zum Standardformat zurück.	``` » format; test1 test1 = -0.4282 ```

2.2 Vektoren und Matrizen

Zeilenvektoren können mit den eckigen Klammern [und] gebildet werden. Dabei werden die einzelnen Vektorelemente in eckigen Klammern nebeneinander (durch Leerzeichen getrennt) geschrieben. Soll ein Spaltenvektor gebildet werden, so sind dessen Elemente mit Strichpunkten getrennt in eckigen Klammern zu schreiben. Weiters existieren Funktionen und Operatoren zur Erzeugung spezieller Vektoren.

MATLAB-Beispiel 2.7

Die nebenstehende Anweisung generiert einen Zeilenvektor.

```
≫ zvektor = [1 2 3]
zvektor =
    1   2   3
```

Diese Anweisung liefert einen Spaltenvektor.

```
≫ svektor = [1; 2; 3]
svektor =
    1
    2
    3
```

Die Länge eines Vektors kann mit der Funktion *length* ermittelt werden.

```
≫ length(zvektor)
ans =
    3
```

Vektoren können auch komplexe Elemente enthalten.

```
≫ kvektor = [2+3i 3]
kvektor =
    2.0000 + 3.0000i   3.0000
```

Zeilenvektoren mit Elementen gleicher Schrittweite können mit der „Doppelpunkt-Notation" generiert werden, indem man das erste Element angibt, gefolgt von der Schrittweite und dem letzten Element.

```
≫ v = 2:2:10, w = 0:0.1:0.3
v =
    2   4   6   8   10
w =
    0   0.1000   0.2000   0.3000
```

In der „Doppelpunkt-Notation" sind auch Ausdrücke erlaubt.

```
≫ w = 0:0.1:pi/8
w =
    0   0.1000   0.2000   0.3000
```

Auch negative Schrittweiten sind möglich.

```
>> v = 9:-2:1
v =
     9   7   5   3   1
```

MATLAB erlaubt den Zugriff auf einzelne Vektorelemente; dazu wird der Index des Elements in runden Klammern dem Variablennamen nachgestellt.

```
>> five = v(3)
five =
     5
```

Vektoren können auch dynamisch vergrößert werden; dazu wird dem „neuen Vektorelement" einfach ein Wert zugewiesen.

```
>> v(6) = -1
v =
     9   7   5   3   1   -1
```

„Überspringt" man Vektorelemente, so werden alle undefinierten Positionen mit Null belegt.

```
>> v(9) = -7
v =
     9   7   5   3   1   -1   0   0   -7
```

Vektoren gleicher Länge können mit den Operatoren + und − addiert und subtrahiert werden; die Operationen werden dabei komponentenweise durchgeführt. Ist die Länge der zwei Vektoren unterschiedlich, liefert MATLAB eine Fehlermeldung.

Es existiert noch eine Reihe anderer Operatoren, die ebenfalls komponentenweise auf zwei Vektoren gleicher Länge anwendbar sind (siehe Abschnitt 5.3.7). So multipliziert z. B. der Operator .* zwei Vektoren komponentenweise miteinander. Alle Operatoren, die eine Operation komponentenweise auf die Vektorelemente übertragen, beginnen üblicherweise mit einem Punkt.

In MATLAB gibt es auch Operatoren, die Skalare und Vektoren miteinander verknüpfen; so multipliziert * einen Vektor elementweise mit einem Skalar oder ./ dividiert die einzelnen Vektorelemente jeweils durch einen Skalar.

MATLAB-Beispiel 2.8

Vektoren gleicher Länge können unter Verwendung der Operatoren + und − addiert und subtrahiert werden.

```
>> erg = zvektor + [1 2 3]
erg =
     2   4   6
```

Ist die Länge zweier Vektoren unterschiedlich, so liefert MATLAB eine Fehlermeldung.

```
>> summe = zvektor + [1 2]
??? Error using ==> plus
Matrix dimensions must agree.
```

MATLAB wendet skalare Operatoren elementweise auf Vektoren
an.

```
≫ zvektor*0.5 + 2
ans =
    2.5000   3.0000   3.5000
```

Alle Operatoren, die mit einem
Punkt beginnen, werden komponentenweise auf zwei Vektoren
angewendet.

```
≫ zvektor .* [.5 1 2]
ans =
    0.5000   2.0000   6.0000
```

Ein Spaltenvektor kann aus einem Zeilenvektor durch Transposition erzeugt werden; ist v ein Zeilenvektor, so generiert v' einen Spaltenvektor, der aus den zu den
einzelnen Elementen des ursprünglichen Vektors konjugiert komplexen Elementen aufgebaut ist. Im Gegensatz dazu transponiert der Operator .' (*dot transpose
operator*) den Vektor lediglich. Wendet man die Operatoren ' und .' auf Spaltenvektoren an, werden in analoger Weise Zeilenvektoren generiert. Mit Hilfe des
Transpositionsoperators ist die Bildung innerer Produkte möglich.

MATLAB-Beispiel 2.9

Durch Anwendung von ' auf
einen Spaltenvektor ...

```
≫ v = [1; 2; 3]
v =
    1
    2
    3
```

... wird ein Zeilenvektor generiert.

```
≫ v'
ans =
    1   2   3
```

Enthält jedoch der zu transpo-
nierende Vektor komplexe Zahlen, so erhält man den konjugiert
komplexen Vektor.

```
≫ v = [1+2i; 6+i]'
ans =
    1.0000-2.0000i   6.0000-1.0000i
```

Wendet man jedoch den Operator .' an, so wird der Vektor nur
transponiert.

```
≫ v = [1+2i; 6+i].'
ans =
    1.0000+2.0000i   6.0000+1.0000i
```

Innere Produkte zweier Zeilenvektoren gleicher Länge können
mit Hilfe des Transpositionsoperators berechnet werden.

```
≫ a = [1 2 3]; b = [4 5 6];
≫ a*b'
ans =
    32.0000
```

Matrizen können ebenfalls mit eckigen Klammern [und] gebildet werden; die einzelnen Zeilen der Matrix werden mit Strichpunkten getrennt, die Elemente in einer Matrixzeile mit Leerzeichen oder Beistrichen. Es ist möglich, auf einzelne Elemente (oder ganze Teilmatrizen) einer Matrix zuzugreifen. Die Dimension einer Matrix kann dynamisch verändert werden.

MATLAB-Beispiel 2.10

Matrizen werden (ähnlich wie Vektoren) mit den Operatoren [und] konstruiert. Die Zeilen der Matrix werden dabei mit einem ; und die Elemente der Zeilen durch Leerzeichen getrennt.

```
≫ matrix = [11 12; 21 22; 31 32]
matrix =
    11   12
    21   22
    31   32
```

Die Dimension einer Matrix kann mit der Funktion *size* ermittelt werden.

```
≫ size(matrix)
ans =
    3   2
```

Auf einzelne Matrixelemente kann zugegriffen werden. Matrizen können so wie Vektoren dynamisch vergrößert werden, indem zusätzliche Elemente, Zeilen oder Spalten angefügt werden.

```
≫ blackjack = matrix(2,1);
≫ matrix(1,3) = 13
matrix =
    11   12   13
    21   22    0
    31   32    0
```

In der nebenstehenden Anweisung wird eine Matrix um eine vierte Spalte erweitert.

```
≫ matrix(:,4) = [14; 24; 34]
matrix =
    11   12   13   14
    21   22    0   24
    31   32    0   34
```

Durch das Anfügen von zwei Spalten hat sich die Dimension der Matrix geändert.

```
≫ size(matrix)
ans =
    3   4
```

MATLAB hat einige vordefinierte Operatoren, die auf Matrizen angewendet werden können; z. B. können zwei Matrizen mit + und − elementweise addiert und subtrahiert werden. Das Produkt zweier Matrizen (im Sinne der Abbildungsverkettung) kann mit * berechnet werden.

Analog zur Vektorrechnung werden in MATLAB auch skalare Operationen (wie

+ oder *) auf Matrizen übertragen. MATLAB besitzt auch Operationen, die *komponentenweise* auf zwei Matrizen angewendet werden; diese Operationen beginnen
mit einem Punkt. Beispielsweise multipliziert .* zwei Matrizen gleicher Dimension *komponentenweise*. Es ist daher zu beachten, dass Operatoren mit und ohne
Punkt i. Allg. *verschiedene* Bedeutung besitzen.

MATLAB-Beispiel 2.11

Zwei Matrizen *gleicher Dimension* können mit + addiert werden.	```
	≫ [1 2; 3 4] + [1 1; 1 1]
	ans =
	    2 3
	    4 5
	
	≫ A = [1 2 3; 2 3 5];
	≫ B = [1 3; 4 5; 7 8];
	``

Bildung des Produktes zweier Matrizen (man beachte, dass beide Matrizen passende Dimensionen besitzen müssen!).	```
	≫ C = A*B
	C =
	    30 37
	    49 61
	``

Operationen mit Skalaren werden von MATLAB elementweise auf Matrizen und/oder Vektoren angewendet.	```
	≫ C/2
	ans =
	    15.0000 18.5000
	    24.5000 30.5000
	``

Zwei Matrizen gleicher Dimension können mit dem Operator .* komponentenweise multipliziert werden. Alle Matrixoperationen können auch verkettet werden.	```
	≫ A = [1 2; 3 4]; B = [2 2; 2 2];
	≫ ((A + B).*B) + 6
	ans =
	    12 14
	    16 18
	``

Mathematische Funktionen können auch auf Matrizen angewendet werden; dabei wird die Funktion *komponentenweise* auf die Matrixelemente angewendet.	```
	≫ exp(A)
	ans =
	   2.7183 7.3891
	  20.0855 54.5982
	``

Die Matrix-Exponentialfunktion e^A erhält man mit der Funktion *expm*.	```
	≫ expm(A)
	ans =
	   51.9690 74.7366
	  112.1048 164.0738
	``

In MATLAB gibt es einige Befehle zum Erzeugen spezieller Matrizen; so generiert etwa *zeros* (n,m) eine $n \times m$-Matrix, die nur Nullen enthält, *ones* (n,m) eine $n \times m$-Matrix, deren Elemente *alle* den Wert 1 besitzen, und *eye* (n) generiert die $n \times n$-Einheitsmatrix. Eine quadratische Diagonalmatrix, deren Diagonalemente die Elemente des Vektors v sind, erhält man durch *diag* (v).

MATLAB-Beispiel 2.12

Dieses Beispiel veranschaulicht das Erstellen einer 9×9-Matrix, die in der Hauptdiagonale die Quadrate der Zahlen 1 bis 9 enthält. Alle anderen Elemente sollen den Wert 1 erhalten.

Zuerst wird die Matrix E konstruiert, deren Hauptdiagonalelemente 0 sind; an allen anderen Positionen steht 1.

```
>> E = ones(9,9) - eye(9);
```

D ist eine Diagonalmatrix mit den Elementen $1, 4, 9, \ldots, 81$.

```
>> D = diag((1:9).^2);
```

Die gesuchte Matrix ist die Summe von E und D.

```
>> A = E + D;
```

MATLAB unterstützt die wichtigsten Operationen der Linearen Algebra, wie das Lösen linearer Gleichungssysteme etc. Eine Liste der entsprechenden MATLAB-Befehle ist in Kapitel 12 enthalten.

Lineare Gleichungssysteme $Ax = b$ können mit dem Backslash-Operator \ („right divide") in der Form $x = A \backslash b$ gelöst werden. \ ist auch auf über- und unterbestimmte Systeme anwendbar (siehe Abschnitte 5.3.7 und 10.1).

MATLAB-Beispiel 2.13

MATLAB unterstützt die Berechnung von Determinanten, die Ermittlung inverser Matrizen (siehe Abschnitt 12.6) ...

```
>> det([1 2; 3 4])
ans =
    -2
>> inv([1 2; 3 4])
ans =
-2.0000    1.0000
 1.5000   -0.5000
```

... und das Lösen linearer Gleichungssysteme $Ax = b$.

```
≫ A = [1 2; 3 4]; b = [3; 7];
≫ A\b
ans =
      1.0000
      1.0000
```

2.3 Laden und Speichern von Daten

Mit *load* und *save* kann man alle oder nur ausgewählte Variablen speichern, um
z. B. eine MATLAB-Sitzung zu unterbrechen und sie später an gleicher Stelle fort-
zusetzen.

MATLAB-Beispiel 2.14

Alle Variablen die sich aktuell im
Speicher befinden werden in der
Datei *variable.mat* gespeichert.

```
≫ save variable
```

Die Variablen A, x und b werden
in *lin_gl.mat* gespeichert.

```
≫ save lin_gl A x b
```

Gespeicherte Variablen werden
mit dem Befehl *load* geladen.

```
≫ load variable
≫ load lin_gl
```

MATLAB kann auch andere Dateien und Dateiformate lesen (siehe Kapitel 9).

2.4 Grafiken in MATLAB

MATLAB bietet eine Vielzahl von Funktionen zur Visualisierung numerischer Daten an (siehe Abschnitt 9.4).

Der einfachste MATLAB-Grafikbefehl ist *plot*; ihm werden zwei Zeilenvektoren
als Parameter übergeben. Der erste Vektor enthält die x-Koordinaten der zu
zeichnenden Punkte und der zweite Vektor die y-Koordinaten. MATLAB verbindet
alle so spezifizierten Punkte mit geraden Linien; dieses Verhalten kann aber durch
die Angabe eines „Formatparameters" verändert werden (siehe Abschnitt 9.4).

MATLAB-Beispiel 2.15

Die Funktion $x \sin(1/x)$ soll im Intervall $[0.003, 0.3]$ grafisch dargestellt werden. Dazu werden zunächst Abtastpunkte im Intervall äquidistant verteilt. Danach werden die Funktionswerte an den Abtastpunkten berechnet (dabei wird von der Möglichkeit Gebrauch gemacht, skalare Operatoren elementweise auf Vektoren zu übertragen) und grafisch dargestellt (siehe Abb. 2.1).

Die „Doppelpunkt-Notation" erzeugt Abtastpunkte.

```
>> x = 0.003:1e-5:0.3;
```

Danach wird die Funktion an den Abtastpunkten ausgewertet.

```
>> y = x.*sin(1./x);
```

Zuletzt wird die Funktion mit dem *plot*-Befehl dargestellt.

```
>> plot(x,y)
```

Mittels *grid on* werden Gitternetzlinien hinzugefügt; mit *title*, *xlabel* und *ylabel* werden ein Diagrammtitel und Beschriftungen der x- und y-Achsen angebracht.

```
>> grid on;
>> xlabel('x-Werte');
>> ylabel('Funktionswerte');
```

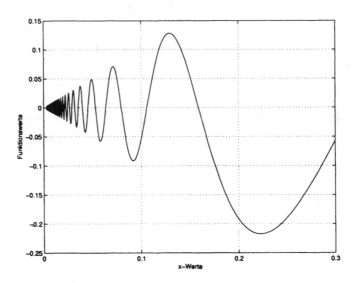

Abbildung 2.1: Beispiel für *plot*: Darstellung der Funktion $x \sin(1/x)$ im Intervall $[0.003, 0.3]$ mit Achsenbeschriftungen und Gitternetzlinien.

Neben *plot* gibt es in MATLAB noch eine Reihe weiterer Grafikfunktionen (siehe Abschnitt 9.4). So stellt z. B. *semilogy* Daten in einem Koordinatensystem mit logarithmischer y-Achse dar. Diese Darstellung wird u. a. in der Numerischen Mathematik häufig verwendet, um Rechenfehler zu visualisieren (siehe Abb. 2.3 auf Seite 28). Der Befehl *semilogy* hat die gleiche Syntax wie *plot*.

MATLAB-Beispiel 2.16

Jede 2π-periodische Funktion $f(t)$ kann durch eine Funktionenreihe (*Fourier-Reihe*) aus Sinus- und Kosinusfunktionen mit geeigneten Koeffizienten a_n und b_n dargestellt werden:

$$f(t) = \frac{a_0}{2} + \sum_{n=1}^{\infty} a_n \cos(nt) + b_n \sin(nt).$$

Wenn man die Funktion $f(t)$ durch eine trigonometrische Reihe

$$f_m(t) = \frac{\alpha_0}{2} + \sum_{n=1}^{m} \alpha_n \cos(nt) + \sum_{n=1}^{m} \beta_n \cos(nt)$$

approximiert, dann ist der quadratische Fehler $\delta^2 = \frac{1}{2\pi} \int\limits_{0}^{2\pi} [f(t) - f_m(t)]^2 dt$ minimal, wenn die Koeffizienten α_n und β_n die Fourierkoeffizienten a_n und b_n sind.

Im Folgenden wird auf dem Intervall $[0, 2\pi]$ die Funktion

$$f(t) = \frac{4 - 2\cos t}{5 - 4\cos t} \tag{2.1}$$

betrachtet, die außerhalb des Intervalls $[0, 2\pi]$ 2π-periodisch fortgesetzt wird. Die Fourier-Koeffizienten a_n und b_n dieser Funktion sind durch $a_0 = 1$ und

$$\left. \begin{array}{rcl} a_n & = & 1/2^n \\ b_n & = & 0. \end{array} \right\} \quad n = 1, 2, 3, \ldots$$

gegeben. Bricht man die Fourier-Reihe nach dem ℓ-ten Glied ab, so erhält man die (im Sinne von δ^2) Bestapproximierende $f_\ell(t)$ der Funktion $f(t)$.

Im Folgenden werden die Funktionen f_3, f_4 und f_{10} grafisch dargestellt.

Zuerst wird ein Vektor erstellt, der die Fourier-Koeffizienten a_i enthält.	`n = 0:11;` `a = (1/2).^n;`
Abtastpunkte für die grafische Darstellung werden im Vektor t gespeichert.	`t = linspace(-2*pi, 2*pi);`

Die Funktionen f_ℓ werden an den Stellen ausgewertet, die im Vektor t enthalten sind. Dabei sind die Werte von $f_\ell(t)$ jeweils in der ℓ-ten Zeile der Matrix V gespeichert.

```
for l = 1:10
   for k = 1:length(t)
     V(l,k) = a(1)/2;
     for n = 1:l
       V(l,k) = V(l,k) + ...
                    a(n+1)*cos(n*t(k));
     end
   end
end
plot(t,V(3,:), t,V(4,:), t,V(10,:));
```

Die Funktionen f_3, f_4 und f_{10} werden in einer Grafik dargestellt (siehe Abb. 2.2).

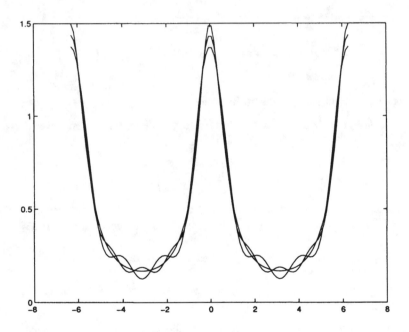

Abbildung 2.2: Fourier-Approximation der Funktion (2.1).

Mathematische Hilfsmittel, die bei der Aufbereitung von Daten und Funktionen für deren grafische Darstellung mit Hilfe von MATLAB gute Dienste leisten, sind in der *Curve Fitting Toolbox* und die *Spline Toolbox* enthalten. Die *Curve Fitting Toolbox* stellt MATLAB-Funktionen zur Verfügung, die für die Anpassung mathematischer Modelle an gegebene Daten(punkte) und zur Analyse der auf diese

Art erhaltenen Modelle benutzt werden können. Die *Spline Toolbox* stellt wie die *Curve Fitting Toolbox* Funktionen zur Kurvenanpassung zur Verfügung. Approximierende und interpolierende *Spline*-Funktionen können mittels Extrapolation, Differentiation und Integration weiter gehend analysiert werden. Daneben stehen auch Funktionen zur punktweisen Auswertung und Visualisierung von *Spline*-Funktionen zur Verfügung.

2.5 MATLAB-Skripts

Für einfache Probleme reicht es oft aus, MATLAB interaktiv zu bedienen, also Befehlssequenzen interaktiv nach dem MATLAB-Prompt einzugeben. Schon bei etwas größeren Problemen (oder bei wiederholter Ausführung einiger Befehle) ist diese Vorgehensweise jedoch unpraktisch. MATLAB bietet daher die Möglichkeit, Sequenzen von MATLAB-Befehlen als „Skripts" abzuspeichern. Ein Skript ist eine Textdatei mit der Dateiendung .m. Obwohl diese Datei mit einem beliebigen Texteditor erstellt werden kann, empfiehlt sich unter MATLAB die Verwendung der integrierten Entwicklungsumgebung. Die Entwicklungsumgebung (siehe Abb. 1.2) kann über den Menüpunkt „File/New/M-File" oder durch Eingabe von *edit* am MATLAB-Prompt gestartet werden.

Vom MATLAB-Prompt ≫ kann ein Skript durch die Eingabe des Dateinamens (ohne Dateiendung) aufgerufen werden. Damit MATLAB auf ein Skript zugreifen kann, muss der Pfad des Skripts im Suchpfad von MATLAB eingetragen sein; der Suchpfad ist über den Menüpunkt „File/Set Path" einstellbar.

MATLAB-Beispiel 2.17

Vom folgenden MATLAB-Skript wird das Beispiel 2.15 automatisiert, d. h., die Funktion $x \sin(1/x)$ wird dargestellt und die Achsenbeschriftung angepasst.

Zuerst muss mit einem Editor ein neues Skript erstellt werden, das alle auszuführenden Befehle enthält. Das Skript wird dann z. B. unter dem Namen plotbsp.m abgespeichert.

```
x = 0.003:1e-5:0.3;
y = x.*sin(1./x);
plot(x,y);
grid on;
title('Graf von x*sin(1/x)');
xlabel('x-Werte');
ylabel('Funktionswerte');
```

Vom MATLAB-Prompt kann das neue Skript dann durch die Angabe des Dateinamens (ohne Dateiendung) aufgerufen werden.

```
≫ plotbsp
```

Oftmals soll in einem Skript die Programmausführung in Abhängigkeit des Wertes einer Variablen unterschiedlich sein oder ein kurzes Programmfragment mehrere Male wiederholt werden. MATLAB bietet dazu Befehle, mit denen die Abarbeitung eines Programms gesteuert werden können (siehe Kapitel 6).

In Abhängigkeit einer Bedingung können mittels der *if*-Anweisung zwei verschiedene Programmteile alternativ ausgeführt werden. Durch *while* kann ein Programmfragment wiederholt ausgeführt werden, solange eine Bedingung erfüllt ist.

Die *for*-Anweisung kann verwendet werden, um Anweisungen n mal auszuführen. Einer Variablen (genannt „*Laufvariable*") werden nacheinander alle Elemente eines Feldes zugewiesen; ein Anweisungsblock wird dann für jede neue Belegung der Laufvariablen ausgeführt.

MATLAB-Beispiel 2.18

Nebenstehendes Codefragment weist der Variablen lz den Logarithmus von z zu. Ist z zu klein, so erhält lz den (symbolischen) Wert $-\infty$.

```
if z > 2^(-1074)
    lz = log(z);
else
    lz = -Inf;
end
```

In nebenstehendem Codefragment werden 10 Zahlen von der Tastatur eingelesen und auf $a(1)$ bis $a(10)$ gespeichert.

```
for n = 1:10
    a(n) = input('Wert eingeben: ');
end
```

In nebenstehendem Codefragment wird der Rest der Division von x durch y durch eine wiederholte Subtraktion $x - y$ berechnet. Die Wiederholung endet, wenn x kleiner als y ist.

```
while x >= y
    x = x - y;
end
rest = x;
```

MATLAB-Beispiel 2.19

Vektoriteration: Als Beispiel für die Verwendung von Skripts dient hier das einfachste iterative Verfahren zur Bestimmung von Eigenvektoren und Eigenwerten. Ein Vektor x ungleich dem Nullvektor heißt Eigenvektor einer quadratischen Matrix A, wenn es eine Zahl λ gibt, so dass $Ax = \lambda x$ gilt; λ heißt der zu x gehörende Eigenwert. Wenn man A als Matrix einer linearen Abbildung betrachtet, hat ein Eigenvektor x also die Eigenschaft, dass sein Bild proportional zu x ist.

Bei der Vektoriteration zur Eigenvektorberechnung beginnt man mit einem

Startvektor x_0 und berechnet mit Hilfe der Rekursion $x_{k+1} = Ax_k$ eine Folge von Vektoren $x_1, x_2, x_3, \ldots$

Unter bestimmten Voraussetzungen ist für große Werte von k der Vektor x_k annähernd proportional zu $\lambda^k x$, wobei λ der betragsgrößte Eigenwert von A und x der dazugehörige Eigenvektor ist. Da mit steigenden Werten von k die Komponenten von x_k sehr groß werden (falls $|\lambda| > 1$), normiert man den Vektor nach jedem Schritt. Der Normierungsfaktor nähert sich mit steigendem k dem Betrag des betragsgrößten Eigenwerts (siehe Überhuber [68]).

Das nebenstehende Skript, das die obige Matrix-Vektoriteration 20 mal durchführt, sei in der Datei *eigapprox.m* gespeichert.

```
for k = 1:20
  x = A*x;
  normx = norm(x,2);
  x = x/normx;
end
```

Zuerst werden die Matrix und der Startvektor eingegeben.

```
≫ A = [-0.8 0.1 0; -0.4 1 0.9; ...
        -0.4 0.3 -2.2];
≫ x = [1; 1; 1];
```

Jetzt wird das Skript gestartet. Der Resultat-Vektor x ist (im Falle der Konvergenz des Verfahrens) eine Näherung für einen Eigenvektor von A.

```
≫ eigapprox
≫ x
x =
  0.0176
 -0.2619
  0.9649
```

BEMERKUNG: Dieses Beispiel dient lediglich der Illustration verschiedener Programmiertechniken in MATLAB. Die Berechnung von Eigenwerten und Eigenvektoren kann man wesentlich komfortabler, effizienter und zuverlässiger mit den vordefinierten MATLAB-Funktionen *eig* und *eigs* durchführen.

Berechnung der Eigenvektoren (Spalten von V) und Eigenwerte (Diagonalelemente von W) der Matrix A mit Hilfe von *eig*.

```
[V,W] = eig(A)
V =
  0.9306  -0.0536   0.0176
  0.3099  -0.9949  -0.2619
 -0.1948  -0.0851   0.9649
W =
 -0.7667  0        0
  0        1.0554  0
  0        0       -2.2887
```

Skripts eignen sich nur zur Automatisierung wiederkehrender gleichartiger Aufgaben. Wegen der Gefahr von Seiteneffekten (siehe Abschnitt 7.4) sollten sie nicht zur Implementierung neuer Funktionalität verwendet werden.

2.6   Programmieren in MATLAB

Neben der Verwendung von MATLAB als interaktives System besteht auch die
Möglichkeit, die Funktionalität von MATLAB durch die Definition von Funktionen
und Unterprogrammen zu erweitern.

Große Teile der folgenden Kapitel befassen sich mit der Programmierung von
„neuen" MATLAB-Funktionen. Derartige Unterprogramme können vom MATLAB-
Prompt aus durch die Angabe des entsprechenden Namens (zusammen mit et-
waigen Parametern) aufgerufen werden.

Im Folgenden soll beispielhaft gezeigt werden, wie selbstdefinierte Funktionen
in MATLAB implementiert werden können. Dazu wird als Beispiel eine Methode
zur Approximation von π herangezogen. Nähere Informationen über die Erstellung neuer MATLAB-Unterprogramme sind in Kapitel 7 enthalten.

MATLAB-Beispiel 2.20

Archimedische Methode: Nach Archimedes lässt sich π durch folgende Vorgehensweise ermitteln: Man berechnet den halben Umfang u_n eines regelmäßigen
2^n-Ecks, das dem Einheitskreis eingeschrieben ist, und führt dies für wachsendes
n durch. Wegen $\lim_{n \to \infty} u_n = \pi$ erhält man das folgende numerische Verfahren
zur näherungsweisen Berechnung von π:

$$
\begin{aligned}
u_1 &= 2 \\
u_n &= 2^n \sqrt{\frac{1}{2}\left(1 - \sqrt{1 - (u_{n-1}/2^{n-1})^2}\right)} \quad \text{für} \quad n = 2, 3, 4, \ldots, n_{\max}.
\end{aligned}
$$

Diese näherungsweise Berechnung von π soll nun mit Hilfe einer MATLAB-Funktion implementiert werden. Dazu muss eine neue *M-Datei* erstellt werden. Unter
einer M-Datei versteht man eine normale Textdatei mit Dateiendung .m, die
den MATLAB-Programmcode für die neu zu implementierende Funktion enthält.
M-Dateien können mit Hilfe des speziellen, die MATLAB-Syntax unterstützenden
Texteditors der integrierten Entwicklungsumgebung von MATLAB erstellt werden.
Damit MATLAB auf die in dieser Datei gespeicherte Funktion zugreifen kann,
muss deren Pfad MATLAB bekannt sein; dieser ist über den Menüpunkt „File/Set
Path" einstellbar.

Anhand des folgenden Beispiels soll nun die Struktur einer M-Datei vorgestellt
werden (eine genauere Beschreibung findet man in Kapitel 7).

Jede M-Datei beginnt mit dem Schlüsselwort *function*, dem Namen einer Variablen, die den Rückgabewert der Funktion enthalten wird, und schließlich dem
Funktionsnamen. Zudem werden noch (optional) Parameter angegeben.

Die hier konstruierte Funktion liefert einen Vektor, der die Werte der ersten n_{max} Iterationsschritte enthält.

```
function retval = approxpi(n_max)
```

Nach dem Funktionsnamen können Kommentare folgen, die die Funktion beschreiben; Kommentare beginnen mit einem Prozentzeichen.

```
% v = approxpi(n_max)
% führt eine Approximation von pi
% nach der Archimedischen Methode
% durch und liefert die Werte der
% ersten n_max Iterationen.
```

Der Startwert wird festgelegt.

```
retval(1) = 2;
```

Die Iteration wird durchgeführt. Man beachte, dass MATLAB den Vektor *retval* dynamisch bis zur Länge n_{max} vergrößert.

```
for n = 2:n_max
  tmp = retval(n-1)/2^(n-1);
  tmp = 1 - sqrt(1-tmp^2);
  retval(n) = 2^n*sqrt(tmp/2);
end
```

Der Name der erstellten Funktion muss mit dem Dateinamen der zugehörigen M-Datei (also *approxpi.m*) übereinstimmen. Aus MATLAB kann nun die neu erstellte Funktion durch die Eingabe von *approxpi*, gefolgt von einem Parameter, der die Zahl der Iterationsschritte angibt, ausgeführt werden:

Die ersten 30 errechneten Werte der Iteration werden dem Vektor p zugewiesen.

```
>> p = approxpi(30);
```

Nun kann der relative Fehler der einzelnen Ergebnisse bestimmt werden. Dabei werden die skalaren Operationen elementweise auf den Vektorelementen ausgeführt.

```
>> relf = abs((p - pi)/pi);
```

Der relative Fehler wird in halblogarithmischen Koordinaten dargestellt (siehe Abb. 2.3).

```
>> semilogy(1:30, relf);
```

BEMERKUNG: Mathematisch gilt zwar $\lim_{n\to\infty} u_n = \pi$, bei der numerischen Realisierung des Verfahrens treten jedoch (bedingt durch „Auslöschungseffekte") große numerische Schwierigkeiten auf, so dass die numerisch erhaltenen Näherungswerte $\tilde{u}_n$ nicht gegen π konvergieren. Ab dem 15. Folgenelement verschlechtert sich das Ergebnis zusehends, ab dem 28. Folgenelement überwiegen die Ungenauigkeiten und MATLAB gibt sogar fälschlicherweise Null als Ergebnis aus. Dies ist daraus zu erklären, dass in der innersten Wurzel der Wert 2^{-n} sehr rasch gegen Null konvergiert und schon ab relativ kleinen Werten von n nicht mehr als Gleitpunktzahl ungleich Null repräsentiert werden kann. Dadurch wird die innere Wurzel 1 und die äußere Wurzel Null.

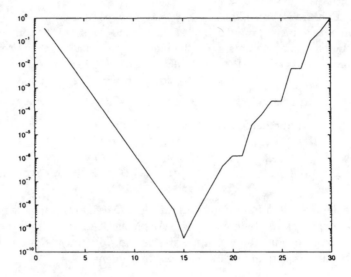

Abbildung 2.3: Relativer Fehler bei der Approximation von π.

Kapitel 3

Numerische Daten und Operationen

Die Implementierung der elementaren mathematischen Daten, der Zahlen, auf einem Computer, gleich welcher Architektur, muss auf einer festen Kodierung – oder einigen wenigen verschiedenen Kodierungen – beruhen, weil sonst eine effiziente Verarbeitung nicht möglich ist.

Bei der Kodierung werden den Zahlen bestimmte *Bitmuster einer festen Länge* (*Formatbreite*) N zugeordnet. Damit werden aber maximal 2^N verschiedene Zahlen erfasst, während z. B. die Gesamtheit aller reellen Zahlen überabzählbar unendlich (von der Mächtigkeit des Kontinuums) ist. Dieses krasse Missverhältnis lässt sich auch durch die Wahl einer sehr großen Formatbreite oder durch die Verwendung verschiedener Kodierungen nicht beseitigen.

3.1   Integer-Zahlensysteme

Die natürlichste Weise, Bitmuster $d_{N-1}d_{N-2}\cdots d_2d_1d_0$ der Länge N als reelle Zahlen zu interpretieren, besteht in ihrer Interpretation als Ziffernschreibweise nichtnegativer ganzer Zahlen im Stellenwertcode zur Basis $b = 2$, d. h.[1]

$$d_{N-1}d_{N-2}\cdots d_2d_1d_0 \;\doteq\; \sum_{j=0}^{N-1} d_j \cdot 2^j, \qquad d_j \in \{0,1\}. \tag{3.1}$$

Damit werden alle ganzen Zahlen von 0 bis 2^N-1 erfasst. Um auch negative ganze Zahlen darstellen zu können, wird der Bereich der darstellbaren nichtnegativen ganzen Zahlen eingeschränkt. Die frei werdenden Bitmuster werden als negative

---

[1] Das Symbol $\doteq$ wird hier im Sinne von „entspricht" verwendet.

Zahlen interpretiert. Beim *Zweierkomplement* wird $-x$ codiert durch

$$\bar{\bar{x}} = 1 + \sum_{j=0}^{N-1} (1 - d_j) \cdot 2^j.$$

Der dadurch entstehende Zahlenbereich $[-2^{N-1}, 2^{N-1} - 1]$ ist unsymmetrisch.

In MATLAB besteht die Möglichkeit, ganze Zahlen in acht Integer-Formaten (mit $N = 8, 16, 32, 64$, mit oder ohne Vorzeichen; siehe Abschnitt 4.3.2) zu speichern: *int8*, *uint8*, *int16*, *uint16*, *int32*, *uint32*, *int64* und *uint64*.

Seit der MATLAB Version 7 sind für *int8*, *uint8*, *int16*, *uint16*, *int32 und uint32* arithmetische Rechenoperationen definiert. Die beiden ganzzahligen 64-Bit-Formate *int64* und *uint64* dienen nur zur Speicherung, es sind keine Rechenoperationen dafür definiert.

Zahlenkonversion

Die Konversion einer Gleitpunktzahl in eine Integer-Zahl oder einer Integer-Zahl in eine Integer-Zahl eines anderen Datenformats erfolgt mit Hilfe der Funktionen *int8*(x), *int16*(x), ..., denen die zu konvertierende (numerische) Konstante oder Variable x als Argument übergeben wird. Bei der Umwandlung wird x auf die nächstgelegene ganze Zahl vom gewünschten Typ gerundet.

MATLAB-Beispiel 3.1

Eine Integer-Variable mit $N = 8$ wird definiert und der Wert -11 wird ihr zugewiesen.	`>> kurz = int8(-10.89)`
	`kurz =`
	`    -11`

Da im Format *uint8* keine negativen Zahlen darstellbar sind, wird der Wert 0 zugewiesen.	`>> ohnevz = uint8(-10.89)`
	`ohnevz =`
	`    0`

Will man umgekehrt eine Zahl, die in einem Integer-Format gespeichert ist, in das *single*- oder *double*-Format (siehe Abschnitt 3.3) konvertieren, so geschieht das mit den Funktionen *single* und *double*.

Integer-Zahlen mit maximal 53 Binär-Stellen (also insbesondere alle ganzen Zahlen der Formate *int8*, *uint8*, ..., *uint32*) können im *double*-Format exakt dargestellt werden, da dort die Mantisse 53 Binär-Stellen hat. Anderenfalls wird auf die nächstliegende Zahl im *double*-Format gerundet.

MATLAB-Beispiel 3.2

Die größte vorzeichenlose 32-Bit Integer-Zahl ist $2^{32} - 1$. Diese ist als *double*- aber nicht als *single*-Gleitpunktzahl exakt darstellbar.

```
≫ m32 = uint32(2^32-1)
m32 =
    4294967295
```

Bei der Konversion von *m32* in eine *double*-Gleitpunktzahl tritt kein Fehler auf.

```
≫ format long
≫ dm32 = double(m32)
dm32 =
      4.294967295000000e+009
```

Bei der Konversion von *m32* in eine *single*-Gleitpunktzahl wird gerundet.

```
≫ format long
≫ sm32 = single(m32)
sm32 =
      = 4.2949673e+09
```

Integer-Arithmetik

In MATLAB ist die Integer-Arithmetik gegenüber der Gleitpunkt-Arithmetik (siehe Abschnitt 3.3) stark eingeschränkt. Außerdem hat sie gegenüber anderen Programmiersprachen einige Besonderheiten, auf die in Kapitel 5 genauer eingegangen wird.

Sind a und b Variablen, von denen mindestens eine von einem Integer-Typ ist, so ist die arithmetische Operation $a \circ b$ nur definiert (und liefert keine Fehlermeldung), wenn a und b entweder vom selben Integer-Datentyp sind oder eine von beiden Variablen ein *double*-Skalar ist. Im zweiten Fall wird intern die Integer-Variable in eine *double*-Variable konvertiert. Das Ergebnis wird dann mittels *double*-Arithmetik berechnet und anschließend in den Ausgangs-Integer-Typ zurückkonvertiert.

MATLAB-Beispiel 3.3

Die Summe einer *uint8*- und einer *double*-Variable ist vom Typ *uint8*. Dabei ist zu beachten, dass *uint8* $(-4.2) = 0$ gilt.

```
≫ a = uint8(6);    ≫ a = uint8(6);
≫ b = -4.2;        ≫ b = uint8(-4.2);
≫ a + b            ≫ a + b
ans =              ans =
    2                  6
```

Bei einer Integer-Division werden zunächst beide Variablen in den Typ *double* konvertiert. Das Ergebnis der Gleitpunkt-Division wird anschließend in den entsprechenden *integer*-Typ zurückkonvertiert.

MATLAB-Beispiel 3.4

Die Integer-Division liefert das auf den Typ *uint8* konvertierte Resultat der Gleitpunkt-Division. Dieselbe Rechnung in C liefert das Ergebnis 0 (als Division ohne Rest).

```
≫ a = uint8(2) / uint8(3)
ans =
   1
```

Anders als bei der Gleitpunkt-Arithmetik, die bei Überlauf das Resultat *Inf* bzw. −*Inf* liefert, erhält man in der MATLAB-Integer-Arithmetik den größten bzw. kleinsten Integer-Wert: Ist das Ergebnis einer arithmetischen Operation größer als *intmax* des entsprechenden Typs, so wird als Ergebnis *intmax* geliefert. In anderen Programmiersprachen wie C oder Fortran ist die Integer-Arithmetik als Modulo-Arithmetik definiert, d. h., *intmax* +1 resultiert in *intmin*.

MATLAB-Beispiel 3.5

Im Gegensatz zu anderen Programmiersprachen liefert in MATLAB die ganzzahlige Arithmetik bei Überlauf den größten bzw. kleinsten Integer-Wert. Dieselbe Rechnung in C würde das Ergebnis 0 liefern.

```
≫ intmax('uint32')
ans =
   4294967295
≫ intmax('uint32') + 1
ans =
   4294967295
```

3.2   Festpunkt-Zahlensysteme

Durch eine *Skalierung* mit 2^k (k kann eine beliebige ganze Zahl sein) kann man das von kodierbaren Zahlen überdeckte Intervall der reellen Zahlengeraden verkleinern oder vergrößern. Die *Dichte* der darstellbaren Zahlen wird dadurch größer bzw. kleiner. Die Skalierung mit 2^k, $k < 0$, entspricht der Interpretation der Bitfolge $v d_{N-2} d_{N-3} \cdots d_2 d_1 d_0$ als vorzeichenbehafteter Binärbruch mit $-k > 0$ Stellen nach dem Binärpunkt:

$$v\, d_{N-2}d_{N-3}\cdots d_2 d_1 d_0 \;\doteq\; (-1)^v \cdot 2^k \sum_{j=0}^{N-2} d_j \cdot 2^j \;\doteq\; \tag{3.2}$$

$$\doteq\; (-1)^v \cdot d_{N-2}\cdots d_{-k}.d_{-k-1}\cdots d_0$$

Fest skalierte Zahlenmengen dieser Art nennt man *Festpunkt-Zahlensysteme*.

Für $k = -(N-1)$ steht der angenommene Binärpunkt genau vor der ersten Ziffer d_{N-2} der Folge von Binärziffern. Wie bei den Integer-Zahlen kann man ein Bit $v \in \{0,1\}$ zur Darstellung des Vorzeichens $(-1)^v$ verwenden. Für den Wert $k = -(N-1)$ wird dann von diesen Zahlen das Intervall $(-1,1)$ gleichmäßig mit konstantem Abstand $2^k = 2^{-N+1}$ überdeckt.

Festpunkt-Zahlensysteme haben für die Numerische Datenverarbeitung den großen Nachteil, dass das von den darstellbaren reellen Zahlen überdeckte Intervall der reellen Achse ein für allemal festliegt. Die Größenordnungen der bei den Aufgaben der Numerischen Datenverarbeitung auftretenden Daten variieren aber über einen sehr weiten Bereich, der oft nicht a priori bekannt ist. Auch können während der Lösung der Aufgabe reelle Zahlen mit sehr großen oder sehr kleinen Absolutbeträgen auftreten.

Für spezielle Anwendungen (z. B. in der Signalverarbeitung) stellt MATLAB das „*Fixed-Point Blockset*" zur Verfügung (siehe *help fixpoint*).

3.3   Gleitpunkt-Zahlensysteme

Um den genannten Nachteil der Festpunkt-Kodierungen zu vermeiden, liegt es nahe, den Skalierungsparameter k nicht fest zu wählen, sondern veränderlich zu lassen und seine aktuelle Größe in der Kodierung mit anzugeben. Man kommt so zu den *Gleitpunkt-*(*Floating-point-*)*Kodierungen*, die in der Numerischen Datenverarbeitung fast ausschließlich verwendet werden.

SPRECHWEISE: In der Numerischen Datenverarbeitung wird meist von Gleit*punkt*zahlen (*floating point numbers*) und nicht von Gleit*komma*zahlen gesprochen. Diese Konvention steht nicht nur mit dem Dezimal*punkt*, wie er in den englischsprachigen Ländern üblich ist, in Verbindung. Das Komma wird in den meisten Programmiersprachen – auch in MATLAB – als Trennzeichen für zwei lexikalische Elemente verwendet, so dass z. B. die Zeichenkette 12, 25 zwei ganze Zahlen, nämlich 12 und 25 bezeichnet, während 12.25 die (rationale) Zahl 49/4 symbolisiert.

Bei den Gleitpunkt-Kodierungen wird eine Bitfolge für die Interpretation in drei Teile zerlegt: in das *Vorzeichen v*, den *Exponenten e* und die *Mantisse M* (den *Signifikanden*). Die Aufteilung (*Formatierung*) des Bitfeldes, das einer reellen Zahl entspricht, ist bei jeder Gleitpunkt-Kodierung unveränderbar festgelegt.

IEEE-Gleitpunktzahlen: Im IEEE[2] Standard 754-1985 für binäre Gleitpunkt-zahlen und -arithmetiken werden zwei *Grundformate* spezifiziert:

Einfach langes Format (*single format*): Formatbreite $N = 32$ Bit

1	8 Bit	23 Bit
v	e	M

Dieses Format entspricht dem Datentyp *single* in MATLAB, für den seit der Version 7 auch arithmetische Operationen zur Verfügung stehen.

Doppelt langes Format (*double format*): Formatbreite $N = 64$ Bit

1	11 Bit	52 Bit
v	e	M

Dieses Format wird im Standard-MATLAB-Datentyp *double* verwendet.

Die dargestellte reelle Zahl x ist durch

$$x = (-1)^v \cdot b^e \cdot M$$

gegeben, wobei das Bit $v \in \{0, 1\}$ das Vorzeichen von x festlegt. Der Exponent e ist eine ganze Zahl. Die Mantisse M ist eine nichtnegative reelle Zahl in Festpunkt-Kodierung (*ohne* Vorzeichen)

$$M = d_1 b^{-1} + d_2 b^{-2} + \cdots + d_p b^{-p}$$

bezüglich einer festen Basis b mit dem Binärpunkt (Dezimalpunkt) genau vor der ersten Ziffer. Wegen Verwendung eines impliziten ersten Bits (siehe Überhuber [67]) ergibt sich beim einfach langen Format eine praktisch nutzbare Mantissenlänge $p = 24$ und beim doppelt langen Format $p = 53$.

Die Annahme des (Binär-, Dezimal-)Punktes *vor* der ersten Stelle der Mantisse M ist willkürlich; ebenso ist die Indizierung mit d_1 als *erster* (engl. *most significant*) und d_p als *letzter* (engl. *least significant*) Stelle – die nicht der Indizierung bei Festpunkt-Zahlensystemen entspricht – bei Gleitpunkt-Zahlensystemen üblich. Beide Konventionen entsprechen sowohl der internationalen Norm *Language Independent Integer and Floating-Point Arithmetic* wie auch den Annahmen, die der Entwicklung von MATLAB zugrunde liegen.

Je nach Wahl der Basis b, der Festpunkt-Kodierung für M und der zulässigen Werte für e erhält man eine bestimmte Menge von reellen Zahlen, die mit

---

[2]IEEE ist die Abkürzung für *Institute of Electrical and Electronics Engineers*.

dieser Gleitpunkt-Kodierung darstellbar sind. Eine solche Zahlenmenge – mit gewissen Einschränkungen bezüglich b, e und M – bezeichnet man als *Gleitpunkt-Zahlensystem* $\mathbb{F}$ (*floating-point numbers*).

Ein Gleitpunkt-Zahlensystem mit der Basis b, der Mantissenlänge p und dem Exponentenbereich $[e_{min}, e_{max}] \subset \mathbb{Z}$ enthält die folgenden reellen Zahlen:

$$x = (-1)^v \cdot b^e \cdot \sum_{j=1}^{p} d_j b^{-j} \tag{3.3}$$

mit

$$v \in \{0, 1\} \tag{3.4}$$

$$e \in \{e_{min}, e_{min} + 1, \ldots, e_{max}\} \tag{3.5}$$

$$d_j \in \{0, 1, \ldots, b-1\}, \quad j = 1, 2, \ldots, p; \tag{3.6}$$

die d_j sind die *Ziffern* (*digits*) der Mantisse $M = d_1 b^{-1} + \cdots + d_p b^{-p}$.

Die reelle Zahl 0.1 wird z. B. in einem sechsstelligen, dezimalen Gleitpunkt-Zahlensystem ($b = 10$, $p = 6$) als $.100000 \cdot 10^0$ dargestellt. In *allen* binären Gleitpunkt-Zahlensystemen (z. B. im Binärsystem mit $p = 24$, das dem MATLAB-Datentyp *single* entspricht) kann 0.1 *nicht* exakt dargestellt werden; die Näherungsdarstellung

$$.110011001100110011001101 \cdot 2^{-3}$$

wird statt dessen verwendet.

Normalisierte und denormalisierte Gleitpunktzahlen

Offenbar entspricht jeder Wahl von Werten v, e und $d_1, d_2, \ldots, d_p$, die den Einschränkungen (3.4), (3.5) und (3.6) genügen, eine bestimmte reelle Zahl. Es können aber verschiedene Werte zur gleichen Zahl x führen. So kann z. B. die Zahl 0.1 in einem dezimalen Gleitpunkt-Zahlensystem mit sechs Mantissenstellen durch

$$.100000 \cdot 10^0 \quad \text{oder} \quad .010000 \cdot 10^1 \quad \text{oder}$$
$$.001000 \cdot 10^2 \quad \text{oder} \quad .000100 \cdot 10^3 \quad \text{oder}$$
$$.000010 \cdot 10^4 \quad \text{oder} \quad .000001 \cdot 10^5$$

dargestellt werden. Die Darstellung von 0.1 als Gleitpunktzahl ist also *nicht* eindeutig. Um die Eindeutigkeit der Zahlendarstellung zu erreichen, kann man die zusätzliche Forderung $d_1 \neq 0$ stellen, ohne dass man den Umfang des Gleitpunkt-Zahlensystems wesentlich einschränkt; die so erhaltenen Gleitpunktzahlen mit $b^{-1} \leq M < 1$ heißen *normalisierte* (oder *normale*) Gleitpunktzahlen. Die Menge der normalisierten Gleitpunktzahlen erweitert um die Zahl Null (charakterisiert durch $M = 0$) wird im Folgenden mit $\mathbb{F}_N = \mathbb{F}_N(b, p, e_{\min}, e_{\max})$ bezeichnet.

Durch die Einschränkung $d_1 \neq 0$ erhält man eine *umkehrbar-eindeutige* Beziehung zwischen den zulässigen Werten

$$v \in \{0, 1\}$$
$$e \in \{e_{\min}, e_{\min} + 1, \ldots, e_{\max}\}$$
$$d_1 \in \{1, 2, \ldots, b - 1\},$$
$$d_j \in \{0, 1, \ldots, b - 1\}, \ j = 2, 3, \ldots, p;$$

und den Zahlen in $\mathbb{F}_N \setminus \{0\}$ (siehe Tabelle 3.1).

Die durch die Normalisierungsbedingung $d_1 \neq 0$ weggefallenen Zahlen, das sind jene Zahlen, die betragsmäßig so klein sind, dass sie keine Darstellung als normalisierte Gleitpunktzahlen besitzen, kann man ohne Verlust der Eindeutigkeit der Zahlendarstellung zurückgewinnen, indem man $d_1 = 0$ für $e = e_{\min}$ zulässt. Die Zahlen mit $M \in [b^{-p}, b^{-1} - b^{-p}]$, die sämtlich im Intervall $(-b^{e_{\min}-1}, b^{e_{\min}-1})$ liegen, heißen *denormalisierte* (oder *subnormale*) Zahlen und werden im Folgenden mit $\mathbb{F}_D = \mathbb{F}_D(b, p, e_{\min}, e_{\max})$ bezeichnet.

Die Zahl Null (der die Mantisse $M = 0$ entspricht) wird nach obiger Festlegung zu $\mathbb{F}_N$ gezählt. Für ihre Darstellung muss man, um Eindeutigkeit zu gewährleisten, das Vorzeichen (willkürlich) festlegen, z. B. $v = 0$.

$\mathbb{F}_N$ und (falls vorhanden) $\mathbb{F}_D$ fasst man zu einem Gleitpunkt-Zahlensystem $\mathbb{F}(b, p, e_{\min}, e_{\max}, denorm)$ zusammen. Die logische Größe *denorm* gibt an, ob denormalisierte Zahlen vorhanden sind (TRUE) oder nicht (FALSE).

	Exponent	Mantisse
normalisierte Gleitpunktzahlen	$e \in [e_{\min}, e_{\max}]$	$M \in [b^{-1}, 1 - b^{-p}]$
denormalisierte Gleitpunktzahlen	$e = e_{\min}$	$M \in [b^{-p}, b^{-1} - b^{-p}]$
Null	$e = e_{\min}$	$M = 0$

Tabelle 3.1: Zuordnung der nichtnegativen Zahlen aus $\mathbb{F}$ zu e und M. Eine analoge Zuordnung gilt für die negativen Zahlen aus $\mathbb{F}$, für die man $v = 1$ setzt.

3.4 Struktur von Gleitpunkt-Zahlensystemen

Die Struktur der Gleitpunkt-Zahlensysteme $\mathbb{F}(b, p, e_{\min}, e_{\max}, denorm)$, d. h. die Anzahl und Anordnung (Lage) der Zahlen aus $\mathbb{F}$, soll in diesem Abschnitt genauer untersucht werden.

3.4.1 Anzahl der Gleitpunktzahlen

Wegen der (in Tabelle 3.1 dargestellten) eindeutigen Zuordnung der Zahlen aus $\mathbb{F}$ zu den Tupeln $(v, e, d_1, \ldots, d_p)$, kann es sich bei $\mathbb{F}$ nur um eine *endliche* Teilmenge der reellen Zahlen handeln. Die Anzahl der normalisierten Zahlen im Gleitpunkt-Zahlensystem $\mathbb{F}(b, p, e_{\min}, e_{\max}, denorm)$ ist

$$2\,(b-1)\,b^{p-1}(e_{\max} - e_{\min} + 1).$$

Das dem Grundformat des doppelt genauen IEEE-Gleitpunkt-Zahlensystem entsprechende System $\mathbb{F}(2, 53, -1021, 1024, true)$, wie es auch von MATLAB für den Datentyp *double* verwendet wird, enthält $2^{53} \cdot 2046 \approx 1.84 \cdot 10^{19}$ normalisierte Zahlen. Dem einfach genauen IEEE-Gleitpunkt-Zahlsystem, das im MATLAB-Datentyp *single* verwendet wird, entspricht $\mathbb{F}(2, 24, -125, 128, true)$.

3.4.2 Größte und kleinste Gleitpunktzahl

Weil $\mathbb{F}$ endlich ist, ist unmittelbar klar, dass es in jedem Gleitpunkt-Zahlensystem im Gegensatz zu den reellen Zahlen eine *größte Zahl* $x_{\max}$ und eine *kleinste positive* normalisierte Zahl $x_{\min}$ gibt.

Mit $M = M_{\max} := 1 - b^{-p}$ und $e = e_{\max}$ erhält man die *größte Gleitpunktzahl*

$$x_{\max} := \max\{x \in \mathbb{F}\} = (1 - b^{-p})b^{e_{\max}}.$$

Mit $e = e_{\min}$ und $M = M_{\min} := b^{-1}$ ergibt sich die kleinste positive *normalisierte* Gleitpunktzahl

$$x_{\min} := \min\{x \in \mathbb{F}_N : x > 0\} = b^{e_{\min}-1}.$$

MATLAB-Beispiel 3.6

$x_{\min}$ und $x_{\max}$ für den Datentyp *double* erhält man mit *realmin* und *realmax*.

```
>> log2(realmin),   log2(realmax)
ans =
   -1022
ans =
    1024
```

$x_{\min}$ und $x_{\max}$ für den Datentyp *single* erhält man mit Hilfe von *realmin* (*'single'*) und *realmax* (*'single'*).

```
>> log2(realmax('single'))
ans =
    128
```

Wegen der separaten Darstellung des Vorzeichens durch $(-1)^v$ sind die Gleit-punktzahlen *symmetrisch zur Null* angeordnet:

$$x \in \mathbb{F} \iff -x \in \mathbb{F}.$$

Dementsprechend sind $-x_{max}$ und $-x_{min}$ die *kleinste* und die *größte negative* normalisierte Zahl in $\mathbb{F}$. Im Fall *denorm = true* gibt es in $\mathbb{F}$ auch eine kleinste positive denormalisierte Zahl

$$\bar{x}_{min} = b^{e_{min}-p} \tag{3.7}$$

und eine größte negative denormalisierte Zahl $-\bar{x}_{min}$.

MATLAB-Beispiel 3.7

Die kleinste positive denormali-sièrte Gleitpunktzahl erhält man aus Formel (3.7).

```
>> minpos = realmin/2^52
minpos =
    4.9407e-324
```

Beim Standard-Datentyp *double* ist das 2^{-1074},...

```
>> log2(minpos)
ans =
    -1074
```

...beim Typ *single* 2^{-149}.

```
>> minpos = realmin('single')/2^23
minpos =
    1.4013e-045

>> log2(minpos)
ans =
    -149
```

3.4.3   Absolute Abstände der Gleitpunktzahlen

Für jede feste Wahl von $e \in [e_{min}, e_{max}]$ sind die kleinste und die größte Mantisse einer normalisierten Gleitpunktzahl durch die Ziffern

$$d_1 = 1, \; d_2 = \cdots = d_p = 0 \qquad \text{bzw.} \qquad d_1 = d_2 = \cdots = d_p = \delta := b - 1$$

charakterisiert. Die Mantisse M durchläuft somit Werte zwischen

$$M_{min} \;=\; .100\ldots00_b = b^{-1} \qquad \text{und}$$
$$M_{max} \;=\; .\delta\delta\delta\cdots\delta\delta_b = \sum_{j=1}^{p}(b-1)b^{-j} = 1 - b^{-p},$$

wobei sie mit einer konstanten Schrittweite von b^{-p} fortschreitet. Dieses *Grundinkrement* der Mantisse, das dem Wert einer Einheit der letzten Stelle entspricht, wird oft als ein *ulp* (*unit of last position*) bezeichnet; im Folgenden wird für das Grundinkrement die Kurzbezeichnung u verwendet:

$$u := 1\,\mathrm{ulp} = b^{-p}.$$

Benachbarte Zahlen aus $\mathbb{F}_N$ haben im Intervall $[b^e, b^{e+1}]$ *konstanten Abstand*

$$\Delta x = b^{e-p} = u \cdot b^e;$$

jedes solche Intervall ist also durch eine *konstante (absolute) Dichte* der normalisierten Gleitpunktzahlen charakterisiert.

Lücke um die Zahl Null

Bedingt durch die Normalisierung hat der von den Zahlen aus $\mathbb{F}_N$ überdeckte Bereich der reellen Zahlen in der Umgebung der Zahl Null eine „Lücke" (siehe Abb. 3.1).

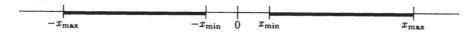

$$-x_{\max} \qquad -x_{\min} \quad 0 \quad x_{\min} \qquad x_{\max}$$

Abbildung 3.1: Reelle Zahlen, die von $\mathbb{F}_N$ überdeckt werden.

Im Fall *denorm = true* wird hingegen das Intervall $(0, x_{\min})$ mit $b^{p-1} - 1$ denormalisierten Zahlen gleichmäßig überdeckt (vgl. Abb. 3.2), die dort den konstanten Abstand $u \cdot b^{e_{\min}}$ haben. Die kleinste positive denormalisierte Zahl

$$\overline{x}_{\min} := \min\{x \in \mathbb{F}_D : x > 0\} = ub^{e_{\min}} = b^{e_{\min}-p}$$

liegt wesentlich näher bei Null als $x_{\min} = b^{e_{\min}-1}$. Die negativen Zahlen aus $\mathbb{F}_D$ ergeben sich durch Spiegelung der positiven am Nullpunkt. Die Lücke um die Zahl 0 wird also mit den denormalisierten Zahlen $\mathbb{F}_D$ geschlossen (siehe Abb. 3.2).

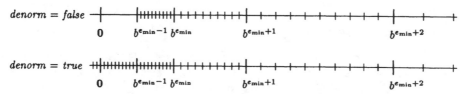

Abbildung 3.2: Überdeckung von $\mathbb{R}$ durch Gleitpunktzahlen.

3.4.4 Relative Abstände der Gleitpunktzahlen

Während die absoluten Abstände $|\Delta x|$ mit $\Delta x = x_{\text{nearest}} - x$ zwischen einer Zahl x aus $\mathbb{F}_N$ und der (betragsmäßig) nächstgrößeren Zahl x_{nearest} aus $\mathbb{F}_N$ mit zunehmendem Exponenten e immer größer werden, bleibt der *relative Abstand* $\Delta x/x$ (nahezu) unverändert, da dieser nur von der Mantisse $M(x)$ und nicht vom Exponenten der Gleitpunktzahl x abhängt:

$$\frac{\Delta x}{x} = \frac{(-1)^v \cdot u \cdot b^e}{(-1)^v \cdot M(x) \cdot b^e} = \frac{u}{M(x)} = \frac{b^{-p}}{M(x)}.$$

Wegen $b^{-1} \leq M(x) < 1$ nimmt dieser relative Abstand für $b^e \leq x \leq b^{e+1}$ mit wachsendem x von $b \cdot u$ auf fast u ab; er springt für $x = b^{e+1}$ mit $M = b^{-1}$ wieder auf $b \cdot u$ und nimmt dann abermals ab. Dieser Vorgang wiederholt sich von einem Intervall $[b^e, b^{e+1}]$ zum nächsten. In diesem eingeschränkten Sinn kann man also sagen, dass die *relative Dichte* der Zahlen in $\mathbb{F}_N$ *annähernd konstant* ist. Die Variation der Dichte beim Durchlaufen eines Intervalls $[b^e, b^{e+1}]$ um den Faktor b ist natürlich für größere Werte der Basis b (etwa 10 oder 16) viel ausgeprägter als bei Binärsystemen.

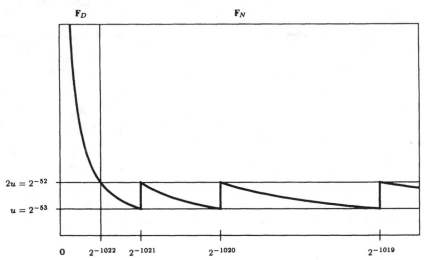

Abbildung 3.3: Relative Abstände der doppelt genauen IEC/IEEE-Gleitpunktzahlen.

Im Bereich der *denormalisierten* Zahlen $\mathbb{F}_D$ geht diese Gleichmäßigkeit der relativen Dichte verloren; wegen $M(x) \to 0$ vergrößert sich für $x \to 0$ der relative Abstand $\Delta x/x$ bei konstantem absoluten Abstand $\Delta x = b^{e_{\min}-p}$ sehr rasch.

Die (annähernd) konstante relative Dichte der Zahlen aus $\mathbb{F}_N$ spiegelt den Charakter der Daten in der Numerischen Datenverarbeitung gut wider. Diese kommen z. B. durch Messungen zustande; dabei hängt die absolute Größe der Messwerte von den verwendeten Einheiten ab, während die *relative Messgenauigkeit* von diesen Einheiten und damit von der absoluten Größe der Daten oft *unabhängig* ist und einer konstanten Anzahl signifikanter Stellen entspricht.

3.4.5 Unendlich, NaNs und Null mit Vorzeichen

In Gleitpunkt-Zahlensystemen sind *nicht* alle Bitmuster mit einer Bedeutung als Gleitpunktzahl belegt, sondern es gibt auch ±0, $\pm\infty$ ($\pm$Inf) und im Gleitpunktformat codierte symbolische Größen, sogenannte NaNs („*Nichtzahlen*“).[3] Die IEEE-Arithmetik liefert beim Auftreten von Sonderfällen ein NaN-Bitmuster. Ein sofortiger Abbruch ist nicht unbedingt erforderlich, da mit NaNs auch weiter „gerechnet“ werden kann.

darzustellende Größe	Wert im Exponentenfeld	Wert im Mantissenfeld
$(-1)^v \cdot 0 = \pm 0$	$e_{\min} - 1$	Null
$(-1)^v \cdot \infty = \pm\infty$	$e_{\max} + 1$	Null
NaN	$e_{\max} + 1$	$\neq$ Null

MATLAB-Beispiel 3.8

$+0$ und -0 werden unterschiedlich gespeichert und bewirken in speziellen Situationen (z. B. „Division durch Null“) auch unterschiedliche Resultate.

```
≫ pnull = 0; 1/pnull
ans =
     Inf
≫ nnull = -0; 1/nnull
ans =
    -Inf
```

„Null durch Null“ liefert als Resultat die Nichtzahl *NaN*.

```
≫ pnull/nnull
ans =
    NaN
```

Mit *NaNs* kann auch gerechnet werden.

```
≫ NaN*nnull
ans =
    NaN
```

In Gleichheitsabfragen (==) wird *nicht* zwischen $+0$ und -0 unterschieden (1 entspricht TRUE).

```
≫ pnull == nnull
ans =
    1
```

---

[3] *NaN* ist die Abkürzung für *Not a Number* und symbolisiert z. B. das Ergebnis von 0/0.

Die Befehle *isinf* und *isnan* können zum Test auf ∞ und NaN verwendet werden.

```
>> isinf(1/pnull)
ans =
     1
>> isnan(pnull/nnull)
ans =
     1
```

WICHTIG: Test auf *NaN* ist mit dem Vergleichsoperator == *nicht* möglich. Für derartige Abfragen gibt es die Funktion *isnan*.

```
>> (NaN*nnull) == NaN
ans =
     0
>> isnan(NaN*nnull)
ans =
     1
```

MATLAB-Beispiel 3.9

Abhängig vom Datentyp – *double* oder *single* – liefert MATLAB auch in den Sonderfällen (wie z. B. *Inf*) Resultate unterschiedlichen Typs.

```
>> dinf = 1/0, class(dinf)
dinf =
     Inf
ans =
   double
>> sinf = single(1)/0, class(sinf)
sinf =
     Inf
ans =
   single
```

Diese Unterscheidung ist notwendig, da manche Operationen in einfacher Genauigkeit *Inf* liefern, aber in doppelter Genauigkeit noch durchgeführt werden können.

```
>> (realmax('single')/2)^2
ans =
     Inf
>> (double(realmax('single')/2)^2
ans =
   2.8948e+076
```

3.4.6 Rundung

Die Resultate der arithmetischen Operationen mit Operanden aus der Zahlenmenge $\mathbb{F}(b, p, e_{\min}, e_{\max}, denorm)$ benötigen zu ihrer Darstellung oft mehr als p Mantissenstellen und gelegentlich einen Exponenten außerhalb von $[e_{\min}, e_{\max}]$.

Im Fall der Division und der Standardfunktionen ist in der Regel überhaupt keine Gleitpunkt-Kodierung der Ergebnisse mit *endlich* vielen Stellen möglich.

Den naheliegenden Ausweg kennt man schon lange vom Umgang mit Dezimalbrüchen: Das „exakte" Ergebnis wird auf eine Zahl aus $\mathbb{F}$ *gerundet*. Dabei wird hier und im Folgenden unter *exaktem Ergebnis* stets jenes Ergebnis aus $\mathbb{R}$ verstanden, das sich bei Ausführung der Operationen im Bereich der reellen Zahlen ergäbe. Wegen $\mathbb{F} \subset \mathbb{R}$ ist das exakte Ergebnis auf diese Weise stets definiert.

In der sechsstelligen dezimalen Arithmetik aus den Programmbeispielen (siehe Abschnitt 8.5) erhält man folgende gerundete Werte:

$$
\begin{aligned}
\textit{Argumente:} \qquad x &= .123456 \cdot 10^5 = 12345.6 \\
y &= .987654 \cdot 10^0 = .987654
\end{aligned}
$$

$$
\begin{aligned}
\textit{Exakte Rechnung:} \qquad x + y &= .123465\,87654 \cdot 10^5 \\
x - y &= .123446\,12346 \cdot 10^5 \\
x \cdot y &= .121931\,812224 \cdot 10^5 \\
x/y &= .124999\,240624 \cdots \cdot 10^5 \\
\sqrt{x} &= .111110\,755549 \cdots \cdot 10^3
\end{aligned}
$$

$$
\begin{aligned}
\textit{Rundung:} \qquad \Box(x + y) &= .123466 \cdot 10^5 \\
\Box(x - y) &= .123446 \cdot 10^5 \\
\Box(x \cdot y) &= .121932 \cdot 10^5 \\
\Box(x/y) &= .124999 \cdot 10^5 \\
\Box\sqrt{x} &= .111111 \cdot 10^3
\end{aligned}
$$

Dabei bildet die Rundungsfunktion $\Box : \mathbb{R} \to \mathbb{F}$ jedes $x \in \mathbb{R}$ auf die nächstgelegene Zahl aus $\mathbb{F}$ ab. Für eine feste Wahl der Rundungsfunktion $\Box$ kann man zu einer mathematischen Definition der arithmetischen Operationen in $\mathbb{F}$ folgendermaßen kommen: Zu jeder zweistelligen arithmetischen Operation

$$
\circ : \mathbb{R} \times \mathbb{R} \to \mathbb{R}
$$

definiert man die *analoge Operation*

$$
\boxdot : \mathbb{F} \times \mathbb{F} \to \mathbb{F}
$$

durch

$$
x \boxdot y := \Box(x \circ y). \tag{3.8}
$$

Dieser Definition entspricht gedanklich eine zweistufige Vorgangsweise: Zunächst wird das exakte Ergebnis $x \circ y$ der Operation $\circ$ ermittelt, das anschließend durch eine Rundungsfunktion $\Box$ auf ein Ergebnis in $\mathbb{F}$ abgebildet wird; $x \boxdot y$ ist so stets wieder eine Zahl aus $\mathbb{F}$. Ebenso kann man Operationen mit nur einem Operanden,

z. B. die Standardfunktionen, in $\mathbb{F}$ definieren. Für eine Funktion $f : \mathbb{R} \to \mathbb{R}$ erhält man durch

$$\boxed{f}(x) := \Box f(x) \tag{3.9}$$

die analoge Funktion

$$\boxed{f} : \mathbb{F} \to \mathbb{F}.$$

Natürlich darf man die Rundungsfunktion $\Box$ nicht willkürlich wählen, wenn die sich aus den Definitionen (3.8) und (3.9) ergebende Arithmetik praktisch verwendbar sein soll. In diesem Sinn unverzichtbare Forderungen an eine Rundungsfunktion sind *Projektivität*, d. h.

$$\Box x = x \qquad \text{für} \quad x \in \mathbb{F}, \tag{3.10}$$

und *Monotonie*, also

$$x \leq y \quad \Longrightarrow \quad \Box x \leq \Box y \qquad \text{für} \quad x, y \in \mathbb{R}. \tag{3.11}$$

Aus diesen beiden Forderungen folgt bereits, dass jede solche Rundungsfunktion von den reellen Zahlen zwischen zwei benachbarten Zahlen x_1 und $x_2 \in \mathbb{F}$ diejenigen unterhalb eines bestimmten Grenzpunkts $\hat{x} \in [x_1, x_2]$ auf x_1 abrundet und die oberhalb von $\hat{x}$ auf x_2 aufrundet (vgl. Abb. 3.4). Falls $\hat{x}$ weder mit x_1 noch mit x_2 übereinstimmt, muss gesondert festgelegt werden, ob $\Box\hat{x} = x_1$ oder $\Box\hat{x} = x_2$ gelten soll. Die spezielle Situation im Bereich

$$\mathbb{R}_{\text{overflow}} = (-\infty, -x_{\text{max}}) \cup (x_{\text{max}}, \infty)$$

wird später behandelt.

Eine Rundungsfunktion $\Box$, die (3.10) und (3.11) erfüllt, wird auf dem Intervall $[x_1, x_2]$ durch die Angabe des Grenzpunkts $\hat{x}$ und im Fall $\hat{x} \notin \{x_1, x_2\}$ durch eine zusätzliche Rundungsvorschrift für $x = \hat{x}$ eindeutig festgelegt.

Abbildung 3.4: Definition einer Rundungsfunktion durch den Grenzpunkt $\hat{x}$. Dicke senkrechte Striche (∎) symbolisieren die Zahlen aus $\mathbb{F}$.

Rundung auf den nächstgelegenen Wert (optimale Rundung)

Diese Art der Rundung (*round to nearest*) wird von MATLAB, basierend auf der IEEE-Arithmetik, verwendet. Hier liegt der Grenzpunkt $\hat{x}$ genau in der Mitte zwischen x_1 und x_2:

$$\hat{x} := \frac{x_1 + x_2}{2}.$$

Dadurch wird $x \in [-x_{max}, x_{max}]$ (eine der reellen Zahlen, die von den Gleitpunkt-zahlen „überdeckt" werden) immer zur *nächstgelegenen* Zahl aus $\mathbb{F}$ gerundet. Im Sonderfall $x = \hat{x}$, d. h. bei einer Zahl mit gleichem Abstand von x_1 und x_2, verwendet MATLAB die „Rundung zur nächsten geraden Mantisse" (*round to even*). Dabei wird im Fall $x = \hat{x}$ als Wert $\Box x$ der Rundungsfunktion jene Nachbarzahl genommen, deren letzte Mantissenziffer gerade ist.

Überlauf und Unterlauf

Rundungsvorschriften lassen sich nur dann vernünftig auf ein $x \in \mathbb{R}\backslash\mathbb{F}$ anwenden, wenn es tatsächlich „Nachbarzahlen" aus $\mathbb{F}$ gibt.

Überlauf: Im Fall $x \in \mathbb{R}_{overflow} = (-\infty, -x_{max}) \cup (x_{max}, \infty)$ bleibt $\Box x$ undefiniert. Falls ein solches x das exakte Ergebnis einer Operation mit Operanden aus $\mathbb{F}$ ist, dann sagt man, dass *Überlauf* (*overflow*) – genauer: Exponentenüberlauf – eintritt.

Tritt ein Überlauf bei positiven Zahlen bei der Berechnung eines arithmetischen Ausdrucks auf, liefert MATLAB als Resultat *Inf* (*infinity*). $-Inf$ wird bei Überlauf auf der negativen Zahlengeraden als Wert geliefert.

MATLAB-Beispiel 3.10

Alle *double*-Variablen mit Werten $x \geq realmax + 2^{970}$ werden als *Inf* interpretiert. Kleinere Zahlen werden zur jeweils nächstgelegenen Maschinenzahl gerundet.

```
>> dmax = realmax;
>> dmax + 2^969, dmax + 2^970
ans =
    1.7977e+308
ans =
    Inf
```

Alle *single*-Variablen mit Werten $x \geq realmax + 2^{103}$ werden als *Inf* interpretiert. Kleinere Zahlen werden zur jeweils nächstgelegenen Maschinenzahl gerundet.

```
>> smax = realmax('single');
>> smax + 2^102, smax + 2^103
ans =
    3.403e+038
ans =
    Inf
```

Unterlauf: Die kleinste positive darstellbare *double*-Zahl ist 2^{-1074}. Die Zahl $2^{-1074} \cdot (2^{52} - 1)/2^{53}$ wird noch auf 2^{-1074} aufgerundet, bei jeder kleineren Zahl wird mit Null weitergerechnet. Diese Sondersituation nennt man (Exponenten-)*Unterlauf* (*underflow*).

3.4.7   Rundungsfehler

Wegen der Definitionen (3.8) und (3.9) für die Arithmetik in $\mathbb{F}$ ist es offenbar von zentraler Wichtigkeit, zu erfassen, wie stark $\square x$ von x abweichen kann: Hiervon hängt es ab, wie gut die Arithmetik in $\mathbb{F}$ die „wirkliche" Arithmetik in $\mathbb{R}$ modelliert bzw. wie sehr sich die beiden Arithmetiken unterscheiden.

Die Abweichung des gerundeten Wertes $\square x \in \mathbb{F}$ von der zu rundenden Zahl $x \in \mathbb{R}$ wird als (*absoluter*) *Rundungsfehler* von x bezeichnet:

$$\varepsilon(x) := \square x - x,$$

während

$$\rho(x) := \frac{\square x - x}{x} = \frac{\varepsilon(x)}{x} \tag{3.12}$$

relativer Rundungsfehler von x heißt.

Schranken für den absoluten Rundungsfehler

Der Betrag $|\varepsilon(x)|$ ist offenbar durch Δx, die Länge des kleinsten x einschließenden Intervalls $[x_1, x_2]$, $x_1, x_2 \in \mathbb{F}$, begrenzt, im Fall der optimalen Rundung sogar nur durch die Hälfte dieser Intervalllänge. Genauer lässt sich dies so formulieren: Für jedes $x \in \mathbb{R}_N$ (jede der reellen Zahlen, die von den normalisierten Gleitpunktzahlen „überdeckt" werden) lässt sich $\square x \in \mathbb{F}$ eindeutig als

$$\square x = (-1)^v \cdot M(x) \cdot b^{e(x)}$$

darstellen, wobei $M(x)$ die Mantisse und $e(x)$ den Exponenten von $\square x$ symbolisiert. Da die Länge des kleinsten Intervalls $[x_1, x_2]$ mit $x_1, x_2 \in \mathbb{F}_N$, das die Zahl $x \in \mathbb{R}_N \backslash \mathbb{F}_N$ enthält, $\Delta x = u \cdot b^{e(x)} = b^{e(x)-p}$ ist, gilt für den absoluten Rundungsfehler eines $x \in \mathbb{R}_N$:

$$|\varepsilon(x)| \leq \frac{u}{2} \cdot b^{e(x)} \quad \text{für die optimale Rundung.} \tag{3.13}$$

Bei den positiven Zahlen aus $\mathbb{F}_N(2, 3, -1, 2)$ hat der absolute Rundungsfehler bei optimaler Rundung den in Abb. 3.5 dargestellten Verlauf. Wegen des Treppenfunktionscharakters von $\square x$ ist der absolute Rundungsfehler eine stückweise lineare Funktion.

Schranken für den relativen Rundungsfehler

Für den relativen Rundungsfehler $\rho(x)$ gibt es Schranken, die für ganz $\mathbb{R}_N$ gültig sind. Die Existenz derartiger Schranken ist auf die annähernd konstante relative Dichte der Maschinenzahlen in $\mathbb{R}_N$ zurückzuführen (siehe Abb. 3.3).

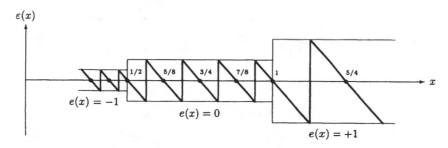

Abbildung 3.5: Absoluter Rundungsfehler bei optimaler Rundung.

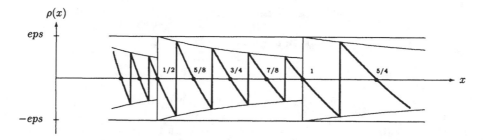

Abbildung 3.6: Relativer Rundungsfehler bei optimaler Rundung.

Für die positiven Zahlen aus $\mathbb{F}_N(2, 3, -1, 2)$ hat der relative Rundungsfehler bei optimaler Rundung den in Abb. 3.6 dargestellten Verlauf. Die kleinste gleichmäßige Schranke für den relativen Rundungsfehler eines $x \in \mathbb{R}_N$ ergibt sich aus (3.12) und der Schranke (3.13):

$$|\rho(x)| \leq \frac{u}{2|M(x)|} \leq b \cdot u/2 \quad \text{für die optimale Rundung.} \qquad (3.14)$$

Diese Schranke für den relativen Rundungsfehler wird mit *eps* bezeichnet und *relative Maschinengenauigkeit (machine epsilon)* genannt. Es gilt

$$eps = b \cdot u/2 = b^{1-p}/2 \quad \text{für die optimale Rundung.} \qquad (3.15)$$

Die MATLAB-Konstante *eps* bzw. *eps* ('double') liefert den aktuellen Wert dieser Schranke für die *double*-Arithmetik. Für die IEEE-Arithmetik gilt

$$eps = 2^{-52} \approx 2.22 \cdot 10^{-16}.$$

Dies entspricht einer relativen Genauigkeit von 16 Dezimalstellen.

Für die *single*-Arithmetik erhält man die Maschinengenauigkeit durch die MATLAB-Konstante *eps* ('single'). Für die IEEE-Arithmetik gilt

$$eps = 2^{-23} \approx 1.19 \cdot 10^{-7},$$

was einer relativen Genauigkeit von 7 Dezimalstellen entspricht.

Eine ausführliche Darstellung der Rundungsfehlerthematik und ihrer Auswirkungen findet man in [67].

Pseudo-Arithmetik

In einer Gleitpunkt-Arithmetik gilt i. Allg.

$$x \boxplus (y \boxplus z) \;\neq\; (x \boxplus y) \boxplus z \qquad \text{und} \qquad x \boxdot (y \boxdot z) \;\neq\; (x \boxdot y) \boxdot z.$$

Die *Assoziativität* von Addition und Multiplikation kann also von den reellen Zahlen *nicht* auf das Modell der Gleitpunktarithmetik in $\mathbb{F}$ übertragen werden. Verloren geht in $\mathbb{F}$ auch die *Distributivität* zwischen Addition und Multiplikation:

$$x \boxdot (y \boxplus z) \;\neq\; (x \boxdot y) \boxplus (x \boxdot z).$$

Dagegen bleibt wegen

$$x \boxplus y = \square(x + y) = \square(y + x) = y \boxplus x$$

die *Kommutativität* der Addition und ebenso der Multiplikation in $\mathbb{F}$ erhalten.

Kapitel 4

Datentypen

Datenobjekte sind *Modelle* von Größen der Erfahrungswelt, beispielsweise für Zahlen, für Texte, für Mengen oder sogar für Personen.

Ein Datenobjekt kann aus einem externen und einem internen (Teil-)Objekt bestehend gedacht werden. Das *externe Objekt* besteht aus einem oder mehreren *Bezeichnern* (*Namen*, engl. *identifiers*). Es ist das, was der Programmierer von dem Datenobjekt „sieht" und worauf er direkten Zugriff hat (z. B. durch Schreiben, d. h., Verwenden dieser Namen in einem Programm). Das *interne Objekt* ist die rechnerinterne Darstellung des Objekts, die i. Allg. verborgen bleibt. Es besteht im einfachsten Fall aus einem oder mehreren Werten und einer oder mehreren *Referenzen*. Eine Referenz gibt an, *wo* die Werte des Objekts während der Programmlaufzeit im Speicher des Rechners zu finden sind, stellt also die Verbindung zwischen Namen und Wert dar (siehe Abb. 4.1).

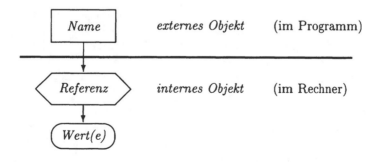

Abbildung 4.1: Modell für eine Variable.

Die Unterscheidung zwischen externem und internem Objekt ist schon deshalb notwendig, weil wegen der binären rechnerinternen Darstellung von Datenobjek-

ten z. B. bei numerischen Variablen i. Allg. der (dezimale) Wert des externen
nicht mit dem (binären) Wert des internen Objekts übereinstimmt. So ist etwa
der binäre Wert von 0.1_{10} ein periodischer Binärbruch $0.000\overline{1100}_2$, der in *keiner* dualen Arithmetik exakt darstellbar ist. Bei der in MATLAB im Standardfall
verwendeten 53-stelligen Dualdarstellung (Gleitpunktzahlendarstellung durch 8
Bytes) unterscheidet sich z. B. der *Wert* von 0.1 (das interne Objekt) vom externen Objekt *0.1* um einen Differenzbetrag der Größenordnung 10^{-16}. Ob das
interne Objekt größer oder kleiner als 0.1 ist, hängt von den speziellen Rundungs-
mechanismen ab.

Als *Variable* bezeichnet man Datenobjekte, deren Wert während des Programmablaufes verändert werden kann.[1] Variable können in MATLAB keinen un-
veränderbaren Wert erhalten.

Wenn im Folgenden von Variablen die Rede ist, so sind – sofern nichts anderes
gesagt wird – sowohl *Skalarvariablen*, deren Wert *ein* Skalar ist, als auch *Feld-
variablen* (vgl. Abschnitt 4.2) gemeint. MATLAB selbst trifft eine solche Unterscheidung grundsätzlich nicht. Dieser Sprachgebrauch trägt der bemerkenswerten
Eigenschaft von MATLAB Rechnung, dass auch eine Skalarvariable als 1×1-Matrix
gespeichert und interpretiert wird. Auf diese Weise sind für viele Operationen sowohl Skalare als auch Felder ohne Notationsunterschiede als Operanden zulässig.

Speichert eine Variable ein Feld (z.B. einen eindimensionalen Vektor oder
eine Matrix), so wird mit dem Variablennamen das gesamte Feld adressiert. Mit
speziellen Selektionsausdrücken, die dem Variablennamen nachgestellt werden,
kann auf einzelne Komponenten oder Teilfelder zugegriffen werden.

4.1 Das Konzept des Datentyps

Interne Objekte werden als Bitmuster kodiert. In Maschinen- und Assemblerspra-
chen werden Objekte auch lediglich auf dieser niedrigen Ebene betrachtet und
manipuliert; die einzigen Datenobjekte, die auf Maschinenebene zur Verfügung
stehen, sind Zahlen und Zeichen. Daher kann von der angestrebten Anpassung an
gegebene Problemstellungen durch Modellierung von Objekten der Wirklichkeit
nur sehr eingeschränkt die Rede sein.

Viele höhere Programmiersprachen stellen daher mehrere *vordefinierte Datentypen* (*intrinsic data types*) zur Verfügung, denen die einzelnen Datenobjekte
zugeordnet werden. In den meisten imperativen Programmiersprachen (wie C,
Fortran oder Pascal) geschieht diese Zuordnung für benannte Datenobjekte durch
Anweisungen, die *Vereinbarungen* (*Deklarationen*) genannt werden. MATLAB je-

---

[1]Eine *mathematische* Variable ist ein Zeichen für ein beliebiges – aber *festes* – Element aus
einer vorgegebenen Menge. Der *informatische* (dynamische) Begriff der Variablen mit der damit
verbundenen zeitlichen Veränderbarkeit des Werts hat in der Mathematik kein Gegenstück.

doch verwendet das Konzept der *impliziten Typdeklaration*. Durch die Zuweisung eines Wertes an eine Variable wird deren Typ implizit bestimmt. Weist man einer existierenden Variablen eines bestimmten Typs einen Wert anderen Typs zu, so wird der Typ der Variablen dynamisch angepasst (also gegebenenfalls verändert). Ein und dieselbe Variable kann also nacheinander etwa einen Skalar, einen Vektor und eine Zeichenkette speichern. Existiert eine Variable vor einer Zuweisung noch nicht, so wird sie dynamisch erzeugt und ihr Typ über die Wertzuweisung ermittelt. Mittels der Funktion *class* kann der Datentyp einer Variablen ermittelt werden.

Meist modellieren die vordefinierten Datentypen Zahlen, Zeichen oder Wahrheitswerte der Booleschen Logik. Der Datentyp eines Objekts legt dessen interne Repräsentation und deren Interpretation fest und weist ihm bestimmte Eigenschaften zu. Zu einem Datentyp gehören (1) ein *Name*, der den Datentyp charakterisiert; (2) ein *Wertebereich* (eine Menge von Objekten); (3) eine *Notation für Konstante* dieses Typs – das impliziert, dass der Typ von Konstanten (*Literalen*) durch ihre Schreibweise eindeutig festgelegt ist – und (4) eine Menge von *Operationen und Relationen* für Objekte dieses Typs.

Von Objekten eines Datentyps, der eine bestimmte Zahlenmenge modelliert, wird man z. B. erwarten, dass sie den arithmetischen Gesetzen gehorchen und dass Literale dieses Datentyps auch optisch als solche Zahlen erkennbar sind.

Durch die Einführung von Datentypen wird eine bessere Anpassung an ein vorgegebenes Problem erreicht. So kann man beispielsweise den Namen einer Person dem Datentyp zuordnen, der Zeichenketten repräsentiert, den Umfang eines Kreises hingegen einem, der die reellen Zahlen modelliert. Datentypen ermöglichen es dem Programmierer, auf einer höheren Abstraktionsebene zu arbeiten.

Für viele Problemstellungen reichen die elementaren Objekte der in MATLAB vordefinierten Datentypen nicht aus: Komplexere Strukturen wie z. B. die Menge der homogenen Koordinaten (die vor allem in der grafischen Datenverarbeitung Anwendung finden), geometrische Objekte oder Einträge in einer bibliografischen Datenbank mit Autor, Buchtitel, Verlag und Erscheinungsjahr sind durch sie nur mit größerem Programmieraufwand modellierbar. Deswegen ist es möglich, Datenobjekte zu größeren Strukturen (z. B. Felder und Records) zusammenzusetzen (siehe Abschnitte 4.2 und 4.3.7).

4.2 Felder

Unter einem Feld (*array*) versteht man einen Verbund von Variablen gleichen Datentyps. Man spricht daher auch davon, dass das Feld selbst vom gleichen Typ ist wie seine Komponenten. Die einzelnen *Komponenten* (*Elemente*) eines Feldes werden mit Hilfe eines *Index* identifiziert. Als Indexmenge wird ein Unterbereich

(eine lückenlose Folge) oder ein kartesisches Produkt von Unterbereichen eines
ganzzahligen Datentyps benutzt.

Besteht die Indexmenge nur aus *einem* Unterbereich

$$[1, ogr] \subset \mathbb{N},$$

so wird das Feld als *eindimensional* oder als *Vektor* bezeichnet.[2] Ein eindimensionales Feld ist eine Folge der Länge *ogr*

$$v_1, v_2, \ldots, v_{ogr-1}, v_{ogr}.$$

Ist die Indexmenge das kartesische Produkt

$$[1, ogr_1] \times [1, ogr_2] \times \cdots \times [1, ogr_n],$$

so heißt das Feld *n-dimensional*. Zweidimensionale Felder können in Matrixform
notiert werden:

$$\begin{pmatrix} a_{1,1} & a_{1,2} & \cdots & a_{1,ogr_2} \\ \vdots & \vdots & & \vdots \\ a_{ogr_1,1} & a_{ogr_1,2} & \cdots & a_{ogr_1,ogr_2} \end{pmatrix}.$$

In MATLAB werden Felder mit *eckigen Klammern* spezifiziert; die einzelnen Elemente einer Matrixzeile werden mit Leerzeichen und die Matrixzeilen selbst mit
Strichpunkten getrennt:

$$[a_{1,1} \ldots a_{1,ogr_2}; \, a_{2,1} \ldots a_{2,ogr_2}; \, \ldots \, ; \, a_{ogr_1,1} \ldots a_{ogr_1,ogr_2}]$$

Die *Form* (*shape*) eines Feldes ist bestimmt durch die Anzahl seiner Dimensionen
und die Anzahl der Elemente in den einzelnen Dimensionen (*Ausdehnung*, engl.
extent).[3] Die *Größe* (*size*) eines Feldes ist die Gesamtzahl seiner Elemente, also
gleich dem Produkt aller Ausdehnungen. Die Komponenten eines Feldes werden
als *Elemente* bezeichnet. Feldelemente sind *Skalare* gleichen Typs.

In MATLAB muss die Form eines Feldes während des Programmablaufes nicht
konstant bleiben: *Felder können dynamisch vergrößert oder verkleinert werden.*
Ebenso kann die Dimension mehrdimensionaler Felder verändert werden. Diese von MATLAB verwendete dynamische Speichertechnik ist zwar sehr bequem
zu handhaben, führt aber zu unvermeidbaren Laufzeitineffizienzen. Eine erste
Abhilfe schafft man, indem man die dynamische Speicherverwaltung vermeidet
und Matrizen und Vektoren allokiert, d.h. man gibt die Feldgröße im Voraus
an (siehe Abschnitt 5.3.5) und vermeidet es, den Datentyp oder die Größe des

---

[2] In MATLAB gilt für die Untergrenze der Indexmenge immer $ugr = 1$.

[3] Die Form eines Feldes ist in MATLAB (wie auch z.B. in Fortran oder C) nicht Bestandteil
des Datentyps (im Gegensatz zu Pascal).

Feldes dynamisch zu verändern. Bei laufzeitkritischen Programmen sollte man daher auf kompilierte Sprachen (z.B. C oder Fortran) zurückgreifen. Es existieren auch bereits *Cross-Compiler*, die MATLAB-Programme in C-Code konvertieren. Bei Lizensierung zusätzlicher Funktionsbibliotheken, die den MATLAB-Kernel implementieren, können dadurch MATLAB-Programme auch direkt in ausführbaren Maschinencode übersetzt werden; die Performance des MATLAB-Programms wird dadurch i. Allg. erhöht (siehe Kapitel 11).

In MATLAB gibt es neben dem „klassischen" Feldbegriff auch sogenannte *cell arrays*; diese sind Datencontainer, die mehrere Datenobjekte, die verschiedene Typen haben können, speichern und die ebenso wie Felder durch eine Indexmenge indiziert werden (siehe Abschnitt 4.3.6).

4.3 Vordefinierte Datentypen in MATLAB

In MATLAB gibt es eine Reihe vordefinierter Datentypen: *double, single, int8, uint8, int16, uint16, int32, uint32, uint64, int64, char, logical, cell* und *struct*. Mit jedem dieser Datentypen können prinzipiell ein- und mehrdimensionale Felder gebildet werden. Zudem besteht in MATLAB die Möglichkeit, neue Datentypen selbst zu definieren (siehe Kapitel 8).

Daten für Berechnungen: Von herausragender Bedeutung ist in MATLAB der Standard-Datentyp *double*. Der Typ *sparse* dient zur kompakten Speicherung und effizienten Bearbeitung schwach besetzter Matrizen mit *double*-Einträgen.

Seit Version 7 sind auch arithmetische Operationen für die ganzzahligen Datentypen *uint8, int8, uint16, int16, uint32* und *int32* sowie für die einfach genauen Gleitpunktzahlen vom Typ *single* definiert.

Die arithmetische Verbindung von Variablen verschiedenen Typs unterliegt zahlreichen Einschränkungen, auf die im Zuge dieses Kapitels eingegangen wird. Numerische Werte und Eingaben werden im Normalfall von MATLAB als *double* interpretiert. Will man einen der anderen Datentypen verwenden, so muss das explizit angegeben werden.

Daten zur Speicherung: Für die Datentypen der Speicher-Kategorien *int64* und *uint64* sind keine mathematischen Operationen definiert, sie dienen lediglich zur Repräsentation ganzzahliger Datenobjekte, deren Betrag größer als 2^{31} bzw. 2^{32} und kleiner als 2^{63} bzw. 2^{64} ist.

Zeichenketten: Zeichenketten (*Strings*) sind Felder vom Typ *char*.

4.3.1 Die Gleitpunkt-Datentypen DOUBLE und SINGLE

Verwendung: Die Datentypen *double* und *single* dienen zur Speicherung und Verarbeitung ein- oder mehrdimensionaler Felder (oder von Skalaren, die intern auch als Spezialfälle von Feldern behandelt werden), deren Elemente aus reellen oder komplexen Zahlen bestehen. Es gibt also – im Gegensatz zu anderen Programmiersprachen wie z. B. C99 und Fortran – *keinen* eigenen Datentyp für komplexe Zahlen.

Wertebereich: Die Datentypen *double* und *single* bilden Teilmengen der reellen und komplexen Zahlen nach. Sie haben wie diese einen Real- und optional einen Imaginärteil. Jeder Teil ist in Form einer *Gleitpunktzahl* gespeichert.

Beim Datentyp *double* sind Real- und Imaginärteil doppelt genaue Gleitpunktzahlen nach IEEE-Standard, beim Datentyp *single* (sind Real- und Imaginärteil) einfach genaue Gleitpunktzahlen nach IEEE-Standard (siehe Kapitel 3).

Intern unterscheidet MATLAB zwischen reellen und komplexen Zahlen, um den benötigten Speicherplatz nicht unnötig zu erhöhen; diese Unterscheidung ist jedoch für den Benutzer nicht sichtbar.

Darstellung von Literalen: Skalargrößen werden als Summe eines Realteils und (optional[4]) eines Imaginärteils angegeben:

realteil $\langle \pm$ *imaginärteil* i$\rangle$

Die komplexe Einheit $\sqrt{-1}$ wird durch die Symbole i oder j codiert. Die (reellen) Größen *realteil* und *imaginärteil* können auf zwei Arten geschrieben werden: Die erste Schreibweise entspricht der üblichen Dezimaldarstellung rationaler Zahlen; sie besteht aus zwei durch einen Dezimal*punkt* getrennten Ziffernfolgen, von denen eine fehlen kann. Die Dezimalzahl kann mit einem Vorzeichen versehen werden.

$$\langle \pm \rangle \ \langle \text{ziffernfolge} \rangle \ . \ \text{ziffernfolge} \tag{4.1}$$
$$\langle \pm \rangle \ \text{ziffernfolge} \ \langle . \ \text{ziffernfolge} \rangle \tag{4.2}$$

Die zweite Darstellungsart hat zusätzlich zu dieser Dezimalzahl – der *Mantisse* – einen Exponententeil, der aus dem Exponentenbuchstaben e oder E, einem fakultativen Vorzeichen und einer ganzzahligen Ziffernfolge besteht:

dezimalzahl **e** $\langle \pm \rangle$ *ziffernfolge* $\Longleftrightarrow$ *dezimalzahl* $\times 10^{\langle \pm \rangle \text{ziffernfolge}}$

Dabei steht *dezimalzahl* für eine Gleitpunktzahl der Form (4.1) oder (4.2).

Zusätzlich gibt es die Konstanten *Inf* und *inf* zur Symbolisierung von Unendlich (z. B. das Ergebnis von 1/0) sowie *NaN* und *nan* für „*not a number*" (z.B. das Ergebnis von 0/0).

---

[4]Im Folgenden wird die Notation $\langle \cdot \rangle$ zur Symbolisierung optionaler Befehlsteile verwendet.

Eindimensionale Felder (Vektoren) werden als in eckige Klammern gesetzte und durch Leerzeichen (oder durch Beistriche) getrennte Listen skalarer Ausdrücke spezifiziert:

$$[zahl_1 \ zahl_2 \ \ldots \ zahl_n]$$

Zweidimensionale Felder (Matrizen) werden ähnlich angegeben. Dabei werden die (skalaren) Elemente, die in einer Zeile stehen sollen, durch Leerzeichen (oder durch Beistriche) getrennt; die einzelnen Zeilen werden durch Strichpunkte getrennt:

$$[zahl_{1,1} \ \ldots \ zahl_{1,n}; \ zahl_{2,1} \ \ldots \ zahl_{2,n}; \ \ldots \ ; \ zahl_{m,1} \ \ldots \ zahl_{m,n}]$$

Mehrdimensionale Felder müssen durch Verkettung von zwei- oder eindimensionalen Feldern spezifiziert werden; es gibt keine eigene Schreibweise für Literale drei- und höherdimensionaler Felder (siehe Abschnitt 5.2.1 und Abschnitt 5.3.5).

Ferner gibt es auch das „leere Feld" [] mit der Dimension Null.

MATLAB-Beispiel 4.1

Die nebenstehenden Zeichenfolgen sind gültige *double*-Literale, wobei in den letzten beiden Zeichenfolgen eine 3×2-Matrix und ein dreielementiger Zeilenvektor generiert werden.	`1.852e6`
	 `1e-6`
	 `.9863564`
	 `88763 + 6612.4i`
	 `[377 62.3; 347 9.90; pi/2 -6.2]`
	 `[1 2 3*pi]`

WICHTIG: Der Datentyp *double* ist der Standard-Datentyp in MATLAB. Numerische Werte werden – wenn dies nicht explizit anders vorgeschrieben wird – automatisch als *double* interpretiert.

MATLAB-Beispiel 4.2

Der Variablen *var* wird der Wert 42 zugewiesen. Obwohl 42 eine ganze Zahl ist, hat die Variable *var* automatisch den MATLAB-Standard-Datentyp *double*.	`>> var = 42, class(var)`
	 `var =`
	 `  42`
	 `ans =`
	 `  double`

Ein anderer Datentyp als *double*
muss explizit angegeben werden:
spi ist vom Datentyp *single*.

```
>> spi = single(pi); class(spi)
ans =
    single

>> spi - pi
ans =
    8.7423e-008
```

Wenn ein numerischer Wert vom *double*- auf das *single*-Format konvertiert wird,
rundet MATLAB den Wert auf die nächstgelegene Gleitpunktzahl vom Typ *single*. Der Betrag des relativen Rundungsfehlers ist dabei kleiner als die (relative)
Maschinengenauigkeit *eps* (siehe Abschnitt 3.4.7).

Man erhält *eps* mit Hilfe der MATLAB-Befehle *eps* und *eps* (*'double'*) für doppelte sowie *eps* (*'single'*) für einfache Genauigkeit.

MATLAB-Beispiel 4.3

Fehler bei der Rundung des
double-Wertes *pi* auf den einfach
genauen Wert *spi*.

Es entsteht ein relativer Rundungsfehler von $2.7828 \cdot 10^{-8}$, der
ca. 23 % der relativen Rundungsfehlerschranke *eps* entspricht.

```
>> absrf = double(spi) - pi
absrf =
    8.7423e-008

>> relrf = absrf/pi
relrf =
    2.7828e-008
>> elrf = relrf/eps('single')
elrf =
    0.2334
```

Arithmetische Ausdrücke mit verschiedenen Datentypen

Sowohl doppelt als auch einfach genaue Gleitpunktarithmetik sind in MATLAB
integriert. Werden ein doppelt genauer und ein einfach genauer Wert durch eine
arithmetische Operation verbunden, so wird intern zunächst der einfach genaue
Wert in doppelte Genauigkeit konvertiert und das Resultat in doppelt genauer
Gleitpunktarithmetik berechnet. Anschließend wird das Ergebnis der Rechenoperation auf den Typ *single* konvertiert (siehe Abschnitt 5.3.3).

Wenn man diese bei der Auswertung arithmetischer Ausdrücke automatisch
vorgenommene Typ-Konversion vermeiden will, so muss man die Typ-Konversion
selbst (z. B. mit Hilfe der Funktion *double*) vornehmen.

MATLAB-Beispiel 4.4

Multiplikation zweier Werte vom Typ *double* liefert wieder einen *double*-Wert.

```
≫ class(2*pi)
ans =
    double
```

Multiplikation zweier Werte vom Typ *single* liefert wieder einen *single*-Wert.

```
≫ class(single(2)*spi)
ans =
    single
```

Arithmetische Operationen mit *single*- und *double*-Zahlen ergeben immer ein *single*-Resultat!

```
≫ absf = spi - pi, class(absf)
absf =
    8.7423e-008
ans =
    single
```

4.3.2   Die ganzzahligen Datentypen INT und UINT

Verwendung: Die Datentypen *int8*, *uint8*, *int16*, *uint16*, *int32* und *uint32* dienen der effizienten Speicherung und Verarbeitung ganzzahliger Werte, wie sie etwa in der Signalverarbeitung auftreten (siehe Tabelle 4.1).

Wertebereich: Variablen eines ganzzahligen Datentyps bestehen wie bei den Gleitpunkt-Datentypen aus Realteil und auch optionalem Imaginärteil. Die Wertebereiche beider Teile sind identisch und in Tabelle 4.1 zusammengestellt. Die Grenzen der Wertebereiche erhält man mit Hilfe der MATLAB-Befehle *intmin (typ)* und *intmax (typ)*.

MATLAB-Beispiel 4.5

Die kleinste Zahl des Typs *int16* ist $-2^{15} = -32\,768$.

```
≫ intmin('int16')
ans =
-32768
```

Die größte Zahl des Typs *int16* ist $2^{15} - 1 = 32\,767$.

```
≫ intmax('int16')
ans =
    32767
```

Darstellung von Literalen: Skalare Integer-Variablen werden als Summe eines ganzzahligen Realteils und eines (optionalen) ganzzahligen Imaginärteils

Datentyp	Anzahl Bits	Wertebereich
int8	8	$-128, -127, \ldots, 127$
uint8	8	$0, 1, \ldots, 255$
int16	16	$-32\,768, -32\,767, \ldots, 32\,767$
uint16	16	$0, 1, \ldots, 65\,535$
int32	32	$-2\,147\,483\,648, \ldots, 2\,147\,483\,647$
uint32	32	$0, 1, \ldots, 4\,294\,967\,295$

Tabelle 4.1: Wertebereiche von Real- und Imaginärteil der ganzzahligen Datentypen.

angegeben: *realteil* ⟨± *imaginärteil* i⟩ Ganzzahlige Felder können auf dieselbe Art wie bei den Gleitpunkt-Datentypen gebildet werden.

Seit der MATLAB-Version 7 stehen auch arithmetische Operationen für die Datentypen *int8*, *uint8*, *int16*, *uint16*, *int32* und *uint32* zur Verfügung.

Da standardmäßig alle numerischen Werte vom Typ *double* sind, entstehen Variablen vom Typ *int8*, *uint8*, *int16*, *uint16*, *int32* und *uint32* entweder durch Konversion mit Hilfe der entsprechenden Befehle *int8*, *uint8*, *int16*, *uint16*, *int32* und *uint32* oder durch Allokation (siehe Abschnitt 5.3.5). Bei der Konversion wird auf die nächstliegende Zahl des entsprechenden Typs gerundet.

MATLAB-Beispiel 4.6

Die Variable *pi_ganz* vom Typ *int8* wird angelegt und der gerundete Wert von π wird ihr zugewiesen.

```
≫ pi_ganz = int8(pi)
pi_ganz =
   3
```

EINSCHRÄNKUNG: Die Arithmetik für die ganzzahligen Datentypen ist eingeschränkt (siehe auch Kapitel 5): Eine arithmetische Operation $a \circ b$ ist nur erlaubt, wenn entweder a und b vom selben Integer-Typ sind oder wenn a oder b eine skalare *double*-Variable ist.

Die ganzzahligen Speichertypen INT64 und UINT64

Die ganzzahligen 64-Bit-Datentypen *int64* und *uint64* stehen als reine Speichertypen zur Verfügung. Da für diese beiden Typen keine Arithmetik vorhanden ist,

lassen sich Werte nur durch Konversion erzeugen. Da ein Wert doppelter Gleit-
punktgenauigkeit zwar ebenfalls 64 Bit in Anspruch nimmt, aber die Mantissenlänge nur $p = 53$ beträgt, lassen sich von *int64*- und *uint64*-Variablen effektiv
nur 53 Bit nutzen.

4.3.3   Der Datentyp LOGICAL

Verwendung: Der Datentyp *logical* dient der Speicherung von ein- oder mehrdimensionalen Feldern boolescher Variablen (d. h., Variablen, die nur die
Werte TRUE oder FALSE annehmen können). Analog zu den numerischen
Datentypen wird ein Skalar als 1×1-Array interpretiert. Dabei wird TRUE
mit der Zahl 1 und FALSE mit der Zahl 0 codiert.

Wertebereich: Logische Variablen können nur zwei Werte annehmen: TRUE (1)
oder FALSE (0).

Darstellung von Literalen: Es gibt keine spezielle Schreibweise für Literale.
Logische Variable können entweder über die Funktionen *true* und *false* erzeugt oder durch Konversion von numerischen Variablen mit Hilfe der Funktion *logical* oder in Form von logischen Ausdrücken (wo Vergleichsoperatoren etc. vorkommen) erhalten werden.

MATLAB-Beispiel 4.7

Logische $n \times m$-Felder, deren Elemente den Wert TRUE enthalten,
können mit Hilfe der Funktion
true (n,m) erzeugt werden.

Analog liefert *false* (n,m) ein $n \times$
m-Feld, dessen Elemente alle
den Wert FALSE besitzen.

Eine *double*-Variable kann durch
logical in eine logische Variable
konvertiert werden. Dabei wird
jeder Eintrag ungleich Null als
logisch TRUE angesehen.

```
>> true(2,3), false(5)
ans =
   1 1 1
   1 1 1

ans =
   0 0 0 0 0

>> a = [1 0 0 5];
>> b = logical(a)
b =
   1 0 0 1

>> whos b
   Name Size Bytes Class
   b 1x4 4 logical array
```

Logische Variablen können auch
mit Hilfe von Vergleichsoperatoren erzeugt werden.

```
>> negativ = sin(pi/2) < 0;
>> class(negativ)
ans =
   logical
```

4.3.4 Schwach besetzte Matrizen

Schwach besetzte Matrizen vom Datentyp *double* oder *logical* können in MATLAB effizient gespeichert werden; dabei werden nur alle Nichtnullelemente im Speicher abgelegt. Schwach besetzte Matrizen können etwa über den Befehl *sparse* erzeugt werden (siehe Abschnitt 5.6). MATLAB wendet auf schwach besetzte Matrizen speziell optimierte Algorithmen an. Für den Benutzer ist der Umgang mit schwach besetzten Matrizen denkbar einfach: Ohne Notationsunterschied können alle Befehle, die auf voll besetzte Matrizen anwendbar sind, auch auf schwach besetzte Matrizen angewendet werden.

Bei schwach besetzten Matrizen werden derzeit nur die Datentypen *double* und *logical* unterstützt. Versucht man, eine Matrix mit *single*- oder Integer-Einträgen ins *sparse*-Format zu konvertieren, so liefert MATLAB eine Fehlermeldung.

Für schwach besetzte Matrizen sind nur arithmetische Operationen mit *double*-Skalaren, -Vektoren und -Matrizen definiert. Bereits der Versuch, eine *sparse*-Matrix mit einem skalaren *single*- oder Integer-Wert zu multiplizieren, liefert eine Fehlermeldung.

4.3.5 Der Datentyp CHAR

Verwendung: Der Datentyp *char* dient zur Speicherung ein- oder mehrdimensionaler Felder von (ASCII-)Zeichen.

Wertebereich: Eine Zeichenkette ist eine Folge einzelner Schriftzeichen, die links beginnend mit 1, 2, 3, ..., n nummeriert werden. Die Anzahl n der Zeichen heißt die *Länge* der Zeichenkette; sie ist größer oder gleich Null.

Darstellung von Literalen: Zeichenketten müssen von begrenzenden Zeichen (*Begrenzern*, engl. *delimiters*) eingefasst werden, um die Möglichkeit zu schaffen, auch signifikante Leerzeichen in Zeichenketten verwenden zu können. In MATLAB wird dazu das Hochkomma (') verwendet.

Gelegentlich ist es notwendig, dass das als Begrenzer verwendete Zeichen (') innerhalb einer Zeichenkette vorkommt. In diesem Fall kann man zwei solcher Zeichen direkt hintereinanderschreiben. MATLAB interpretiert zwei Vorkommnisse dieses Zeichens als eines.

Auch beim Datentyp *char* ist es (analog zu ein- oder mehrdimensionalen numerischen Feldern) möglich, Felder (von ASCII-Zeichen) zu bilden:

$$[string_1 \ string_2 \ \dots \ string_n]$$

$$[string_{1,1} \ \dots \ string_{1,n}; \ string_{2,1} \ \dots \ string_{2,n}; \ \dots ; \ string_{m,1} \ \dots \ string_{m,n}]$$

Dabei steht $string_{i,j}$ für eine Zeichenkette (d. h., eine in Hochkommas eingeschlossene Folge von ASCII-Zeichen). Die Zeichenketten, die in einer Zeile stehen, werden zu einer langen Zeichenkette zusammengefasst; die so konstruierten Zeilen müssen alle die gleiche Länge aufweisen. Felder von Zeichenketten sind daher unhandlich zu benutzen; man sollte eher auf *cell*-Objekte (siehe Abschnitt 4.3.6) ausweichen.

MATLAB-Beispiel 4.8

Die nebenstehenden Zeichenfolgen sind gültige *char*-Literale.	`'Loesungen von x**4 + y**4 = z**4'` `'!%$&/()=?*'`

Die nebenstehenden zwei Zeilen liefern einen leeren String und einen String, der nur aus einem Leerzeichen besteht.	`''`
	
	 `' '`

Soll das Begrenzungszeichen in einem String (z. B. $y' = f(t,y)$) vorkommen, so muss es wiederholt werden.	`'y'' = f(t,y)'`

4.3.6   Der Datentyp CELL

Verwendung: Der Datentyp *cell* (oder *cell array*) ähnelt einem Feld; er besteht aus einzelnen Objekten (Komponenten), die wie bei Feldern durch eine Indexmenge identifiziert werden; die einzelnen Komponenten müssen jedoch *nicht notwendigerweise denselben Typ* besitzen.

Wertebereich: Der Wertebereich von *cell* ist das kartesische Produkt der Wertebereiche seiner Komponenten.

Darstellung von Literalen: Sei im Folgenden *komponente* ein Literal eines beliebigen Datentyps (d. h., *komponente* kann z. B. selbst wieder ein Objekt vom Typ *cell* sein) oder ein gültiger MATLAB-Ausdruck beliebigen Typs.

Ein eindimensionales *cell*-Objekt wird analog zu einem Feld aufgebaut, wobei die Elemente in geschwungene Klammern eingeschlossen werden:

$$\{komponente_1 \quad komponente_2 \quad \ldots \quad komponente_n\}$$

Zweidimensionale Objekte vom Typ *cell* werden in der Form

$$\{komponente_{1,1} \quad komponente_{1,2} \quad \ldots \quad komponente_{1,n};$$
$$komponente_{2,1} \quad komponente_{2,2} \quad \ldots \quad komponente_{2,n};$$
$$\ldots ;$$
$$komponente_{m,1} \quad komponente_{m,2} \quad \ldots \quad komponente_{m,n}\}$$

konstruiert. Drei- oder mehrdimensionale Objekte des Typs *cell* können nur durch Verkettung von ein- oder zweidimensionalen Objekten erzeugt werden (siehe Abschnitt 5.2.1).

MATLAB-Beispiel 4.9

Die nebenstehenden Codezeilen erzeugen drei verschiedene Objekte vom Typ *cell*.

```
{[1.0 7.0] 3.0 'rot'}
{'Name' 'Titel' {'Name' 'Gruppe'}}
{10.0}
```

4.3.7   Der Datentyp STRUCT

Verwendung: Strukturen (Records) sind Datenverbunde einer vom Programmierer festzulegenden Anzahl von *Komponenten* (*components*, *fields*), welche – im Unterschied zu Feldern – verschiedenen Datentypen angehören können und denen – im Gegensatz zu Objekten vom Typ *cell* – ein eindeutiger *Name* zugeordnet wird. Jede Komponente wird ausschließlich über den ihr zugeordneten Namen angesprochen.

Als Datentypen für Strukturkomponenten kommen alle in MATLAB zulässigen Datentypen in Frage, d. h., einzelne Komponenten können wiederum Records, Objekte vom Typ *cell* oder Matrizen sein.

Der Datentyp *struct* kann also verwendet werden, um Datenobjekte verschiedenen Typs zu kapseln. Diese Datenobjekte kann man dann als Einheit unter ihrem Namen ansprechen. Man kann aber auch ihre Komponenten einzeln manipulieren; diese Zugriffsart nennt man *Selektion*. Falls ein Record weitere Records als Komponenten enthält, kann diese Selektion über mehrere Ebenen reichen. Näheres über Records enthält der Abschnitt 5.2.2.

Wertebereich: Der Wertebereich eines *struct*-Objektes ist das kartesische Produkt der Wertebereiche der einzelnen Komponenten.

Darstellung: MATLAB verfolgt das Konzept der *dynamischen* Strukturen, d. h., die Struktur von *struct*-Objekten wird nicht explizit definiert. Durch Wertzuweisungen an Strukturkomponenten, die zur Zeit der Wertzuweisung nicht existieren, werden neue Strukturkomponenten erstellt.

MATLAB-Beispiel 4.10

Durch die nebenstehenden Anweisungen werden neue Komponenten *radius*, *mittelpunkt* und *farbe* einer Struktur *kreis* definiert.

```
kreis.radius = 9.0;
kreis.mittelpunkt = [2.0 -0.1];
kreis.farbe = 'rot';
```

Durch eine nochmalige Wertzuweisung auf eine bereits definierte Komponente wird deren Inhalt geändert.

```
kreis.radius = 10.0;
```

Durch die Vergabe von Namen an die einzelnen Komponenten einer Struktur kommt die semantische Bedeutung der einzelnen Strukturkomponenten besser zum Ausdruck als durch die Verwendung von Objekten des Typs *cell*. Diese besser verständliche Strukturierung hat aber den Nachteil, dass man die einzelnen Datenobjekte einer Struktur nicht in Schleifen bearbeiten kann, da alle Strukturkomponenten ausschließlich über ihren Namen angesprochen werden.

MATLAB ermöglicht seit der Version 6.5 die dynamische Referenzierung von Komponenten. Dabei kann der Komponentenname in einer Selektion erst zur Laufzeit bestimmt werden (und muss daher nicht zum Zeitpunkt der Kompilation feststehen); siehe Abschnitt 5.2.2.

4.4 Selbstdefinierte Datentypen

Jeder MATLAB-Benutzer kann auch eigene Datentypen definieren. Auf diese Möglichkeit, MATLAB mittels *Klassen* um neue Funktionalität zu erweitern, wird in Kapitel 8 näher eingegangen.

Kapitel 5

Vereinbarung und Belegung von Datenobjekten

Das vorige Kapitel hat gezeigt, was Datenobjekte sind und welche Datentypen in MATLAB zur Verfügung stehen. In diesem Kapitel wird erläutert, wie Datenobjekte eines bestimmten Typs erzeugt und in MATLAB-Programmen verwendet werden können.

5.1 Namen

Jedem Datenobjekt muss ein eindeutiger Name zugeordnet werden, unter dem es im weiteren Programmablauf angesprochen werden kann. Dieser Name muss mit einem Buchstaben beginnen und darf aus maximal 31 Buchstaben (*ohne* ä, ö,..., ß), Zahlen und Unterstrichen bestehen. Ist ein Name länger, so sind nur die ersten 31 Stellen signifikant. Groß- und Kleinschreibung wird unterschieden.

MATLAB-Beispiel 5.1

Die nebenstehenden Namen sind gültige Variablennamen (dabei sind *a* und *A* verschiedene Variablen) ...

```
a
A
Determinante_von_A
```

... während diese Namen unzulässig sind. MATLAB gibt bei deren Verwendung eine Fehlermeldung aus.

```
3_D
quantil_0.05
wurzelaus-1
überbestimmt
```

5.2   Vereinbarungen (Deklarationen)

In MATLAB werden Variablen vor deren Verwendung *nicht* durch spezielle Anweisungen (*Vereinbarungen*) definiert. Durch die erste Zuweisung eines (skalaren oder feldartigen) Wertes an eine Variable wird ein entsprechend großer Speicherblock im Hauptspeicher allokiert und der angegebene Wert unter dem festgelegten Namen gespeichert. Der Typ der neu entstandenen Variablen wird implizit über den zugewiesenen Wert bestimmt. Standardmäßig werden alle numerischen Werte als *double* interpretiert.

Will man eine numerische Variable vom Typ *single* oder eines ganzzahligen Datentyps anlegen, so muss dies mit Hilfe der Befehle *single, uint8, int8,...* explizit angegeben werden.

Die Vereinbarung eines Datenobjekts geschieht durch eine Wertzuweisung, d. h., durch eine Anweisung der Form

$$variablenname = ausdruck$$

Dabei wird zunächst der *ausdruck* ausgewertet und sein Wert einer Variablen zugewiesen, die unter *variablenname* ansprechbar sein soll.

MATLAB-Beispiel 5.2

Mit diesem Codefragment werden fünf Datenobjekte angelegt: zwei *double*-Variablen *a* und *b*, eine *single*-Variable *c*, ein String *text* sowie ein Objekt *kreis* vom Typ *cell*.

```
a = 7;
b = [1 4 7; 3 4 2];
c = single(12);
text = 'Beispiel 5.2';
kreis = {1.0 [0.6 1.2] 'rot'};
```

Workspace

Die Gesamtheit aller zu einem Zeitpunkt definierten (und durch Anweisungen ansprechbaren) Variablen heißt *Workspace*. Während der Ausführung von MATLAB-Programmen wird der Workspace i. Allg. vergrößert, wenn durch Wertzuweisungen neue Variablen vereinbart werden.

Der Workspace bleibt üblicherweise – sofern er nicht manuell gelöscht wird – bis zum Ende des aktuellen *Geltungsbereichs* (siehe Abschnitt 7.4) erhalten, d. h., entweder bis MATLAB oder das aktuelle Unterprogramm beendet wird. Mit dem MATLAB-Befehl *clear variable* kann jedoch eine Variable vorzeitig aus dem

Workspace entfernt werden. Wird dem *clear*-Befehl kein Parameter übergeben, so werden im aktuellen Workspace *alle* Variablen gelöscht.

Die Definition von Variablen „*on demand*" ist zwar praktisch, birgt jedoch die Gefahr der Unübersichtlichkeit und Fehleranfälligkeit in sich. Generell gilt: Einer Variablen muss ein Wert zugewiesen werden, bevor sie in einem Ausdruck verwendet werden darf. Vergisst man diese implizite Vereinbarung einer Variablen, so gibt MATLAB eine Fehlermeldung aus. Um solchen Fehlern vorzubeugen, kann man sich mit den Befehlen *who* und *whos* den Inhalt des Workspace anzeigen lassen; dabei liefert *whos* detailliertere Informationen bezüglich des Datentyps.

MATLAB-Beispiel 5.3

Nach den Vereinbarungen in Beispiel 5.2 enthält der Workspace die Variablen *a*, *b*, *c*, *kreis* und *text*.

```
>> who
Your variables are:
a   b   c   kreis   text
```

whos liefert zusätzliche Informationen über diese Variablen. Man beachte, dass die Skalare *a* und *c* als 1×1-Matrizen betrachtet werden.

```
>> whos
Name    Size    Bytes   Class
a       1x1         8   double array
b       2x3        48   double array
c       1x1         4   single array
kreis   3x1       419   cell array
text    1x12       24   char array
```

Den Inhalt des Workspace kann man auch interaktiv über den „Workspace-Browser" (siehe Abb. 5.1) verändern. Um eine Variable zu bearbeiten, muss man sie erst durch Anklicken markieren. Mit den Symbolen der Symbolleiste lassen sich markierte Variable löschen oder mit dem „Array Editor" verändern, speichern und visualisieren.

Dynamische Veränderung von Variablen

Wurde eine Variable vereinbart, so kann deren Wert mittels weiterer Wertzuweisungen (*variable = ausdruck*) verändert werden. Dabei besteht kein syntaktischer Unterschied zwischen einer „normalen" Wertzuweisung und einer Vereinbarung. Wird einer Variablen, die bereits vereinbart und der bereits ein Typ zugeordnet wurde, ein Wert zugewiesen, der einen anderen Typ besitzt, so wird die Wertzuweisung als neuerliche Vereinbarung betrachtet. Hierfür wird das bestehende Datenobjekt zuerst aus dem Workspace entfernt und danach unter dem gleichen Namen ein neues angelegt, das jedoch einen anderen Typ besitzt. Unter ein und

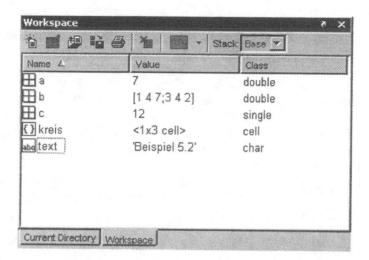

Abbildung 5.1: Im Workspace-Browser werden Informationen zu den Variablen im Workspace angezeigt. Die Darstellung entspricht Beispiel 5.2.

demselben Namen kann daher nacheinander z. B. eine *double*-Matrix, ein *single*-Vektor, eine Zeichenkette und ein Objekt vom Typ *cell* gespeichert werden.

MATLAB-Beispiel 5.4

Der Variablen *a* werden nacheinander eine *double*-Matrix, ein *single*-Vektor, ...

```
» a = [1 6; 5 6; 9 1];
» a = single([1 4 78]);
```

... eine Zeichenkette und ein *cell*-Objekt zugewiesen. MATLAB ändert bei jeder Zuweisung den Typ von *a* dynamisch.

```
» a = 'ein String';
» a = {121 'string' [12 4]};
```

Soll in einem Datenobjekt ein Feld gespeichert werden, so wird dessen Größe ebenfalls implizit über die Wertzuweisung bestimmt. Analog zur dynamischen Typumwandlung kann ein Feld in seiner Dimension und Größe während des Programmablaufes verändert werden. Durch eine neue Zuweisung wird von MATLAB ein entsprechend großer Speicherbereich reserviert und die Form des Feldes adaptiert. Alle diese Aktionen geschehen automatisch, d. h., ohne für den Benutzer in Erscheinung zu treten.

5.2.1   Mehrdimensionale Felder

Durch Zusammenfassen mehrerer ein- oder zweidimensionaler Felder ist es möglich, höherdimensionale Strukturen aufzubauen. Dies geschieht durch den Befehl *cat*.

Ein dreidimensionales Feld besteht aus mehreren „Seiten", d. h., mehreren zweidimensionalen Feldern gleicher Größe. Durch den Befehl *cat* können k solcher $n \times m$-Seiten zu einer dreidimensionalen $n \times m \times k$-Struktur zusammengesetzt werden. Dabei erwartet *cat* als ersten Parameter die Angabe einer Dimension, entlang der MATLAB die Felder zusammenhängen soll. Um eine dreidimensionale Struktur zu generieren, muss der Wert 3 übergeben werden. (Gibt man hier 1 oder 2 an, so generiert MATLAB ein zweidimensionales Feld; dabei werden die angegebenen Felder zu einem $kn \times m$- oder $n \times km$-Feld zusammengesetzt.)

MATLAB-Beispiel 5.5

Das nebenstehende Codefragment erzeugt ein dreidimensionales *double*-Feld der Größe $3 \times 3 \times 2$ durch das Zusammensetzen von zwei 3×3-Seiten.

```
a1 = [1 2 3; 4 5 6; 7 8 9];
a2 = [10 11 12; 13 14 15; 16 17 18];
a = cat(3,a1,a2);
```

Weiters ist es möglich, dynamisch ein zweidimensionales Feld zu einem mehrdimensionalen Feld zu erweitern, indem das Feld als Seite eines mehrdimensionalen Feldes aufgefasst wird; das obige dreidimensionale Feld könnte auch wie folgt aufgebaut werden:

$$a = [1\ 2\ 3;\ 4\ 5\ 6;\ 7\ 8\ 9];$$
$$a(:,:,2) = [10\ 11\ 12;\ 13\ 14\ 15;\ 16\ 17\ 18];$$

Die zweite Anweisung veranlasst MATLAB, an das bestehende Feld a eine weitere Seite anzuhängen. Die Doppelpunktnotation wird in Abschnitt 5.3.10 erläutert.

Analog können mehrere n-dimensionale Felder gleicher Größe zu einer $(n+1)$-dimensionalen Struktur durch den Befehl

$$cat\ (n+1, obj_1, obj_2, \ldots, obj_m)$$

zusammengesetzt werden. Dabei bezeichnen obj_1, obj_2, $\ldots$, obj_m n-dimensionale Felder der gleichen Größe.

Mehrdimensionale Objekte vom Typ *cell* werden ebenfalls in analoger Weise mittels *cat* erzeugt. Werden dem Befehl mehrere n-dimensionale *cell*-Objekte der gleichen Größe übergeben, so wird ein $(n+1)$-dimensionales Objekt vom Typ *cell* erzeugt.

5.2.2   Records – Der Datentyp STRUCT

Objekte des Datentyps *struct* bestehen aus einzelnen Komponenten, die nicht notwendigerweise denselben Typ besitzen und denen ein Name zugeordnet ist. In MATLAB muss die Struktur eines Records *nicht* explizit definiert werden. Durch eine Wertzuweisung an eine Komponente, die nicht existiert, wird dynamisch die Struktur um diese Komponente erweitert.

MATLAB-Beispiel 5.6

Das nebenstehende Codefragment definiert eine Struktur *punkt*, die aus vier Komponenten besteht.

```
≫ punkt.xpos = 7;
≫ punkt.ypos = 8;
≫ punkt.farbe = 'rot';
≫ punkt.marker = 'o';
≫ punkt.
```

Die Komponenten eines Struktur-Objekts lassen sich mit Hilfe des Symbols „." (Punkt) in der Form *strukturname.komponentenname* ansprechen. Dabei bedeutet *strukturname* den Namen einer Variablen des Typs *struct* und *komponentenname* den Namen der ausgewählten Komponente. Da eine *struct*-Variable weitere Strukturen enthalten kann, kann sich die Komponentenauswahl (*component selection*) auch über mehrere Ebenen erstrecken. In solchen Fällen enthält der Selektionsausdruck mehrere Selektoren der Form *.komponentenname*.

Wertzuweisungen an Variablen des Typs *struct* können entweder komponentenweise (wiederum durch Verwendung von Selektionsausdrücken) erfolgen, oder aber durch Zuweisung einer ganzen Struktur.

MATLAB-Beispiel 5.7

Die Struktur *punkt* enthält als Komponente *option* wiederum eine Struktur.

```
≫ punkt.xpos = 7;
≫ punkt.ypos = 8;
≫ punkt.option.farbe = 'rot';
≫ punkt.option.marker = 'o';
```

Die gesamte Struktur wird einer neuen Variablen zugewiesen.

```
≫ punkt2 = punkt;
```

MATLAB erlaubt auch die Verwendung dynamischer Feldnamen in einer Selektion. Während in den MATLAB-Beispielen 5.6 und 5.7 die Komponentennamen der Selektion statisch (d. h., zur Compilezeit) festgelegt wurden, erlaubt die Syntax *strukturname.* (*expression*)

die Selektion einer Komponente, deren Namen erst zur Laufzeit durch Auswertung des Ausdrucks *expression* bestimmt wird. Die *expression* muss eine Zeichenkette zurückliefern (*char*-Objekt), die einen gültigen Komponentennamen enthält.

MATLAB-Beispiel 5.8

In Abhängigkeit des Wertes von *x* wird entweder die Komponente *negativ* oder *positiv* der Struktur *struct* selektiert.

```
≫ if x < 0 then f = 'negativ'; ...
            else f = 'positiv'; end;
≫ struct.(f)
```

5.3   Belegung von Datenobjekten

Die Belegung von Datenobjekten geschieht (wie bereits erwähnt) i. Allg. über eine Wertzuweisung; Vereinbarung und Belegung von Datenobjekten sind syntaktisch nicht zu unterscheiden.

5.3.1   Ausdrücke

In imperativen Programmiersprachen wie MATLAB ist die Aufgabe von Programmen die zielgerichtete Manipulation von Daten, d. h., die Veränderung und Verknüpfung der Werte von Datenobjekten durch einen der Problemstellung entsprechenden Algorithmus. Die Verknüpfung von Datenobjekten geschieht in *Ausdrücken* (*expressions*).

Ausdrücke sind formelartige Verarbeitungsvorschriften, deren Ausführung einen Wert liefert. Sie bestehen aus *Operanden* (das sind Konstanten, Variablen, Funktionsaufrufe oder andere Ausdrücke), *Operatoren* und *Klammern*. Ihr Resultat (ihr Wert) kann durch eine Wertzuweisung Variablen zugewiesen oder mit anderen Werten verglichen werden etc. Der Wert eines Ausdrucks hat einen Typ sowie eine Form, d. h., er kann ein Skalar oder ein Feld sein.

MATLAB-Beispiel 5.9

Die nebenstehenden Codefragmente sind gültige MATLAB-Ausdrücke.

```
2*radius*pi
sin(phi)/sqrt(2)
'nicht singulaer'
a*(1 + cos(phi))
```

In Ausdrücken dürfen nur *definierte Variable* verwendet werden, d. h. Variable, die bereits über eine Wertzuweisung (implizit) vereinbart wurden.

5.3.2   Wertzuweisung

Durch eine Wertzuweisung (*assignment*) wird eine Variable oder ein Teil einer Variablen mit einem Wert belegt. Die Variable wird dadurch *definiert* oder – wenn sie schon vorher einen gültigen Wert hatte – *redefiniert*.

Die Wertzuweisung erfolgt dadurch, dass der Wert der *Quelle*, eines (i. Allg. anderen) Datenobjekts (eines Literals, einer Variablen oder eines Ausdrucks) in den Wertebereich des *Ziels* kopiert wird (vgl. Abb. 5.2). Der Wert der Quelle bleibt dabei erhalten.

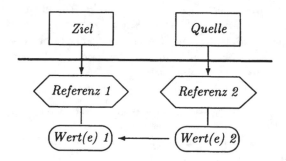

Abbildung 5.2:   Wertzuweisung

Eine Zuweisung hat syntaktisch die Form

> *variable = ausdruck*

Das Gleichheitszeichen bedeutet in einer Zuweisung keineswegs mathematische Gleichheit, sondern ist ein (Zuweisungs-)*Operator*. In einem Programm kann beispielsweise für eine numerische Variable a die – als mathematische Gleichung sinnlose – Wertzuweisung $a = a + 1$ stehen. Diese Wertzuweisung bedeutet „Addiere 1 zum Wert von a und speichere das Ergebnis wieder in a."

Der definierende *ausdruck* und der links stehende Variablenname sind voneinander unabhängig. Man kann jederzeit den Wert der Variablen durch eine neue Wertzuweisung abändern. Eine Variable, der ein neuer Wert zugewiesen wird, kann deshalb (mit dem *alten* Wert) auch im Ausdruck, d. h., rechts vom Zuordnungszeichen =, auftreten.

MATLAB-Beispiel 5.10

Berechnung der Summe $s = a_1 +$	`s = a(1);`
$a_2 + a_3$ durch wiederholte Wert-	`s = s + a(2);`
zuweisung.	`s = s + a(3);`
Auswertung des Polynoms	`p = a(3);`
$P(x) = a_0 + a_1 x + a_2 x^2 + a_3 x^3$	`p = p*x + a(2);`
nach dem Horner-Schema	`p = p*x + a(1);`
$P(x) = ((a_3 x + a_2)x + a_1)x + a_0.$	`p = p*x + a(0);`

Man kann sich die Wertzuweisung als einen Operator niedrigster Priorität vorstellen, der kein Ergebnis liefert. Statt dessen hat die Ausführung einer Zuweisung einen Effekt: Sie ändert den Wert einer Variablen und damit den *Zustand* eines Datenobjekts. Die Ausführung eines Programms einer imperativen Programmiersprache (wie jener von MATLAB) kann schrittweise durch die Zustandsänderungen einzelner Datenobjekte beschrieben werden.

5.3.3   Arithmetische Operatoren und Ausdrücke

Die vordefinierten Operatoren auf skalaren Ausdrücken sind in Tabelle 5.1 zusammengefasst. Operatoren haben *Prioritäten*, die die Reihenfolge ihrer Abarbeitung bestimmen. Unter den vordefinierten numerischen Operatoren hat die Exponentiation die höchste Priorität (4); es folgen Negation (Priorität 3), Multiplikation und Division (Priorität 2) sowie mit der geringsten Priorität (1) Addition und Subtraktion.

Operator	Operation	Bedeutung	Priorität
^	`a ^ b`	Exponentiation: a^b	4
-	`-a`	Negation: $-a$	3
*	`a * b`	Multiplikation: ab	2
/	`a / b`	Division: a/b	2
\	`a \ b`	Division: b/a	2
+	`a + b`	Addition: $a + b$	1
-	`a - b`	Subtraktion: $a - b$	1

Tabelle 5.1: Skalare Operationen für numerische Datentypen; a und b sind skalare Variablen.

Die Reihenfolge der Abarbeitung eines Ausdrucks kann durch *Klammerung* beeinflusst werden: In Klammern eingeschlossene (Teil-)Ausdrücke haben die höchste Priorität, d. h., sie werden auf jeden Fall zuerst ausgewertet. Bei verschachtelten Klammern werden die Ausdrücke im jeweils innersten Klammernpaar zuerst berechnet. Die Prioritäten sind so gewählt, dass im Normalfall möglichst wenige Klammern gesetzt werden müssen. In Zweifelsfällen oder zur Erhöhung der Lesbarkeit schadet es nie, Klammern zu verwenden, auch wenn sie eigentlich nicht notwendig sind.

MATLAB-Beispiel 5.11

Der nebenstehende Ausdruck wird als $5 \cdot 5^4 = 3125$ ausgewertet ...

```
5*(2 + 3)^4
```

... dieser Ausdruck jedoch als $25^4 = 390\,625$.

```
(5*(2 + 3))^4
```

Hier werden zuerst die Exponentiation und die Multiplikation ausgewertet und dann erst deren Resultate addiert.

```
5*2 + 3^4
```

Aufgrund der Klammerung liefern diese zwei Ausdrücke unterschiedliche Ergebnisse.

```
4.1 - 3^2
(4.1 - 3)^2
```

Kommen in einem Ausdruck mehrere aufeinanderfolgende Verknüpfungen durch Operatoren mit gleicher Priorität vor, so werden sie *von links nach rechts* abgearbeitet, sofern nicht Klammern vorhanden sind, die etwas anderes vorschreiben; dies ist vor allem dann zu beachten, wenn nicht-assoziative Operatoren gleicher Priorität hintereinander folgen.

MATLAB-Beispiel 5.12

Auswertung: $((1 + 2) - 3) + 4$

```
1 + 2 - 3 + 4
```

Auswertung: $((1 \cdot 2) \cdot 3) \cdot 4$

```
1*2*3*4
```

Ist eine andere Auswertungsreihenfolge gewünscht, so müssen Klammern gesetzt werden.

```
r - (s - t)
u/(v/w)
```

Auswertung: $(2^3)^4 = 4096$.

```
2^3^4
```

Um die Lesbarkeit des Pro-   (2^3)^4
gramms zu erhöhen, sollten auch
in diesem Fall Klammern gesetzt
werden.

Die Verwendung von überflüssi-   (3*((-1)))
gen Klammern ist zulässig.

Als *Operanden* in numerischen Ausdrücken sind Literale, Variablen, Funktionsaufrufe sowie aus ihnen gebildete Ausdrücke zulässig. Jeder Operand muss einen
definierten Wert besitzen und eine Verknüpfung muss im mathematischen Sinn
erlaubt sein. Unzulässig ist beispielsweise eine Division durch Null.

Arithmetik bei unterschiedlichen Datentypen

Bei den arithmetischen Operationen in MATLAB dürfen, abweichend von anderen
Programmiersprachen, verschiedene numerische Datentypen nicht beliebig kom-
biniert werden. Eine arithmetische Operation $a \circ b$ ist nur dann erlaubt, wenn entweder die Variablen a und b denselben Datentyp haben oder wenn eine der beiden
Variablen vom Typ *double* ist. Im letzteren Fall hat das Ergebnis stets den nied-
rigeren Datentyp, d. h., die Multiplikation einer *double-* und einer *single*-Variable
liefert ein Ergebnis vom Typ *single*, die einer *double* und einer *int8*-Variable liefert
ein Ergebnis vom Typ *int8*. Die Rechnung wird dabei immer in doppelt genauer
Gleitpunkt-Arithmetik durchgeführt, ehe das Ergebnis dann mittels Rundung in
den Datentyp des Resultats konvertiert wird.

MATLAB-Beispiel 5.13

Das *double*-Resultat der Subtraktion $b - a$ ist 0.5. Konvertierung von 0.5 auf den Datentyp
int8 liefert das Resultat 1.

```
» a = 2.5; b = int8(3);
» differenz = b - a
differenz =
   1
» class(differenz)
ans =
   int8
```

Integer-Arithmetik

Abweichend von anderen Programmiersprachen ist die Division zweier Variablen
vom selben Integer-Datentyp nicht als Division ohne Rest realisiert. Vielmehr

wird die Division zunächst in *double*-Arithmetik ausgeführt und dann das Ergebnis (mittels Rundung) rückkonvertiert.

MATLAB-Beispiel 5.14

Die Integer-Division 2/3 würde als Division ohne Rest in anderen Programmiersprachen das Ergebnis *bruch* = 0 liefern.	``` ≫ bruch = int32(2)/int32(3) bruch = 1 ≫ class(bruch) ans = int32 ```

EINSCHRÄNKUNG: Für Variablen eines ganzzahligen Datentyps sind die arithmetischen Operationen nur erlaubt, wenn der Imaginärteil verschwindet, d. h., komplexe Integer-Zahlen können nur zur Speicherung eingesetzt werden.

MATLAB-Beispiel 5.15

Die Variable *c* vom Typ *int32* hat nicht-trivialen Imaginärteil.	``` ≫ c = int32(3 + 5i); ```
Verwendung von *c* in einer arithmetischen Operation führt auf eine Fehlermeldung.	``` ≫ b = 7*c; Error using ==> mtimes Complex integer arithmetic is not supported. ```

5.3.4   Konstruktion spezieller eindimensionaler Felder

Neben der expliziten Angabe des Feldes durch Auflistung seiner Elemente gibt es einige Befehle in MATLAB, die ein Feld einer speziellen Form konstruieren.

Arithmetische Folgen

Der Befehl

> *linspace* (s,e,n)

erzeugt ein eindimensionales Feld (einen Zeilenvektor) der Größe n, in dem die Differenz der benachbarten Elemente konstant ist. Das erste Element des Feldes

ist s und das letzte e. Alle weiteren Elemente werden durch „lineare Interpolation"
gewonnen, d. h., das j-te Element erhält den Wert

$$s + (e - s)(j - 1)/(n - 1), \quad j = 1, 2, \ldots, n.$$

Im *linspace*-Befehl wird also die Größe des gewünschten Feldes und dessen erstes
und letztes Element angegeben. Mit *linspace* kann man auch Vektoren erzeugen,
deren Elemente alle den gleichen Wert haben (wenn man $s = e$ wählt).

In ähnlicher Weise wird durch die „Doppelpunkt-Notation"

$$s : inc : e$$

ein eindimensionales Feld erzeugt, dessen erstes Element s ist und in dem jedes
Element um inc größer ist als sein Vorgänger (für $inc < 0$ und $e < s$ entsteht eine
fallende Folge). Das Feld endet mit dem größten so konstruierbaren Element, das
kleiner oder gleich e ist. Mit der „Doppelpunkt-Notation" kann man keine Felder
erzeugen, deren Elemente alle den gleichen Wert haben, da $inc \neq 0$ sein muss.

Geometrische Folgen

Der Befehl

$$logspace\ (s, e, n)$$

erzeugt ein Feld (einen Zeilenvektor) von n Elementen mit den Werten

$$10^{s + (e - s)(j - 1)/(n - 1)}, \quad j = 1, 2, \ldots, n,$$

d. h., $10^s, \ldots, 10^e$. Der Quotient benachbarter Elemente bleibt konstant.

MATLAB-Beispiel 5.16

linspace produziert ein Feld, bei dem die Differenz benachbarter Elemente konstant ist.	``` ≫ linspace(1,9,5) ans = 1 3 5 7 9 ```
Auch mit der „Doppelpunkt-Notation" kann man dieses Feld erstellen.	``` ≫ x = 1:2:9 x = 1 3 5 7 9 ```
Mit *linspace* kann man auch Zeilenvektoren mit lauter gleichen Elementen erzeugen.	``` ≫ y = linspace(0.1,0.1,3) y = 0.1000 0.1000 0.1000 ```

logspace produziert einen Vektor mit den Elementen $10^2, \ldots, 10^5$, deren Quotient konstant ist.	``` ≫ logspace(2,5,4) ans = 100 1000 10000 100000 ```

Die von *linspace* und *logspace* erzeugten eindimensionalen Felder sind *Zeilen*vektoren. Mit dem *Transpositionsoperator* ' kann man Zeilenvektoren in Spaltenvektoren umwandeln.

Wendet man den Transpositionsoperator ' auf Vektoren oder Matrizen mit komplexen Elementen an, so wird das Ergebnis aus den konjugiert komplexen Elementen aufgebaut.

MATLAB bietet auch die Möglichkeit, einen komplexen Vektor oder eine komplexe Matrix *ohne* Bildung der konjugiert komplexen Elemente zu transponieren. Wendet man den Operator *.'* (*dot transpose operator*) z. B. auf einen komplexen Vektor an, so erhält man einen transponierten Vektor, der aus den gleichen Elementen aufgebaut ist wie der ursprüngliche Vektor.

MATLAB-Beispiel 5.17

Mit dem Transpositionsoperator und der Doppelpunkt-Notation oder dem Befehl *linspace* kann man Spaltenvektoren produzieren.	```
	≫ (1:2:9)'
	ans =
	   1
	   3
	   ⋮
	   9
	``

Ein (Spalten-) Nullvektor der Länge 100 wird generiert.	```
	≫ linspace(0,0,100)'
	ans =
	   0
	   ⋮
	   0
	``

Sind in dem Vektor komplexe Zahlen enthalten, so ist das Ergebnis aus den konjugiert komplexen Zahlen aufgebaut.	```
	≫ [1+i 8-i]'
	ans =
	   1 - i
	   8 + i
	``

Die Konjugation kann durch die Verwendung des Operators *.'* vermieden werden.	```
	≫ [1+i 8-i].'
	ans =
	   1 + i
	   8 - i
	``

MATLAB-Beispiel 5.18

Mit dem Befehl *length* erhält man die Länge eines Vektors.

```
≫ knoten = 0:1e-5:1;
≫ length(knoten)
ans =
   100001
```

Der Befehl *size* kann auf Vektoren, Matrizen und höherdimensionale Felder angewendet werden. Er unterscheidet zwischen Zeilen- und Spaltenvektoren.

```
≫ size(knoten)
ans =
   1 100001
≫ size(knoten')
ans =
   100001 1
```

Verbindung von Feldern

Eine weitere Möglichkeit der Konstruktion von Feldern ist die Zusammensetzung bereits bestehender Felder zu größeren Strukturen. Kommt in der Konstruktion eines Feldes ein Variablenname vor, werden die Elemente, die unter diesem Namen gespeichert sind, anstelle der Variablen eingesetzt. Es ist natürlich auch möglich, ein größeres Feld aus Teilfeldern bestehender Felder zusammenzusetzen (siehe Abschnitt 5.3.10).

MATLAB-Beispiel 5.19

Durch $c = [a\ b\ 7\ 8\ 9]$ wird ein Feld erzeugt, bei dem anstelle von a und b alle Elemente dieser Felder eingefügt werden.

```
≫ a = [1 2 3]; b = [4 5 6];
≫ c = [a b 7 8 9]
c =
    1 2 3 4 5 6 7 8 9
```

5.3.5　Konstruktion spezieller zweidimensionaler Felder

MATLAB stellt Befehle zur Erzeugung spezieller Matrizen zur Verfügung: Die Befehle *ones*(m,n) und *zeros*(m,n) generieren $n \times m$-Matrizen, deren Elemente alle 1 oder 0 sind. Die $n \times n$-Einheitsmatrix wird durch *eye*(n) generiert.

Diese Befehle können genutzt werden, um genügend Speicherplatz für ein Feld zu allokieren. Dies unterbindet dann die dynamische Speicher-Allokation und führt zu kürzeren Laufzeiten der MATLAB-Programme.

Sollen die Einträge der erzeugten Matrizen nicht vom Typ *double* sein, so kann der Datentyp optional mitangegeben werden.

MATLAB-Beispiel 5.20

Eine 2×3-Matrix A mit Null-Ein-   `» A = zeros(2,3,'int8');`
trägen vom Datentyp *int8* wird
erzeugt.

Dem Element a_{22} von A wird der   `» A(2,2) = 11.7`
Wert 12 zugewiesen, da 11.7 in   `A =`
den Datentyp von A konvertiert   `0  0  0`
wird.   `0 12  0`

Ausgabe des neuen Eintrags: `» A(2,2)`
   `ans =`
     `12`

Mit den Funktionen *ones* und *zeros* können auch mehrdimensionale Felder allokiert werden, z.B. erzeugt *ones (3,4,5,'single')* ein Feld der Dimension $3 \times 4 \times 5$ mit Einträgen vom Typ *single*, dessen Werte alle 1 sind.

5.3.6   Konstruktion spezieller mehrdimensionaler Felder

Mehrdimensionale Felder können durch Ändern der Feld-Gestalt angelegt werden: In MATLAB werden Felder (wie in FORTRAN) spaltenweise zusammenhängend gespeichert und die Gestalt eines Feldes gibt an, ob z. B. $d = mn$ hintereinander gespeicherte Werte als Vektor der Länge d, als $m \times n$-Matrix oder als $n \times m$-Matrix interpretiert werden sollen. Die Interpretation kann mittels *reshape* geändert werden.

MATLAB-Beispiel 5.21

Ein Vektor v der Länge 6 wird   `» v = [1 2 3 4 5 6];`
angelegt und danach als eine   `» A = reshape(v,3,2)`
3×2-Matrix interpretiert. Da-   `A =`
bei wird die spaltenweise Spei-   `1  4`
cherung sichtbar.   `2  5`
   `3  6`

5.3.7   Arithmetische Ausdrücke mit Feldern

Eine herausragende Eigenschaft von MATLAB ist die einfache Möglichkeit der Verarbeitung ganzer Felder durch eine einzige Anweisung. Ähnlich wie in modernen Programmiersprachen (z. B. in C++) Operatoren überladen werden können, um ohne Notationsunterschied Variablen verschiedenen Datentyps zu verarbeiten, lassen sich die meisten Operatoren und vordefinierten mathematischen Funktionen in MATLAB ohne Notationsunterschied auch auf (ein- oder mehrdimensionale) Felder anwenden.

Tabelle 5.2 enthält die vordefinierten Operatoren für Vektoren numerischer Datentypen. Einschränkungen bezüglich der Arithmetik mit ganzzahligen Datentypen werden am Ende dieses Abschnitts behandelt.

Operator	Operation	Bedeutung	Priorität
. ^	a .^ b	$[a_1{}^{b_1} \quad a_2{}^{b_2} \quad \ldots \quad a_n{}^{b_n}]$	3
. *	a .* b	$[a_1 \cdot b_1 \quad a_2 \cdot b_2 \quad \ldots \quad a_n \cdot b_n]$	2
. /	a ./ b	$[a_1/b_1 \quad a_2/b_2 \quad \ldots \quad a_n/b_n]$	2
+	a + b	$[a_1 + b_1 \quad a_2 + b_2 \quad \ldots \quad a_n + b_n]$	1
–	a – b	$[a_1 - b_1 \quad a_2 - b_2 \quad \ldots \quad a_n - b_n]$	1

Tabelle 5.2: Numerische Vektor-Vektor-Operationen; dabei sind a und b Zeilenvektoren der Länge n, d. h., $a = [a_1\ a_2\ \ldots\ a_n]$, $b = [b_1\ b_2\ \ldots\ b_n]$.

Alle Operatoren, die mit einem Punkt beginnen, werden *komponentenweise* auf Felder übertragen; alle anderen Operatoren haben unter Umständen bei Feldern eine *andere Bedeutung*.

MATLAB-Beispiel 5.22

Für die Vektoren a, b und c der Länge n wird der Ausdruck $a_i \cdot (a_i + b_i)^{c_i}$ für die Indexwerte $i = 1, 2, \ldots, n$ ermittelt.

```
resultat = a.*(a + b).^c
```

Durch den Einsatz von Vektoroperatoren kann auf die Verwendung von Schleifenkonstrukten (wie sie etwa in C oder Fortran notwendig wären) sehr oft verzichtet werden, was die Lesbarkeit von MATLAB-Programmen fördert.

MATLAB-Beispiel 5.23

Der Mittelwert der Elemente eines Zufalls-Spaltenvektors der Länge 100 wird berechnet.

```
≫ x = rand(100,1);
≫ mittel = sum(x)/length(x)
mittel =
    0.5286
```

Die Anzahl der Werte größer 1/2 wird ermittelt.

```
≫ mdn = length(find(x > 0.5))
mdn =
    53
```

Alle Operatoren der Tabelle 5.2 können auch dazu verwendet werden, zwei- und mehrdimensionale Felder numerischer Datentypen und gleicher Größe miteinander zu verknüpfen. Dabei werden die Operationen analog komponentenweise auf die Matrizen übertragen.

Mit Hilfe des Operators * kann eine $n \times k$-Matrix mit einer $k \times m$-Matrix multipliziert werden: Es entsteht dabei eine $n \times m$-Matrix mit den Elementen $c_{ij} = \sum_{\ell=1}^{k} a_{i\ell} b_{\ell j}$. Man beachte den Unterschied der Operatoren * und .*; der erstere bewirkt die „normale" Matrizenmultiplikation (Abbildungsverknüpfung im Sinne der Linearen Algebra), letzterer multipliziert zwei Matrizen gleicher Form elementweise miteinander (Hadamard-Produkt).

Das Matrix-Vektor-Produkt ist ein Spezialfall der Matrizenmultiplikation. Ist A eine $m \times n$-Matrix und x ein Spaltenvektor der Länge n (also eine $n \times 1$-Matrix), so ist das Matrix-Vektor-Produkt $A*x$ ein Vektor der Länge m. Für die Berechnung des inneren Produktes (des sog. euklidischen Skalarproduktes) zweier Vektoren gibt es keine eigene Operation. Das innere Produkt kann aber durch $x*y'$, also mit Hilfe des Transpositionsoperators und der Matrizenmultiplikation ausgedrückt werden, falls x und y Zeilenvektoren gleicher Länge sind.

MATLAB-Beispiel 5.24

Das nebenstehende Codefragment multipliziert zwei Matrizen miteinander. Man beachte, dass beide Matrizen passende Dimensionen besitzen müssen!

```
≫ A = [1 2 3; 2 3 5];
≫ B = [1 3; 4 5; 7 8];
≫ C = A * B
C =
    30  37
    49  61
```

MATLAB stellt auch Operatoren zur Verfügung, die Vektoren und Matrizen mit Skalarausdrücken verknüpfen.

In Tabelle 5.3 findet man die vordefinierten Operatoren zur komponentenweisen Verknüpfung von Feldern mit Skalaren.

Operator	Operation	Bedeutung	Priorität
.^	a .^ c	$[a_1^c \quad a_2^c \quad \ldots \quad a_n^c]$	3
.^	c .^ a	$[c^{a_1} \quad c^{a_2} \quad \ldots \quad c^{a_n}]$	3
*	a * c	$[a_1 \cdot c \quad a_2 \cdot c \quad \ldots \quad a_n \cdot c]$	2
./	a ./ c	$[a_1/c \quad a_2/c \quad \ldots \quad a_n/c]$	2
./	c ./ a	$[c/a_1 \quad c/a_2 \quad \ldots \quad c/a_n]$	2
+	a + c	$[a_1 + c \quad a_2 + c \quad \ldots \quad a_n + c]$	1
−	a − c	$[a_1 - c \quad a_2 - c \quad \ldots \quad a_n - c]$	1

Tabelle 5.3: Skalar-Vektor-Operationen; dabei ist c ein Skalar und a ein Zeilenvektor der Länge n, d. h., $a = [a_1 \, a_2 \, \ldots \, a_n]$.

MATLAB-Beispiel 5.25

Es wird der Vektor d der Länge 10 mit den Elementen $d_i = 1.01^{1.5^{ab_i} + b_i c_i}$ erzeugt. Dabei ist a ein Skalar und b und c sind Vektoren der Länge 10.

```
>> a = 0.981;
>> b = 1:10;
>> c = linspace(1/3,2/3,10);
>> d = 1.01.^(1.5.^(a*b) + b.*c);
```

Die meisten in MATLAB vordefinierten mathematischen Funktionen (wie *sin*, *cos* etc.) lassen sich auch auf ein- oder mehrdimensionale Felder ohne Notationsunterschied anwenden. Dabei wird die Operation komponentenweise auf die Feldelemente angewendet (siehe Abschnitt 12.3).

Eine Zusammenfassung der wichtigsten MATLAB-Funktionen für Matrizenoperationen (z. B. Berechnung von Normen, Inversen etc.) enthält Abschnitt 12.5.

Lösung linearer Gleichungssysteme

MATLAB stellt eine eigene Operation (den sogenannten *Backslash-Operator*) zur Lösung linearer Gleichungssysteme bereit; ist A eine (reguläre) $n \times n$-Matrix und b ein Spaltenvektor der Länge n, so ermittelt $A \backslash b$ die Lösung des Gleichungssystems $Ax = b$ (siehe Abschnitt 10.1).

Die Operation $A \backslash b$ kann auch auf über- und unterbestimmte Gleichungssysteme angewendet werden. Im Fall eines überbestimmten Systems ermittelt MAT-

LAB eine Lösung des Minimierungsproblems $\|Ax - b\|_2 \to$ min. Ist das gegebene Gleichungssystem unterbestimmt (d. h., ist A eine $m \times n$-Matrix mit $m < n$), so berechnet MATLAB eine Lösung mit höchstens m von Null verschiedenen Komponenten. Ist A singulär, so gibt MATLAB eine Fehlermeldung aus.

Falls d rechte Seiten $b_1, b_2, \ldots, b_d$ betrachtet werden, so kann auch $X = A \backslash B$ mit einer $n \times d$-Matrix $B = [b_1 \ b_2 \ \ldots b_d]$ verwendet werden. Die Spalten der $n \times d$-Matrix X enthalten dann die jeweiligen Lösungen $x_1, x_2, \ldots, x_d$.

MATLAB-Beispiel 5.26

Durch die nebenstehenden Anweisungen wird das System bestehend aus den Gleichungen $x + 4y = 1$ und $4x + 2y = 3$ gelöst.

```
≫ A = [1 4; 4 2]; b = [1; 3];
≫ x = A\b
x =
     0.7143
     0.0714
```

Lässt man im obigen Gleichungssystem die zweite Gleichung weg, so erhält man ein unterbestimmtes System.

```
≫ A = [1 4]; b = [1];
≫ x = A\b
x =
     0
     0.2500
```

Fügt man jedoch als dritte Gleichung $5x + 9y = 4$ hinzu, wird das resultierende Gleichungssystem überbestimmt; MATLAB ermittelt in diesem Fall jenen Vektor, der $\|Ax - b\|_2$ minimiert.

```
≫ A = [1 4; 4 2; 5 9];
≫ b = [1; 3; 4];
≫ x = A\b
x =
     0.7160
     0.0514
```

Einschränkungen für die Arithmetik mit ganzzahligen Datentypen

Zusätzlich zu den Restriktionen im skalaren Fall (siehe Seite 74), gibt es bei Feldern weitere Einschränkungen:

Ist A ein Feld eines ganzzahligen Datentyps und b ein Feld gleicher Größe oder ein Skalar, so sind die arithmetischen Operationen mit A und b nur dann definiert, wenn b vom selben ganzzahligen Datentyp wie A ist. So ist z.B. die Multiplikation eines *double*-Skalars mit einem Vektor vom Typ *int8* nicht definiert. Die Multiplikation eines Skalars a mit einem Feld eines Integer-Datentyps ist nur definiert, wenn a vom selben ganzzahligen Datentyp oder vom Typ *double* ist.

Ferner sind für die ganzzahligen Datentypen nur die komponentenweisen Operationen definiert. Weder das Matrix-Produkt noch der \-Operator stehen für ganzzahlige Matrizen zur Verfügung.

5.3.8   Polynome

MATLAB kennt keinen speziellen Datentyp zur Speicherung von Polynomen. Man kann jedoch Polynome als Vektoren ihrer Koeffizienten (bzgl. der Monom-Basis) darstellen. Dabei werden die Koeffizienten in *absteigender* Reihenfolge in einem numerischen Vektor gespeichert. Das Polynom

$$a_0 + a_1 x + \cdots + a_{n-1} x^{n-1} + a_n x^n$$

wird in MATLAB durch den Zeilenvektor

$$[a_n \ a_{n-1} \ \ldots \ a_0]$$

dargestellt. MATLAB stellt keine eigenen Funktionen zur Addition und Subtraktion von Polynomen bereit. Es können jedoch die Operationen + und − auf die Koeffizientenvektoren angewendet werden, falls beide Polynome den gleichen Grad besitzen; andernfalls muss der kürzere Vektor mit Nullen aufgefüllt werden.

Es gibt in MATLAB eine Reihe vordefinierter Funktionen, mit denen sich die Koeffizientenvektoren von Polynomen bearbeiten lassen (siehe Abschnitt 12.9): *conv* und *deconv* dienen etwa der Multiplikation und Division von Polynomen. Mit *polyval* kann ein Polynom an einer bestimmten Stelle ausgewertet werden und *polyder* liefert den Koeffizientenvektor des Ableitungspolynoms.

MATLAB-Beispiel 5.27

In a und b werden die Koeffizienten der Polynome $x^2 + 1$ und $x^4 - 3$ gespeichert.

```
>> a = [1 0 1];
>> b = [1 0 0 0 -3];
```

Die beiden Polynome können mit Hilfe der Funktion *conv* multipliziert werden. Das Ergebnis lautet $x^6 + x^4 - 3x^2 - 3$.

```
>> a_mal_b = conv(a,b)
a_mal_b =
   1 0 1 0 -3 0 -3
```

Zur Addition muss der Koeffizientenvektor von $x^2 + 1$ durch $a_3 = 0$ und $a_4 = 0$ erweitert werden.

```
>> a_plus_b = [0 0 a] + b
a_plus_b =
   1 0 1 0 -2
```

polyval(a, x) wertet das Polynom mit dem Koeffizientenvektor a an der Stelle x (hier speziell $x = 1.5$) aus.

```
>> polyval(a, 1.5)
ans =
   3.2500
```

polyder liefert die Koeffizienten
der Ableitung eines Polynoms.

```
» polyder(b)
ans =
     4 0 0 0
```

Die Nullstellen eines Polynoms können mittels *roots* ermittelt werden. MATLAB
liefert dabei einen *Spalten*vektor zurück, der alle Nullstellen des Polynoms enthält.
Analog kann ein Spaltenvektor, der die Nullstellen eines Polynoms enthält, mittels
poly in den Koeffizientenvektor dieses Polynoms umgewandelt werden.

MATLAB-Beispiel 5.28

Für das Polynom *p* werden die
Nullstellen $1, 2, \ldots, 25$ vorgegeben.

```
» p = poly(1:25);
```

Ermittelt man nun mit der
Funktion *roots* die Nullstellen
von *p*, so ergeben sich – bedingt durch numerische Phänomene – signifikante Unterschiede zu den ursprünglich vorgegebenen ganzzahligen Nullstellen
$1, 2, \ldots, 25$.

```
» roots(p)
ans =
    25.2091
    24.2386 + 1.0681i
    24.2386 - 1.0681i
    22.3254 + 2.2466i
       ⋮
     1.0000
```

5.3.9   Zugriff auf Felder und CELL-Objekte

Man kann in MATLAB auf ganze Felder, auf Teilfelder oder auf einzelne Feldelemente zugreifen. Ein Zugriff auf das ganze Feld erfolgt durch den Feldnamen.
Ein einzelnes Element eines Feldes (eine *indizierte Variable*) wird durch Angabe
des Feldnamens, gefolgt von einem Index, ausgewählt. Der Index eines Elements
eines *n*-dimensionalen Feldes wird als *n*-Tupel

$$(i_1, \ldots, i_n)$$

geschrieben. Feldelemente werden durch die Angabe ihres Index eindeutig identifiziert. Das Element mit dem Index $(i_1, \ldots, i_n)$ des Feldes *feld* kann somit durch

$$feld(i_1, \ldots, i_n)$$

spezifiziert werden.

MATLAB-Beispiel 5.29

In diesem Beispiel ist v ein eindimensionales und A ein zweidimensionales *double*-Datenobjekt.

```
>> j = 4;
>> v(10) = v(15) + A(j,j+1);
>> v(1) = sin(A(j,j))/3;
```

Es kann auch auf ganze Felder zugegriffen werden (die Addition wird komponentenweise durchgeführt).

```
>> A = A + 1;
```

In analoger Weise kann auf die Elemente eines Objekts vom Typ *cell* zugegriffen werden. In diesem Fall wird als Index ein Ausdruck der Form

$$\{i_1, \ldots, i_n\}$$

verwendet. Auf das Element $(3, 2)$ eines *cell*-Objektes mit dem Namen *test* wird z. B. durch `test{3,2}` zugegriffen.

Enthält ein Objekt des Typs *cell* ein weiteres, so müssen mehrere Selektionsausdrücke hintereinander verwendet werden; enthält z. B. das Element $(3, 2)$ eines *cell*-Objektes ein weiteres, so kann auf das Element $(1, 1)$ des inneren Objektes durch `test{3,2}{1,1}` zugegriffen werden.

5.3.10   Teilfelder

Ein *Teilfeld* (*array section*) ist ein rechteckiger (oder speziell: ein quadratischer) Ausschnitt eines Feldes und daher selbst wieder ein Feld. Während zur Bestimmung eines einzelnen Feldelements in jeder Dimension nur die Angabe eines einzelnen skalaren Indexwertes nötig ist, muss, um ein Teilfeld zu bilden, in mindestens einer der n Dimensionen ein *Indexbereich* angegeben werden, sodass mehrere Feldelemente ausgewählt werden:

$$feldname\,(bereich_1, \ldots, bereich_n)$$

$bereich_i$ kann im einfachsten Fall (so wie für die Auswahl eines Elementes) ein ganzzahliger skalarer Ausdruck sein.

Ein Indexbereich im eigentlichen Sinn kann zunächst durch Angaben einer Bereichsober- und -untergrenze in der jeweiligen Dimension festgelegt werden, was bedeutet, dass alle Elemente, die in dieser Dimension einen Indexwert aus dem ausgewählten Bereich aufweisen, zum angesprochenen Teilfeld gehören. Man kann zusätzlich eine Schrittweite festlegen, was bewirkt, dass nicht alle Indexwerte im Bereich berücksichtigt werden, sondern nur jene, deren Differenz zur Indexuntergrenze ein Vielfaches der Schrittweite beträgt.

Die allgemeine Form von *bereich*$_i$ sieht folgendermaßen aus:

$$(\langle \text{ugrenze}_i \rangle : \langle \text{schritt}_i \rangle \, \langle : \text{ogrenze}_i \rangle)$$

Lässt man sowohl die Obergrenze als auch die Untergrenze (und dann natürlich auch die Schrittweite) weg, dann bleibt ein einzelner Doppelpunkt stehen. Damit wird der gesamte Indexbereich des Feldes in der betreffenden Dimension angesprochen. Als Obergrenze kann auch der symbolische Ausdruck *end* verwendet werden, falls der Bereich mit dem letzten Element in der angegebenen Dimension enden soll.

MATLAB-Beispiel 5.30

```
>> A = [11 12 13 14 15; ...
21 22 23 24 25; ...
31 32 33 34 35];
```

Die erste Zeile erhält man mit der Selektionsanweisung *(1,:)*.

```
>> A(1, :)
ans =
      11 12 13 14 15
```

Aus der ersten Zeile können die letzten vier Elemente selektiert werden.

```
>> A(1, 2:end)
ans =
      12 13 14 15
```

Hier wird jede zweite Spalte und jede zweite Zeile entfernt.

```
>> A(1:2:3, 1:2:5)
ans =
      11 13 15
      31 33 35
```

Mit dem Selektor *(:,1)* wird die erste Spalte ausgewählt.

```
>> A(:, 1)
ans =
      13
      23
      33
```

Wird keine Schrittweite angegeben, so wird *schritt* $= 1$ angenommen; in der betreffenden Dimension werden die Elemente des Feldes zwischen *ugrenze* und *ogrenze* angesprochen. Die Schrittweite darf auch negativ sein, aber nicht Null.

MATLAB-Beispiel 5.31

Durch die Schrittweite −1 kann die Reihenfolge der Elemente eines Feldes geändert („gestürzt") werden.

```
≫ v = [1 2 3 4 5 6];
≫ v(6:-1:1)
ans =
     6 5 4 3 2 1
```

Analog können auch Teilfelder von mehrdimensionalen Feldern erzeugt werden; dabei ist das Ergebnis i. Allg. wieder ein mehrdimensionales Feld.

MATLAB-Beispiel 5.32

Die nebenstehende Anweisung extrahiert die erste Seite des dreidimensionalen Feldes D.

```
≫ D = cat(3,[1 2; 3 4],[5 6; 7 8]);
≫ D(:,:,1)
ans =
     1 2
     3 4
```

Nun wird in allen Seiten die erste Zeile selektiert (man beachte, dass das Resultat wiederum ein dreidimensionales Feld ist).

```
≫ D(1,:,:)
ans(:,:,1) =
     1 2
ans(:,:,2) =
     5 6
```

Mit (*1,1,:*) werden jene Elemente selektiert, die in allen Seiten an der Position (1,1) stehen; wiederum ist das Resultat ein mehrdimensionales Feld.

```
≫ D(1,1,:)
ans(:,:,1) =
     1
ans(:,:,2) =
     5
```

Eine weitere Möglichkeit zur Angabe eines Indexbereichs ist der *Vektorindex* (*vector subscript*). Er besteht aus einem eindimensionalen, feldförmigen, ganzzahligen Ausdruck. Durch einen Vektorindex *bereich*$_i$ der Gestalt

[*wert* ⟨ *wert* ... ⟩]

werden aus einem eindimensionalen Feld jene Elemente selektiert, deren Index in der betreffenden Dimension gleich dem Wert eines Elementes im Vektorindex ist. Die Werte eines Vektorindex müssen nicht voneinander verschieden sein.

MATLAB-Beispiel 5.33

Durch die Verwendung eines Vektorindex können z. B. die Elemente eines Vektors beliebig vertauscht werden.

```
≫ v = [10 20 30 40 50 60 70 80 90];
≫ v([5 2 5 6 3 2 1 9])
ans =
   50 20 50 60 30 20 10 90
```

Ein Vektorindex wird oft zusammen mit dem Befehl *find* verwendet, um Teilfelder zu selektieren, die eine bestimmte Bedingung erfüllen; *find* (v) liefert einen Vektor, der den Index aller Elemente ungleich Null in v zurückliefert. Verwendet man logische Operatoren auf Feldern (siehe Abschnitt 5.4), so lassen sich Selektionsanweisungen sehr elegant realisieren.

MATLAB-Beispiel 5.34

Es werden all jene Elemente aus v selektiert, die durch 20 teilbar sind.

```
≫ v(find(mod(v,20)  == 0))
ans =
   20 40 60 80
```

In analoger Weise können Teile von Objekten des Typs *cell* erzeugt werden, indem man die runden Klammern, die bei der Selektion von Feldelementen verwendet werden, durch geschwungene Klammern ersetzt.

5.3.11   Wertzuweisung an Teilfelder

In vielen numerischen Algorithmen sind Elemente eines Feldes zu verändern. Dies kann natürlich über einzelne Wertzuweisungen an alle betreffenden Elemente erreicht werden. Hierzu werden die Elemente einzeln über einen Selektionsausdruck ausgewählt und ihnen neue Werte zugewiesen:

variablenname (*index*) = *ausdruck*

Dabei ist *index* ein Ausdruck der Form $i_1, \ldots, i_n$. Oftmals sollen jedoch die Werte mehrerer Elemente auf einmal verändert werden. Hierzu ermöglicht MATLAB die Wertzuweisung an Teilfelder. Mit den Methoden aus Abschnitt 5.3.10 muss zuerst das gewünschte Teilfeld ausgewählt werden; die Wertzuweisung erfolgt dann in der Form *variablenname* (*teilfeldindex*) = *ausdruck*. Dabei ist *ausdruck* entweder ein Feld der gleichen Dimension wie das ausgewählte Teilfeld oder ein Skalarausdruck. Im letzteren Fall wird jedes ausgewählte Element des Teilfeldes mit dem Skalarausdruck belegt.

Wird einem Teilfeld die „leere" Matrix [] zugewiesen, so wird das angegebene Teilfeld aus der Matrix entfernt. Dabei können nur ganze Zeilen oder Spalten gelöscht werden, damit das resultierende Feld rechteckig (oder quadratisch) bleibt.

MATLAB-Beispiel 5.35

| Die Matrix $A$ wird schrittweise manipuliert; zuerst wird dem Element $a_{1,1}$ der Wert 6 zugewiesen. | ```
» A = [1 2 3 4 5 6; 7 8 9 10 11 12];
» A(1,1) = 6
A =
     6 2 3 4 5 6
     7 8 9 10 11 12
``` |
| Nun wird die erste Spalte durch den Vektor $(3,3)^T$ ersetzt. | ```
» A(:,1) = [3; 3]
A =
     3 2 3 4 5 6
     3 8 9 10 11 12
``` |
| Nun wird allen Elementen, die in ungeraden Spalten stehen, der Wert 9 zugewiesen. | ```
» A(:,1:2:6) = 9
A =
     9 2 9 4 9 6
     9 8 9 10 9 12
``` |
| Alle Elemente $>8$ werden durch Null ersetzt. | ```
» A(find(A > 8)) = 0
A =
     0 2 0 4 0 6
     0 8 0 0 0 0
``` |
| Zuletzt wird die gesamte zweite Zeile gelöscht, indem ihr die „leere Matrix" zugewiesen wird. | ```
» A(2,:) = []
A =
     0 2 0 4 0 6
``` |

5.4 Logische Operationen

MATLAB speichert logische Werte im Datentyp *logical*; Variablen dieses Typs können nur zwei Werte annehmen: TRUE (1) oder FALSE (0). Logische Variablen entstehen etwa durch die Befehle *true* bzw. *false*, durch Konversion oder über einen Vergleichsoperator (siehe Beispiel 4.7 auf Seite 59).

Die Vergleichsoperatoren (siehe Tabelle 5.4) liefern, angewendet auf skalare numerische Datenobjekte, ein skalares *logical*-Datenobjekt zurück, das entweder den Wert 0 (FALSE) oder 1 (TRUE) enthält. Werden die Vergleichsoperatoren auf
```

ein- oder mehrdimensionale Felder der gleichen Dimension und Größe angewendet, so vergleicht MATLAB die Elemente der Felder komponentenweise und liefert ein „logisches" Feld der gleichen Dimension und Größe.

Operator	Bedeutung
<	kleiner als
<=	kleiner oder gleich
>	größer als
>=	größer oder gleich
==	gleich
~=	ungleich

Tabelle 5.4: Vergleichsoperatoren.

Meist ist man jedoch nur daran interessiert, ob es *ein* Element des Feldes gibt, das die angegebene Relation erfüllt, oder ob *alle* Elemente dieses Feldes diese Relation erfüllen. Mit Hilfe der MATLAB-Befehle *any* und *all* kann man ein „logisches" Feld auf einen skalaren logischen Wert reduzieren. Die Funktion *any* liefert den Wert TRUE, falls es ein Element des übergebenen (eindimensionalen) logischen Feldes gibt, das ungleich 0 (FALSE) ist; *all* liefert TRUE, falls alle Elemente des (eindimensionalen) Feldes ungleich 0 sind. Wendet man *all* oder *any* auf Matrizen an, so wird die entsprechende Relation spaltenweise auf die Matrix angewendet und ein „logischer" Zeilenvektor zurückgeliefert, dessen i-te Komponente 1 ist, falls die i-te Spalte der Matrix die Relation *all* oder *any* erfüllt.

MATLAB-Beispiel 5.36

Das nebenstehende Codefragment illustriert die Verwendung von Vergleichsoperatoren, angewendet auf Skalare und Felder. Zuerst wird verglichen, welche Elemente größer sind.

```
≫ a = [1 2 3 4 5 6];
≫ b = [1 2 4 4 4 4];
≫ a > b
ans =
     0  0  0  0  1  1
```

Will man feststellen, ob die beiden Vektoren identisch sind, kann man dies durch die Verwendung von *all* erzielen.

```
≫ all(a == b)
ans =
     0
```

any liefert TRUE, falls mindestens ein Element in beiden Vektoren gleich ist.

```
≫ any(a == b)
ans =
   1
```

Wird *all* auf Matrizen angewendet, so wird die Relation *spalten*weise ausgewertet.

```
≫ a = [1 2; 1 3; 1 4];
≫ b = [1 1; 1 2; 1 4];
≫ all(a == b)
ans =
   1 0
```

ACHTUNG: Die in der Mathematik gebräuchlichen Kurzformen wie z. B.

$$a \le x \le b, \quad x_1 < x_2 < x_3 < x_4, \quad \ldots$$

sind in MATLAB (wie auch in anderen Programmiersprachen) *nicht* realisiert. Es müssen die einzelnen Vergleiche mit & (logischem *Und*) verknüpft werden:

$$a \le x \ \& \ x \le b, \quad x_1 < x_2 \ \& \ x_2 < x_3 \ \& \ x_3 < x_4, \quad \ldots$$

MATLAB-Beispiel 5.37

Diese Ungleichungen liefern das Resultat TRUE, obwohl die Aussage mathematisch falsch ist.

```
≫ 2 < 1 < 3
ans =
   1
```

Das Resultat kommt durch die Auswertung der Ungleichungen von links nach rechts zustande. Die Aussage 2 < 1 ist falsch, ergibt also das Resultat 0 (FALSE). Die Aussage 0 < 3 ist wahr. Das Endergebnis ist daher der Wert 1 (TRUE).

Die nebenstehende Form ist die korrekte Realisierung.

```
≫ (2 < 1) & (1 < 3)
ans =
   0
```

Der Vergleich zweier Gleitpunkt-Datenobjekte mit dem Operator == sollte vermieden werden, da verschiedene, aber mathematisch äquivalente Ausdrücke auf Grund von Effekten der Gleitpunkt-Arithmetik zu unterschiedlichen Resultaten führen können. Zwei Gleitpunkt-Operanden sollten nur auf jenen Grad von Übereinstimmung geprüft werden, der unter den gegebenen Umständen (Art der Berechnungen, Größe der Rundungsfehler, Größe der Datenfehler etc.) als „Gleichheit" zu werten ist.

MATLAB-Beispiel 5.38

Aufgrund von (unvermeidbaren) Rechenfehlern werden x und y als ungleich erkannt, obwohl sie bei exakter Rechnung denselben Wert haben.

```
>> c = 1e6;
>> x = 1/(c - 1) - 1/(c + 1);
>> y = 2/(c*c - 1);
>> x == y
ans =
    0
```

Der nebenstehende Test liefert numerisch stabile Resultate.

```
>> abs(x - y) <= 5*eps
ans =
    1
```

Logische Variablen können durch die Verwendung von logischen Operatoren verknüpft werden (siehe Tabelle 5.5). Dabei hat die Negation die höchste Priorität.

Operator	Bedeutung	Priorität
~	Negation ($\neg$, NOT)	2
&	Konjunktion ($\wedge$, AND)	1
|	Disjunktion ($\vee$, OR)	1

Tabelle 5.5: Logische Operatoren.

Die Wahrheitstafeln der logischen Operatoren (*Wahrheitsfunktionen*) Negation, Konjunktion und Disjunktion sind in Tabelle 5.6 angegeben.

a	b	~a	a & b	a | b
TRUE	TRUE	FALSE	TRUE	TRUE
TRUE	FALSE	FALSE	FALSE	TRUE
FALSE	TRUE	TRUE	FALSE	TRUE
FALSE	FALSE	TRUE	FALSE	FALSE

Tabelle 5.6: Wahrheitstafel der logischen Operatoren.

5.5   Zeichenketten

Der MATLAB-Datentyp *char* dient zur Speicherung von (ein- und mehrdimensionalen Feldern von) ASCII-Zeichen. Dabei besteht jedoch die Einschränkung, dass alle Zeilen die gleiche Zahl von Zeichen enthalten müssen, ähnlich wie alle Zeilen einer Matrix die gleiche Anzahl an Elementen aufweisen müssen.

MATLAB-Beispiel 5.39

Die nebenstehenden Ausdrücke sind gültige *char*-Datenobjekte.

```
» x = 'Transformation';
» y = ['diskrete Fourier-' x]
y =
    diskrete Fourier-Transformation
```

Werden mehrzeilige Zeichenketten (Spaltenvektoren) benötigt, so empfiehlt sich die Verwendung des Befehls *char*:

$$char\ (string_1,\ string_2,\ \ldots,\ string_n)$$

Der Befehl *char* erzeugt eine Matrix mit Einträgen vom Typ, deren Zeilen gerade die Strings $string_j$, $j = 1, 2, \ldots, n$ bilden; dabei werden die einzelnen Strings mit Leerzeichen aufgefüllt, damit alle die gleiche Länge besitzen. Ist diese Eigenschaft nicht erwünscht, sollte man auf die Verwendung von Objekten des Typs *cell* zurückgreifen.

MATLAB-Beispiel 5.40

Mehrzeilige Zeichenketten kann man in *cell*-Objekten speichern.

```
» z = {'erste Zeile', ...
  'zweite, laengere Zeile'}
```

Die Vergleichsoperatoren aus Abschnitt 5.4 können auch auf Strings gleicher Länge angewendet werden. Da MATLAB Strings als Felder von (ASCII-)Zeichen ansieht, vergleicht es die ASCII-Werte der einzelnen Zeichen und liefert ein „logisches Feld" zurück. Der in anderen Programmiersprachen (z. B. in Fortran) mögliche lexikalische Vergleich zweier Zeichenketten mit einem Vergleichsoperator ist in MATLAB nicht möglich.

5.6   Schwach besetzte Matrizen

Enthält eine zu speichernde Matrix sehr viele Elemente (Koeffizienten) mit dem Wert Null, so wäre eine vollständige Speicherung der gesamten Matrix äußerst ineffizient. Bei vollständiger Speicherung benötigt eine $n \times n$-*double*-Matrix in MATLAB $8n^2$ Bytes an Speicherplatz, was bei sehr großem n und vielen Nullelementen inakzeptabel hoch sein kann.

Matrizen, die nur wenige von Null verschiedene Elemente enthalten, nennt man *schwach besetzt (sparse matrices)*. MATLAB verwendet zur komprimierten Speicherung solcher Matrizen ein spezielles (effizientes) Format. Der Befehl *sparse* erlaubt es, komprimiert gespeicherte schwach besetzte Matrizen zu erstellen:

   sparse (zeilen_index, spalten_index, elemente, m, n)

erzeugt eine komprimiert gespeicherte schwach besetzte $m \times n$-Matrix, deren von Null verschiedenen Elemente im eindimensionalen Feld *elemente* gespeichert sind. Die Felder *spalten_index* und *zeilen_index* legen die Spalten- und Zeilenindizes dieser Elemente fest; d.h., der Wert *elemente(i)* wird der Position *(spalten_index(i), zeilen_index(i))* zugeordnet. Durch Wertzuweisungen können nach der Erstellung der Matrix weitere Elemente hinzugefügt werden.

Weiters erlaubt es MATLAB, aus einer vollständig (mit allen Nullelementen) gespeicherten schwach besetzten Matrix mit dem Befehl *sparse* durch Konversion eine komprimiert gespeicherte Matrix zu erzeugen. In diesem Fall wird *sparse* als einziger Parameter eine vollständig gespeicherte Matrix übergeben; das Resultat ist eine zu dieser Matrix äquivalente komprimiert gespeicherte Matrix. Umgekehrt konvertiert *full(A)* die schwach besetzte Matrix A in eine vollständig gespeicherte Matrix.

MATLAB-Beispiel 5.41

Es soll die Tridiagonalmatrix

$$
T = \begin{pmatrix}
2 & 1 & & & & 0 \\
1 & 2 & 1 & & & \\
& 1 & 2 & 1 & & \\
& & 1 & 2 & 1 & \\
& & & 1 & 2 & 1 \\
0 & & & & 1 & 2
\end{pmatrix}
$$

in MATLAB erstellt werden.

Zuerst wird eine schwach besetzte Matrix, in der nur die Hauptdiagonale besetzt ist, erzeugt, ...

```
>> D = sparse(1:6, 1:6, ...
      2*ones(1,6), 6, 6);
```

... danach zwei schwach besetzte Matrizen, die jeweils eine der Nebendiagonalen enthalten, ...

```
>> U = sparse(2:6, 1:5, ...
      ones(1,5), 6, 6);
>> L = sparse(1:5, 2:6, ...
      ones(1,5), 6, 6);
```

... und schließlich wird die
gewünschte Matrix zusammengesetzt. Da diese als Summe
von komprimiert gespeicherten
schwach besetzten Matrizen entstanden ist, ist T wiederum effizient gespeichert.

```
>> T = L + D + U;
```

Für Testzwecke kann mittels *sprand* (m,n,p), wobei $0 \leq p \leq 1$, eine schwach
besetzte $m \times n$-Matrix mit $m \cdot n \cdot p$ von Null verschiedenen auf $[0,1]$ gleichverteilten Zufallszahlen generiert werden.[1] Analog liefert *sprandn* (m,n,p) eine schwach
besetzte Matrix mit normalverteilten Elementen. Mit Hilfe von *sprandsym* (n,p)
generiert MATLAB eine symmetrische Matrix mit $n^2 p$ gleichverteilten Zufallszahlen. Zudem kann mittels *speye* (n) die $n \times n$-Einheitsmatrix erzeugt werden, die
als schwach besetzte Matrix gespeichert ist.

Die Besetztheitsstruktur einer schwach besetzten Matrix kann mittels *spy* als
Grafik angezeigt werden (siehe z. B. Abb. 5.3 auf Seite 100); die Funktion *nnz*
liefert die Zahl der Nichtnullelemente.

Die komprimierte Speicherung schwach besetzter Matrizen geschieht für den
Benutzer „transparent", d. h., es können ohne Notationsunterschiede alle MAT-
LAB-Funktionen, die Matrizen als Parameter akzeptieren, auch auf schwach besetzte Matrizen angewendet werden. Insbesondere liefern Funktionen wie *chol*, *lu*
etc. komprimiert gespeicherte schwach besetzte Matrizen als Resultat, falls derartige Matrizen als Parameter übergeben wurden. MATLAB verwendet zur Berechnung dieser Funktionen spezielle, für schwach besetzte Matrizen optimierte
Algorithmen. Binäre Operatoren wie $+$, $.*$ etc. liefern komprimiert gespeicherte
schwach besetzte Matrizen als Resultat, falls beide Operanden solche Matrizen
sind.

Einschränkungen

Der Datentyp *sparse* ist nur für Matrizen mit *double*-Einträgen verfügbar. Ist A
vom Typ *single*, so liefert die Konvertierung *sparse*(A) eine Fehlermeldung.

Ist A vom Typ *sparse*, so sind arithmetischen Operationen mit b nur dann
erlaubt, wenn b vom Typ *double* oder *sparse* ist. Selbst die Skalar-Multiplikation
`c*A` liefert eine Fehlermeldung, wenn c nicht vom Typ *double*, sondern vom Typ
single oder einem ganzzahligen Datentyp ist.

---

[1] Die exakte Anzahl der erzeugten Nichtnullelemente *nnz* (*matrix*) kann geringfügig vom
gewünschten Wert abweichen.

5.6.1 Speicherung schwach besetzter Matrizen

MATLAB verwendet zur internen Speicherung von schwach besetzten Matrizen das CCS-Format (*compressed column storage format, Harwell-Boeing-Format*; siehe Überhuber [68]).

CCS: Beim CCS-Format werden spaltenweise aufeinanderfolgende Nichtnullelemente der Matrix A auf benachbarte Elemente eines eindimensionalen Feldes *wert* der Länge $nnz\,(A)$ gespeichert. Das Feld *row_index* der Länge $nnz\,(A)$ enthält die Zeilenindizes dieser Elemente, d. h., für *wert* $(k) = a_{ij}$ ist *row_index* $(k) = i$. Der Vektor *col_pointer* schließlich speichert die Position im Feld *wert*, an der eine neue Spalte von A beginnt, d. h., ist *wert* $(k) = a_{ij}$, dann gilt *col_pointer* $(j) \le k \le$ *col_pointer* $(j+1)$. Zusätzlich definiert man *col_pointer* $(n+1) := nnz\,(A)+1$.

Die Ersparnis an Speicheraufwand ist signifikant: Es sind nur $2{\cdot}nnz\,(A)+n+1$ Speicherplätze notwendig. Der Zugriff auf die Daten erfolgt dafür nach einem etwas komplizierteren Schema.

Andere Speicherformate

Neben dem in MATLAB intern verwendeten CCS-Format gibt es noch verschiedene andere Speicherformate für schwach besetzte Matrizen.

COO: Das COO-Format (das Koordinatenformat) ist das einfachste Speicherformat für schwach besetzte Systeme. Dabei wird ein dreispaltiges (zweidimensionales) Feld generiert, das in den Zeilen für jedes Matrixelement ungleich Null dessen Wert, Zeilen- und Spaltenindex enthält. Der Speicherplatzgewinn ist geringer als beim CCS-Format, trotzdem wird das Format wegen seiner Einfachheit (z. B. in der MATLAB-Funktion *sparse*) verwendet.

CRS: Das CRS-Format (komprimierte Zeilenspeicherung) – das Gegenstück zum CCS-Format – speichert alle Nichtnullelemente in einem Zeilenvektor und in einem zweiten Vektor den Spaltenindex der einzelnen Elemente. In einem dritten (etwas kürzeren) Vektor werden zusätzlich jene Indizes des zweiten Vektors gespeichert, bei denen in der Originalmatrix eine neue Zeile beginnt.

CDS: Das CDS-Format (komprimiertes Diagonalenformat) ist nur für Bandmatrizen mit weitgehend konstanter Bandbreite geeignet. Dabei wird der Spaltenvektor (oder Zeilenvektor) eingespart und auch eine effiziente Berechnung von Matrix-Vektor-Produkten gewährleistet. Für eine Bandmatrix mit linker und rechter Bandbreite p und q wird ein Feld $wert(1:n, 1:p+q-1)$ zur Speicherung der Nichtnullelemente angelegt.

BND: Das BND- oder LAPACK-Format ist ebenfalls zur effizienten Speicherung von Bandmatrizen mit kleiner Bandbreite gedacht.

JDS: Beim JDS-Format (dem verschobenen Diagonalenformat) werden zuerst alle Null-Elemente aus der Matrix eliminiert und die verbleibenden Elemente in ihrer Zeile nach links verschoben. Dabei verringert sich die Breite der Matrix, sofern nicht Zeilen ohne Nullelemente vorhanden waren. Anschließend werden die Werte in einem zweidimensionalen Feld reduzierter Breite gespeichert. In einem zweiten Feld werden die ursprünglichen Spaltenindizes vor dem Verschieben abgelegt.

CODE   **MATLAB-Beispiel 5.42**

Speicherformate für schwach besetzte Matrizen: Die Funktionen *fcoo*, *fcrs*, *fcds*, *fbnd* und *fjds* konvertieren jeweils eine vollständig gespeicherte schwach besetzte Matrix in das COO, CRS, CDS, BND und das JDS-Format. Beispielhaft soll hier die Implementierung von *fcoo* vorgestellt werden.

Die Funktion *fcoo* liefert drei Vektoren: *wert* enthält die Nichtnullelemente der Matrix A, *row_index* und *col_index* die Zeilen- und Spaltenindizes dieser Elemente.

```
function [wert, row_index, ...
   col_index] = fcoo(A)
```

Zuerst wird die Größe der Matrix bestimmt, dann werden die Ergebnisvektoren mit der „leeren" Matrix [] initialisiert.

```
[m,n] = size(A);
wert = [];
row_index = [];
col_index = [];
```

Die Matrix A wird nun sequentiell nach Nichtnullelementen durchsucht. Wird ein solches Element gefunden, so wird sein Wert dem Vektor *wert* und sein Zeilen- und Spaltenindex den Vektoren *row_index* und *col_index* hinzugefügt.

```
for i = 1:m
  for j = 1:n
    if A(i,j) ~= 0
      wert = [wert A(i,j)];
      row_index = [row_index i];
      col_index = [col_index j];
    end
  end
end
```

Die Grundoperationen aller effizienten iterativen Verfahren zur Lösung linearer (schwach besetzter) Gleichungssysteme sind die Matrix-Vektor-Produkte

$$y = Ax \quad \text{und} \quad y = A^T x.$$

CODE   MATLAB-Beispiel 5.43

Matrix-Vektor-Produkte: Für das CRS-Format und das CDS-Format gibt
es zur Berechnung der Matrix-Vektor-Produkte speziell angepasste Algorithmen;
diese wurden als MATLAB-Funktionen unter *mv_crs* und *mv_cds* implementiert.

Eine Matrix im CCS-Format
wird mit einem Vektor v multipliziert.

```
function y = mv_crs(wert, ...
        col_index, row_pointer, v);

y = [];
e = 0;
n = length(v);
```

Um den Aufwand zu reduzieren,
werden nur die Nichtnullelemente in die Berechnung einbezogen.

```
for i = 1 : n
  for j = row_pointer(i):
        row_pointer(i+1)-1
    e = e + ...
        wert(j)*v(col_index(j));
  end
  y = [y; e];
  e = 0;
end
```

Ein Vergleich der Algorithmen zur Bildung des Matrix-Vektor-Produkts kann
mit der Funktion *mv_vgl* durchgeführt werden. Diese Funktion konvertiert eine
übergebene Matrix in das CRS- und CDS-Format und multipliziert diese mit
einem Vektor mittels *mv_crs* und *mv_cds*. Dabei wird eine Grafik des Speicher-
und Zeitaufwands ausgegeben; Abb. 5.3 zeigt die von MATLAB erzeugte Grafik.
Links ist die Besetztheitsstruktur der Matrix dargestellt; rechts daneben wird
der Speicherbedarf und die Ausführungszeit der Konvertierungsroutinen bzw. des
Matrixproduktes angegeben.

Die nebenstehende Befehlsse-
quenz demonstriert die Verwendung von *mv_vgl*; dabei ist v
ein Vektor aus gleichverteilten
Zufallszahlen. *band* generiert in
diesem Aufruf eine schwach besetzte Bandmatrix mit 5 besetzten Nebendiagonalen über der
Hauptdiagonale und 5 darunter
(siehe Abb. 5.3).

```
>> v = sprand(40,1,0.6);
>> A = band(40,0.9,5,5);
>> mv_vgl(A, v);
```

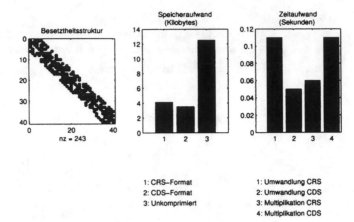

Abbildung 5.3: Vergleich des Matrix-Vektor-Produkts angewendet auf schwach besetzte Matrizen im CRS- und CDS-Format.

Kapitel 6

Steuerkonstrukte

Ein *Programm* ist die Formulierung eines Algorithmus (und der dazugehörigen Datenstrukturen) in einer bestimmten Programmiersprache. Es definiert eine Funktion f_P, die die Menge der Eingabedaten[1] E auf die Menge der Ausgabedaten A abbildet: $f_P : E \to A$.

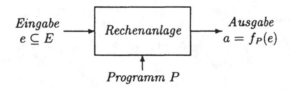

Ein *Algorithmus* löst i. Allg. eine *Klasse* von Problemen. Die Spezifikation eines einzelnen Problems erfolgt durch die Eingabedaten e. Innerhalb ein und desselben physischen (geschriebenen) Programms, das die Lösung einer Problemklasse ermöglicht, muss daher i. Allg. die Möglichkeit für verschiedene Programmabläufe (entsprechend den Einzelproblemen) bestehen.

Ein Algorithmus kann auch verlangen, eine Folge von Anweisungen mehrfach zu wiederholen. Es wäre mühsam, die Anweisungen ebensooft untereinander schreiben zu müssen, ganz abgesehen davon, dass sich auch die Anzahl der Wiederholungen in Abhängigkeit von den Eingabedaten ändern kann.

Von einer höheren Programmiersprache werden also Sprachelemente verlangt, die es gestatten, den Programmablauf je nach den Erfordernissen zu ändern, d. h., in Abhängigkeit von den Eingabedaten einerseits bestimmte Anweisungen auszuführen und andere nicht sowie andererseits Anweisungsfolgen wiederholt auszuführen. Solche Befehle nennt man *Steueranweisungen* (*control statements*).

---

[1]Eingabedaten können aus dem internen Speicher des Rechners, von externen Speichermedien (Diskette, CD, DVD etc.) oder von speziellen Eingabegeräten (Tastatur, Messwerterfassungs- und Umwandlungseinrichtungen usw.) stammen.

Eine Anweisungsfolge, über deren Ausführung in einer Steueranweisung entschieden wird, heißt *Verbundanweisung (compound statement)*. Verbundanweisungen werden als syntaktische Einheit angesehen. Sie werden im Folgenden auch *Anweisungsblöcke* oder kurz *Blöcke* genannt.

Verbundanweisungen werden durch Schlüsselwörter eingerahmt, die für die jeweilige Steueranweisung charakteristisch sind. Man nennt diese Schlüsselwörter daher *Anweisungsklammern (statement brackets)*.

MATLAB-Beispiel 6.1

Um zu kennzeichnen, dass die Verbundanweisung für die Ausführung des euklidischen Algorithmus wiederholt werden muss, wird sie in die (später erläuterten) Anweisungsklammern *while* und *end* eingeschlossen.

```
r = mod(a, b);
while (r > 0)
    a = b;
    b = r;
    r = mod(a, b);
end
```

Im Folgenden werden die wichtigsten Steuerkonstrukte und ihre konkrete Umsetzung in MATLAB besprochen.

6.1   Aneinanderreihung (Sequenz)

Die einfachste Steuerstruktur, die jedoch nicht durch Steueranweisungen gebildet wird, ist die Aneinanderreihung von Teilalgorithmen (Strukturblöcken). Durch die Aneinanderreihung wird die zeitlich *sequentielle* Abarbeitung von Strukturblöcken $S_1, S_2, \ldots, S_n$ in der Reihenfolge der Niederschrift festgelegt.

6.2   Auswahl (Selektion)

Bedingte Anweisungen ermöglichen es, Anweisungen in Abhängigkeit von den Werten logischer Ausdrücke auszuführen oder zu überspringen. Diese logischen Ausdrücke, welche die Abarbeitungsreihenfolge in einem Programm direkt beeinflussen, nennt man *Bedingungen*.

6.2.1 Einseitig bedingte Anweisungen

Die einfachste Form der bedingten Anweisung ist die *einseitig bedingte Anweisung*. Der *if*-Block (*block if*) erlaubt die bedingte Ausführung eines Anweisungsblocks:

> *if* bedingung
> anweisung
> *end*

Wenn der logische Ausdruck *bedingung*, der die Ausführungsbedingung darstellt, den Wert 1 (TRUE) hat, wird der Anweisungsblock *anweisung* ausgeführt, andernfalls hat die *if*-Anweisung (außer der Auswertung des logischen Ausdrucks) keinen Effekt; die Programmausführung wird mit der auf den *end*-Befehl folgenden Anweisung fortgesetzt.

So wie in C kann der Ausdruck *bedingung* auch nur aus einer skalaren oder feldwertigen Variablen bestehen. Felder werden mit der Funktion *all* in TRUE oder FALSE umgewandelt.

Ist die Bedingung, z.B. als Ergebnis einer Rechnung, ein skalarer numerischer Wert ungleich Null, so wird dieser (wie auch in C) mit TRUE bewertet.

Beim *if*-Block ist es, wie bei den noch folgenden Blöcken, ratsam, den Anweisungsblock etwas einzurücken, um die Lesbarkeit des Programms zu verbessern. Das Einrücken kann auch mit Hilfe des MATLAB-Editors vorgenommen werden.

MATLAB-Beispiel 6.2

Das nebenstehende Beispiel zeigt die Möglichkeit, *if*-Anweisungen zu schachteln. Dabei wird in der Variablen *sj* gespeichert, ob das angegebene Jahr ein Schaltjahr war.

Hier besteht die Bedingung nur aus einer Variablen.

```
sj = 0;
tage_jahr = 365;
tage_februar = 28;
if jahr > 1582
    if mod(jahr, 4) == 0 sj=1; end
    if mod(jahr, 100) == 0 sj=0; end
    if mod(jahr, 400) == 0 sj=1; end
    if sj
        tage_jahr = 366;
        tage_februar = 29;
    end
end
```

MATLAB-Beispiel 6.3

Hier wird eine Textmeldung ausgegeben, wenn $x \neq 0$ gilt.

```
if x
    disp('x ist ungleich Null')
end
```

6.2.2   Der zweiseitige IF-Block

Häufig tritt in Algorithmen der Fall auf, dass abhängig von den Daten verschiedene Programmabschnitte ausgeführt werden sollen. Die *Auswahl* zwischen diesen
Alternativen erfolgt aufgrund einer Bedingung.

Der zweiseitig bedingte *if*-Block ist eine Erweiterung des einseitigen. Er gestattet es, in Abhängigkeit von einer Bedingung einen von zwei Anweisungsblöcken
abzuarbeiten:

> *if* bedingung
>   anweisungsblock 1
> *else*
>   anweisungsblock 2
> *end*

Wenn der Wert des logischen Ausdrucks *bedingung* den Wert TRUE ergibt, wird
der *anweisungsblock 1* ausgeführt, sonst der *anweisungsblock 2*. In beiden Fällen
setzt der Programmablauf nach der Abarbeitung des entsprechenden Blocks mit
der dem *end*-Befehl folgenden Anweisung fort.

Die beiden alternativen Abschnitte (Anweisungsblöcke 1 und 2) werden häufig
in Anlehnung an die Fortran-Notation *then*-Teil (oder *then*-Zweig) und *else*-Teil
(oder *else*-Zweig) genannt.

MATLAB-Beispiel 6.4

Durch den nebenstehenden *if*-
Block wird ein – vom Parameter
a abhängendes – robustes Ab-
standsmaß berechnet.

```
if abs(u - v) < a
    dist_a = (u - v)^2;
else
    dist_a = a*(2*abs(u - v) - a);
end
```

6.2.3   Der mehrseitige IF-Block

Eine weitere Variante der Auswahl unterscheidet zwischen mehreren Alternativen.
Jede ist durch eine Bedingung gekennzeichnet. Die mehrseitig bedingte Anweisung arbeitet in Abhängigkeit von mehreren Bedingungen einen der zugehörigen
Anweisungsblöcke ab. Sie hat die Form

> *if* bedingung 1
>   anweisungsblock 1
> ⟨*elseif* bedingung 2
>   anweisungsblock 2⟩
> . . .
> ⟨*else*
>   anweisungsblock *n*⟩
> *end*

Bei der Ausführung des mehrseitigen *if*-Blocks werden die logischen Ausdrücke
bedingung i nacheinander ausgewertet, bis eine davon den Wert TRUE ergibt. Der
zu diesem Ausdruck gehörende Anweisungsblock wird abgearbeitet. Sollte keiner
der logischen Ausdrücke TRUE ergeben, wird der Anweisungsblock einer allenfalls
vorhandenen *else*-Anweisung ausgeführt. Hierauf wird die Programmausführung
mit jener Anweisung fortgesetzt, die dem *end*-Befehl folgt.

Von einem mehrseitigen *if*-Block wird also höchstens ein Anweisungsblock
ausgeführt. Man nennt diese Form der Auswahl auch *Abfragekette* oder *Auswahlkette*. Die Alternativen einer Auswahlkette müssen einander nicht ausschließen,
da ihre Bedingungen *nacheinander* überprüft werden.

MATLAB-Beispiel 6.5

Ein Messwert der SO_2-Konzentration in der Luft soll nach den SO_2-Immissionsgrenzen eingestuft werden. Man beachte, dass die Bedingungen einander *nicht* ausschließen.

```
if so_2 > 0.2
    ausgabe = 'Schaedigung';
elseif so_2 > 0.07
    ausgabe = 'Pflanzen-Schaedigung';
elseif so_2 >= 0
    ausgabe = 'keine Schaeden';
end
```

6.2.4   Die Auswahlanweisung

Die Auswahlanweisung ist der mehrseitig bedingten Anweisung von der Funktion
her sehr ähnlich. So wie beim *if*-Block wird auch hier höchstens einer von mehre-

ren (möglichen) Anweisungsblöcken ausgeführt. Es bestehen jedoch zwei Unterschiede. Während beim mehrseitigen *if*-Block mehrere voneinander unabhängige *Bedingungen* ausgewertet werden, richtet sich die Abarbeitung einer Auswahlanweisung nach dem Wert eines einzigen *Ausdrucks*. Zudem können sich die Bedingungen eines *if*-Blocks überschneiden; die Alternativen einer Auswahlanweisung müssen jedoch disjunkt sein. Die Auswahlanweisung (im Folgenden auch *switch*-Block genannt) hat die Form

```
switch case-ausdruck
case fall 1
      anweisungsblock 1
⟨case fall 2
      anweisungsblock 2⟩
...
⟨otherwise
      anweisungsblock n⟩
end
```

Der *case-ausdruck* muss ein Skalar oder eine Zeichenkette sein. Er wird ausgewertet und seine Werte werden anschließend mit den Selektoren *fall i* verglichen. Liegt der Wert von *case-ausdruck* in einem der von den Selektoren angegebenen Wertebereiche, so wird der zu diesem Selektor gehörende Anweisungsblock abgearbeitet. Ein Selektor kann einen einzelnen Wert oder eine Liste von Werten und Wertebereichen angeben.

Ein Selektor, der einen Einzelwert abdeckt, besteht aus einem Wert, den *case-ausdruck* annehmen kann. Selektoren können jedoch auch die Form von Listen haben. Die Elemente einer Liste werden durch Beistriche voneinander getrennt und in geschwungene Klammern eingeschlossen:

$$\{wert_1, wert_2, \ldots, wert_n\}$$

Alle jene Fälle, die von den Selektoren nicht erfasst werden, können durch die (optionale) *otherwise*-Anweisung abgedeckt werden. Sie entspricht dem *else*-Befehl des *if*-Blocks: Wenn keine der von den Selektoren abgedeckten Bedingungen zutrifft, und somit keiner der entsprechenden Anweisungsblöcke abgearbeitet wurde, wird der Anweisungsblock der *otherwise*-Anweisung ausgeführt.

MATLAB-Beispiel 6.6

Nebenstehender Code weist der Variablen *tage* die Anzahl der Tage des Monats *monat* zu.

```
switch monat
    case {4, 6, 9, 11}
        tage = 30;
```

```
                              case {1, 3, 5, 7, 8, 10, 12}
                                  tage = 31;
                              case 2
                                  tage = 28;
                                  if schaltjahr
                                    tage = tage + 1;
                                  end
                              otherwise
                                  tage = 0; % FEHLER
              end
```

6.3 Wiederholung (Repetition)

Eines der wichtigsten Konstruktionsmittel, das es in imperativen Programmiersprachen zur Formulierung von Algorithmen gibt, ist die *Wiederholung*. Sie erlaubt die wiederholte Ausführung einer Anweisungsfolge, ohne dass man gezwun-
gen ist, die entsprechenden Anweisungen mehrmals zu schreiben.

Die *Wiederholungsanweisung* (*Iteration*, *Schleife*, engl. *loop*) dient dazu, einen
Anweisungsblock, der *Schleifenrumpf* (*loop body*) oder *Laufbereich* genannt wird,
mehrere Male zu wiederholen. Die Anzahl der Wiederholungen wird durch den
Schleifenkopf bestimmt.

Je nach Art der Wiederholungssteuerung unterscheidet man *Zählschleifen*
(*for*-Schleifen) und *bedingte Schleifen* (*while*-Schleifen).

6.3.1 Die FOR-Schleife, der Befehl BREAK

Bei dieser Form der Wiederholungsanweisung kann man explizit angeben, wie oft
ein Anweisungsblock ausgeführt werden soll.

Die Zählschleife (*for*-Schleife) hat die Form

> *for* schleifensteuerung
>   anweisungsblock
> *end*

Die Anzahl der Wiederholungen wird durch die Schleifensteuerung bestimmt. Die
Schleifensteuerung besteht aus einer Variablen, genannt Laufvariable (Zählvaria-
ble, Schleifenvariable), und einem meist eindimensionalen Feld (zur Konstruktion
von Feldern siehe Abschnitt 5.3.4):

> *laufvariable = feld*

Der Laufvariablen werden nacheinander alle Elemente des Feldes zugewiesen; für jede Belegung der Laufvariablen wird der *anweisungsblock* ausgeführt. Das *feld* kann mit allen MATLAB-Befehlen zur Konstruktion von Feldern erzeugt werden. Nach diesen Durchläufen wird die Kontrolle an die dem abschließenden *end* folgende Anweisung übergeben.

MATLAB-Beispiel 6.7

Durch die nebenstehende Zähl-schleife wird *summe* um 25 (= $1 + 3 + 5 + 7 + 9$) erhöht.

```
for i = 1:2:10
    summe = summe + i;
end
```

Alternativ kann man die Zähl-schleife auch wie nebenstehend realisieren.

```
for i = [1 3 5 7 9]
    summe = summe + i;
end

for i = linspace(1,9,5)
    summe = summe + i;
end
```

Man kann sich an diesem einfachen Beispiel eine wichtige Eigenschaft der Steu-erstruktur Wiederholung klarmachen: Im Rumpf der Wiederholung wird zwar immer derselbe Anweisungsblock ausgeführt, aber jedesmal mit anderen Werten. Bei jeder Iteration werden zwar die gleichen Zustands*änderungen* vorgenommen; das heißt aber *nicht*, dass die jeweiligen Zustände nach jeder Iteration in dem Sinn gleich sind, dass alle Objekte immer den gleichen Wert haben. Es ist ein wichtiges Prinzip für den Aufbau korrekt arbeitender Schleifen, dass im Rumpf Anweisungen stehen, die die nächste Iteration vorbereiten.

MATLAB-Beispiel 6.8

Die nebenstehenden Anweisun-gen bringen die n Elemente des eindimensionalen Feldes *zahl* in aufsteigende Reihenfolge, indem wiederholt je zwei benachbar-te Elemente vertauscht werden, wenn das erste der beiden größer als das zweite ist.

```
for i = 1:n-1
    for j = 1:n-i
        if (zahl(j) > zahl(j+1))
            speicher = zahl(j);
            zahl(j) = zahl(j+1);
            zahl(j+1) = speicher;
        end
    end
end
```

Die Sortiermethode dieses Beispiels beruht auf einem sehr ineffizienten Sortieralgorithmus (Aufwand: $O(n^2)$). Man bezeichnet diese Methode als *Bubble Sort*. Es gibt wesentlich effizientere, aber auch kompliziertere Sortieralgorithmen (Aufwand: $O(n \log n)$). MATLAB stellt einen effizienten Sortieralgorithmus in Form der Funktion *sort* zur Verfügung.

Eine Zählschleife wird beendet, falls die Anweisungen im *anweisungsblock* mit jedem Wert, den die Laufvariablen annehmen soll, je ein Mal ausgeführt wurden. Zusätzlich kann die Abarbeitung der Zählschleife mit dem *break*-Befehl vorzeitig beendet werden. Der Befehl *break* bewirkt eine Verzweigung zur *end*-Anweisung der innersten Schleife. Alle weiteren Anweisungen des Schleifenrumpfes und alle weiteren Schleifendurchläufe werden damit nicht mehr ausgeführt.

MATLAB-Beispiel 6.9

Im Feld *kenn_nr* wird nach dem ersten Auftreten eines bestimmten Wertes gesucht. Tritt der gesuchte Wert bei einem der Feldelemente auf, so wird die Schleife verlassen.

```
for i = 1:length(kenn_nr)
    if kenn_nr(i) == wert_gesucht
        index = i;
        break;
    end
end
```

Die Variable *index* enthält nach der Schleife jenen Index, an dem *wert_gesucht* das erste Mal im Feld *kenn_nr* aufgetreten ist.

ACHTUNG: Nach Abarbeitung der Schleife im Beispiel 6.9 hat i nicht mehr den vordefinierten Wert $\sqrt{-1}$ (imaginäre Einheit), sondern ist neu definiert.

Die *Laufvariable* einer Zählschleife muss ebenso wie andere Variable nicht explizit deklariert werden. Sie behält nach Abarbeitung der Schleife ihren definierten Wert (insbesondere behält sie *den letzten ihr zugewiesenen Wert*). Dadurch lässt sich etwa feststellen, ob die Schleife durch den Befehl *break* vorzeitig beendet wurde.

Eine Besonderheit der MATLAB-Zählschleife ist, dass der Bereich des Laufindex matrixwertig sein kann. In diesem Fall wird der Laufindex *spaltenweise* abgearbeitet, d. h., im ersten Durchlauf hat der Laufindex als Wert die erste Spalte der gegebenen Matrix, im zweiten nimmt er die zweite Spalte als Wert an etc. Dieses Vorgehen führt zu unerwarteten Ergebnissen, wenn der Bereich des Laufindex in Form eines Spaltenvektors (also einer $n \times 1$-Matrix) anstelle eines Zeilenvektors angegeben wird. In diesem Fall wird die Schleife nur einmal mit dem vektorwertigen Laufindex durchlaufen.

MATLAB-Beispiel 6.10

Durch die Zählschleife wird zu *summe* der Spaltenvektor [1 3 5 7 9]' addiert und nicht (durch Iteration) der Wert 25.

```
for i = [1 3 5 7 9]'
    summe = summe + i;
end
```

6.3.2   Die WHILE-Schleife

Bei der bedingten Schleife (*while*-Schleife) hängt die Anzahl der Durchläufe von einer logischen Bedingung im Schleifenkopf ab. Die Bedingung wird bei jedem Schleifendurchlauf neu ausgewertet. Solange („*while*") die Auswertung des logischen Ausdrucks den Wert 1 (TRUE) ergibt, wird der Schleifenrumpf ausgeführt. Sobald die Bedingung den Wert 0 (FALSE) liefert, wird der Schleifenrumpf übersprungen, und die Abarbeitung des Programms setzt beim nächsten auf die Schleife folgenden Befehl fort. Falls die Bedingung bereits bei der Initialisierung der Schleife nicht erfüllt ist, so wird der Rumpf überhaupt nicht durchlaufen. Man nennt die *while*-Schleife daher auch *abweisende Schleife*. Sie hat die Form

```
while bedingung
    anweisungsblock
end
```

Dabei ist es wichtig, dass im *anweisungsblock* Anweisungen enthalten sind, die den Wert der Bedingung so verändern, dass ein Abbruch der Schleife möglich wird. Das über die Abarbeitung der Zählschleife Gesagte gilt sinngemäß auch für die *while*-Schleife; insbesondere kann sie auch mit Hilfe der *break*-Anweisung abgebrochen werden.

MATLAB-Beispiel 6.11

Die nebenstehenden Anweisungen berechnen den größten gemeinsamen Teiler von *a* und *b*. Nach Abarbeitung der Schleife ist das Ergebnis in der Variablen *b* enthalten.

```
r = mod(a, b);
while r > 0
    a = b;
    b = r;
    r = mod(a, b);
end
```

Die in manchen Programmiersprachen (z. B. in Pascal) vorhandene *nichtab-weisende* Schleife (*until*-Schleife) gibt es in MATLAB *nicht*. Einen derartigen Schleifentyp kann man jedoch mit Hilfe einer „Endlosschleife" und einer *break-*Anweisung realisieren:

> *while 1*   % == TRUE
>   anweisungsblock
>   *if* bedingung *break; end*
> *end*

Bei der nichtabweisenden Schleife wird die Bedingung, die über die weitere Ab-arbeitung der Schleife entscheidet, am Ende des Schleifenrumpfes geprüft. Die Schleife wird abgebrochen, wenn die Bedingung (die deswegen *Abbruchbedingung* heißt) erfüllt ist. Die Schleife hat ihren Namen von der Eigenschaft, dass ihr Rumpf mindestens einmal durchlaufen wird. Mit der *break*-Anweisung können auch Mischformen (Wiederholung mit Abbruch in der Mitte) realisiert werden:

> *while 1*   % == TRUE
>   anweisungsblock 1
>   *if* bedingung *break; end*
>   anweisungsblock 2
> *end*

CODE   **MATLAB-Beispiel 6.12**

Funktionsapproximation: Eine Menge $M = \{(x_1, y_1), (x_2, y_2), \ldots, (x_N, y_N)\}$ von Datenpunkten soll durch eine Modellfunktion $f(x; p)$, wobei p einen Vektor von Parametern bezeichnet, derart approximiert werden, dass

$$g(p) := \sum_{i=1}^{N} \big(f(x_i; p) - y_i\big)^2$$

minimal wird. Meist wird aus einer Klasse von Funktionen $f(x; p)$, die durch einen oder mehrere Parameter bestimmt wird, jene ausgewählt, die im obigen Sinne bestapproximierend ist.

   Als Beispiel soll die Funktionenklasse $f(x; a, b) = e^{ax} + e^{bx}$ (mit den Parame-tern $a, b \in \mathbb{R}$) dienen. Um die Parameter a und b zu bestimmen, unterwirft man die Funktion $g(a, b)$ einem Minimierungsverfahren; z. B. versucht man stationäre Stellen zu finden, indem man das i. Allg. nichtlineare Gleichungssystem

$$(\partial g/\partial a, \ \partial g/\partial b)^T = 0$$

mit Hilfe des Newtonschen Verfahrens löst. Die MATLAB-Funktion *expfit* macht genau dies. Mit *expmod* kann die Funktion *expfit* getestet werden. Das Skript wertet die Funktion

$$f(x) = e^{-2x} + e^x$$

an 70 Stellen im Intervall $[-2, 5]$ aus und stört die Daten mit (gleichverteilten) Zufallszahlen. Diese Zufallszahlen werden mit einem Skalierungsfaktor multipliziert. Danach wird mit *expfit* versucht, die bestapproximierende Funktion der Form $f(x) = e^{ax} + e^{bx}$ zu bestimmen, d. h., die Parameter $a = -2.0$ und $b = 1.0$ zu „rekonstruieren"; siehe Abb. 6.1.

Die „Güte" der Approximation kann durch die Werte MSD und MAD bestimmt werden. MAD $:= \frac{1}{N}\sum_{i=1}^{N}|f(x_i) - y_i|$ (*mean absolute distance*) ist der mittlere absolute Abstand zwischen den Datenpunkten und der Funktion f, und MSD $:= \frac{1}{N}\sum_{i=1}^{N}(f(x_i) - y_i)^2$ (*mean squared distance*) der mittlere quadratische Abstand.

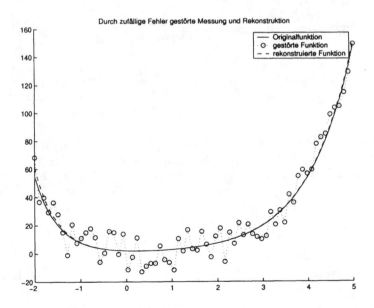

Abbildung 6.1: Bestimmung der bestapproximierenden Funktion. Die rekonstruierte Funktion stimmt in weiten Bereichen auf Darstellungsgenauigkeit mit der Originalfunktion überein.

Mit der *Spline Toolbox* und der *Curve Fitting Toolbox* können viele Aufgaben der Datenapproximation sehr effizient gelöst werden. Die *Curve Fitting Toolbox* stellt MATLAB-Funktionen zur technischen und wissenschaftlichen Datenanalyse und -modellierung zur Verfügung: Zu gegebenen reellen Stützstellen und dort gegebenen skalaren Werten werden Funktionen bestimmt, die durch die gegebenen Datenpunkte durchgehen (Interpolation) oder diese approximieren. Die *Spline Toolbox* enthält MATLAB-Funktionen zur Anpassung von approximierenden oder interpolierenden *Spline*-Funktionen, die visualisiert oder auch z. B. mittels Differentiation und Integration weiter verarbeitet werden können.

6.3.3 Bedingte Zählschleifen

Bedingte Schleifen werden benötigt, wenn die genaue Anzahl der Wiederholungen nicht bekannt ist. In vielen Fällen kann die Programmqualität erhöht werden, wenn man sich zusätzlich zur Abbruchbedingung eine sinnvolle Obergrenze für die Anzahl der Wiederholungen überlegt und eine *Zählschleife* in Verbindung mit einer *break*-Anweisung verwendet. Bei der Summation von Reihen ist es etwa oft aus numerischer Sicht nicht sinnvoll, eine beliebige (a priori nicht abschätzbare) Anzahl von Termen zuzulassen.

MATLAB-Beispiel 6.13

Die nebenstehende Schleife ...

```
n = 1; summe = 1;
while abs(term) > eps*abs(summe)
    n = n + 1;
    term = 1/(n^e);
    summe = summe + term;
end
```

... sollte durch eine Zählschleife mit Abbruch durch eine *break*-Anweisung ersetzt werden. Die Obergrenze *max_term* muss in Abhängigkeit von den Charakteristika der zu summierenden Reihe sorgfältig festgelegt werden.

```
summe = 1;
for i = 2:max_term
    if abs(term) < eps*abs(summe)
        break;
    end
    term = 1/(n^e);
    summe = summe + term;
end
```

Ein Erreichen der Obergrenze, d. h. ein vollständiges Abarbeiten der Schleife ohne *break*, hat die Bedeutung *numerischer* Nicht-Konvergenz und muss als Sonderfall behandelt werden.

6.3.4 Geschachtelte Schleifen

Eine Schleifenschachtelung liegt vor, wenn eine Schleife im Anweisungsblock einer anderen enthalten ist.

MATLAB-Beispiel 6.14

Beim Zahlenlotto muss man aus 45 Zahlen 6 richtige auswählen. Die Anzahl der Möglichkeiten beträgt

$$\binom{45}{6} = \frac{45 \cdot 44 \cdot 43 \cdot 42 \cdot 41 \cdot 40}{1 \cdot 2 \cdot 3 \cdot 4 \cdot 5 \cdot 6} = 8\,145\,060.$$

Um alle Kombinationen zu erzeugen (jede Möglichkeit genau einmal), kann folgende Schleifenschachtelung verwendet werden:

```
for i = 1:40
   for j = i+1:41
      for k = j+1:42
         for l = k+1:43
            for m = l+1:44
               for n = m+1:45
                  disp([i j k l m n])
               end
            end
         end
      end
   end
end
```

Dieses Beispiel zeigt, dass man mit Hilfe geschachtelter Schleifen durch kurze Programmabschnitte riesige Mengen von Daten verarbeiten und produzieren kann. Schreibt man jeweils 1 300 Möglichkeiten auf eine Seite (dies entspricht ungefähr der „Druckdichte" des Wiener Telefonbuchs), so entsteht ein Druckwerk mit einem Umfang von ca. 6 500 Seiten (es hätte damit die mehr als dreifache Dicke des Wiener Telefonbuchs). Diese Tatsache veranschaulicht sehr eindrucksvoll die geringen Gewinnchancen beim Zahlenlotto.

Kapitel 7

Programmeinheiten und Unterprogramme

Bereits in früheren Kapiteln wurde die Zusammensetzung von Datenverbunden (Felder, selbstdefinierte Datenobjekte) aus einfachen Datenobjekten beschrieben. So wie Datenverbunde in bestimmten Anweisungen als Einheit auftreten können (und so eine „Datenabstraktion" darstellen), ist es auch möglich, mehrere Anweisungen zu einer Einheit – einem *Unterprogramm* (einer *Prozedur*) – zusammenzufassen, die von außen als eine neue Anweisung verwendbar ist und damit eine „algorithmische Abstraktion" ermöglicht. Das Unterprogrammkonzept – eines der wichtigsten Konzepte imperativer Programmiersprachen – wird vor allem verwendet, wenn

- ein Programmteil (Teilalgorithmus) benannt und als *Black-Box* verwendet werden soll: der Programmierer kann diesen Teilalgorithmus einsetzen, ohne sich um seinen inneren Aufbau kümmern zu müssen;

- ein bis auf eventuelle Parameter identischer Programmteil an verschiedenen Stellen im Programm auftritt: der Programmierer spart Schreibarbeit und reduziert die Fehlerwahrscheinlichkeit;

- (lokale) Datenobjekte nur für die Dauer der Ausführung des Unterprogramms angesprochen und benutzt werden sollen;

- Programmteile rekursiv sein sollen.

Um ein ausführbares Programm zu erhalten, werden Unterprogramme quasi im „Baukastenprinzip" zu einem *Hauptprogramm* zusammengesetzt. Das Hauptprogramm ruft in einer gewissen zeitlichen Abfolge Unterprogramme auf, die ihrerseits natürlich weitere Unterprogrammaufrufe enthalten können.

Da MATLAB ein interaktives System ist, gibt es – entgegen dem Konzept
herkömmlicher Programmiersprachen – *keine* speziellen *Hauptprogramme*.

Unterprogramme

Es gibt in MATLAB zwei Typen von Unterprogrammen: Skripts und Funktionen
(*function*-Unterprogramme):

- Skripts enthalten lediglich eine Liste von MATLAB-Befehlen, die hintereinander ausgeführt werden; sie sind daher mit Makros vergleichbar.

- *function*-Unterprogramme entsprechen den Prozeduren (oder Funktionen)
  imperativer Programmiersprachen; sie bieten syntaktische Möglichkeiten
  zur Übergabe von Parametern und zur Rückgabe von Ergebnissen an.

7.1 Unterprogrammkonzept

Unterprogramme sind ein sehr mächtiges Hilfsmittel zur Komplexitätsbewälti-
gung. Die Komplexität größerer Softwareprojekte überfordert sehr rasch die
Fähigkeiten eines menschlichen Bearbeiters. Das Grundprinzip der Komplexitäts-
bewältigung besteht in der *Zerlegung* des Gesamtproblems in Teilaufgaben gerin-
gerer Komplexität. Obwohl sich dadurch die Gesamtkomplexität selbstverständ-
lich nicht verringern lässt, erhält man bewältigbare Teilaufgaben, die zusammen
die gewünschte Gesamtlösung ergeben.

Dass die Aufgliederung eines Programms in Unterprogramme vorteilhaft ist,
gilt bereits für relativ kleine Programme; sie wird aber bei umfangreicheren Programmen, die aus zigtausend Zeilen bestehen können, zur absoluten Notwendig-
keit. Das Konzept von MATLAB begünstigt solch eine Realisierung eines Programms als Sammlung in sich abgeschlossener Unterprogramme, aus denen sich
das Gesamtprogramm wie aus Bausteinen zusammensetzt.

Die Problemzerlegung durch Definition und Verwendung von Unterprogrammen
sollte folgende Gesichtspunkte berücksichtigen:

- Die einzelnen Unterprogramme sollte man *unabhängig* voneinander entwickeln können, sonst wird das Ziel der Reduktion der Gesamtkomplexität
  nicht erreicht.

- Unterprogramme sollten nach Möglichkeit so konzipiert werden, dass
  nachträgliche Änderungen oder Erweiterungen der Funktionalität einfach
  durchführbar sind.

- Für den Anwender eines Unterprogramms sollte es nicht erforderlich sein, dessen interne Struktur zu kennen (*information hiding*).

- Die „Beziehungskomplexität", die durch gegenseitige Aufrufe von Unterprogrammen gegeben ist, sollte so gering wie möglich gehalten werden.

- *Schnittstellen* (alle von außen sichtbaren Informationen, die von außen benötigten und abrufbaren Größen von Unterprogrammen) sollten möglichst einfach sein.

- Die *Größe* eines Unterprogramms sollte so gewählt werden, dass die beabsichtigte Komplexitätsreduktion erreicht wird (als Richtwert für eine obere Grenze können etwa 100–200 Anweisungen angenommen werden).

Bei einem Unterprogramm ist zwischen Deklaration und Aufruf zu unterscheiden:

Deklaration (*Vereinbarung*, *Definition*) ist der (statische) Programmtext, der eine Formulierung des entsprechenden Algorithmus in einer höheren Programmiersprache darstellt. In der Deklaration wird ein Name (Bezeichner) mit dem Unterprogramm identifiziert.

Aufruf eines Unterprogramms ist eine Anweisung (i. Allg. außerhalb des Unterprogramms), welche die Ausführung des in der Deklaration festgelegten Algorithmus bewirkt. Beim Aufruf eines Unterprogramms müssen neben dem Namen des Unterprogramms auch Werte für die Parameter des Algorithmus angegeben werden.

Ein Unterprogramm, das ein anderes Unterprogramm aufruft, wird als *aufrufendes (Unter-)Programm* bezeichnet, während das andere Unterprogramm *aufgerufenes Unterprogramm* genannt wird. Das aufrufende Programm und das aufgerufene Unterprogramm können Daten miteinander austauschen. Das aufrufende Programm kann über Parameter (vgl. Abschnitt 7.1.3) und/oder über gemeinsame Speicherbereiche Daten an das aufgerufene Unterprogramm übergeben. Diese Daten können im aufgerufenen Unterprogramm verarbeitet werden. Das aufgerufene Unterprogramm kann auf denselben Wegen Ergebnisse der dort stattgefundenen Berechnungen an das aufrufende Unterprogramm zurückliefern.

MATLAB-Beispiel 7.1

Für verschiedene technische Anwendungen (z. B. im Flugzeugbau) verwendet man den folgenden Zusammenhang zwischen Höhe h [km] und Luftdruck p [bar]:

$$p = 1.0536 \left(\frac{288 - 6.5h}{288} \right)^{5.255}.$$

Das mit der nebenstehenden Deklaration spezifizierte Unterprogramm liefert für die Eingangsgröße h den Ausgangswert p.

```
function p = norm_druck (h)
    p = 1.0536* ...
        ((288 - 6.5*h)/288)^5.255;
```

Durch einen Aufruf dieses Unterprogramms wird der berechnete Wert, in diesem Fall der Luftdruck am Flughafen von Lhasa (0.6663 bar), an die Variable *druck_lhasa* geliefert.

```
>> druck_lhasa = norm_druck(3.7)
druck_lhasa =
    0.6663
```

7.1.1   Kommentare

Um die Klarheit und Wartbarkeit eines Programms zu fördern, sind Kommentare im Programmcode unerlässlich. Kommentare können an eine Programmzeile angefügt werden oder in einer eigenen Zeile stehen und werden in MATLAB (analog zu TEX und LATEX) mit einem Prozentzeichen eingeleitet. MATLAB ignoriert in diesem Fall das Kommentarzeichen % und den Rest der Programmzeile.

In einem MATLAB-Unterprogramm haben Kommentarzeilen direkt nach einer Funktionsvereinbarung eine besondere Bedeutung: sie implementieren die Online-Hilfe; siehe Abschnitt 7.3.4.

7.1.2   Programmablauf

Ein Programm, das Unterprogramme verwendet, wird in folgender Weise abgearbeitet:

1. Die Abarbeitung beginnt mit der ersten ausführbaren Anweisung des Programms und wird bis zum ersten Aufruf eines Unterprogramms den Steuerstrukturen entsprechend fortgesetzt.

2. Der Aufruf eines Unterprogramms bewirkt, dass die Abarbeitung der Anweisungen des aufrufenden Programms vorübergehend unterbrochen wird.

3. Die Anweisungsfolge des Unterprogramms wird ausgeführt.

4. Ist die Anweisungsfolge des Unterprogramms beendet, so wird der Ablauf des aufrufenden Programmteils mit dem auf den Unterprogrammaufruf folgenden Befehl oder Befehlsteil fortgesetzt. Dabei versteht man unter der Beendigung des Unterprogramms das Erreichen des logischen Endes. Das logische Ende eines Unterprogramms kann nach der Ausführung der statisch letzten Anweisung erreicht sein, es ist aber auch eine Rückkehr ins aufrufende Programm an früheren Stellen möglich.

Unterprogramme können ihrerseits weitere Unterprogramme aufrufen. Ein derartig geschachtelter Aufruf von Unterprogrammen bringt für den Programmierer keine neuen Gesichtspunkte, da sich das Verhältnis zwischen rufendem und gerufenem Programm nicht ändert.

Ruft ein Unterprogramm sich selbst direkt oder indirekt, d. h. auf dem Umweg über andere Unterprogramme, auf, so spricht man von einer *Rekursion*.

Dasselbe Unterprogramm kann von verschiedenen Stellen aus aufgerufen werden.

7.1.3 Parameter

Die Wiederverwendbarkeit von Unterprogrammen hängt stark von ihrer Flexibilität ab. Hierzu gehört insbesondere die Fähigkeit, nicht nur *ein* Problem, sondern eine ganze Klasse von Problemen lösen zu können, von denen jedes durch Parameter eindeutig charakterisierbar ist: Ein flexibles Unterprogramm muss die Eigenschaft besitzen, dass der implementierte Algorithmus mit unterschiedlichen Daten in modifizierter Art ablaufen kann. Diese Daten brauchen erst zum Zeitpunkt des Aufrufs (bei der Verwendung) des Unterprogramms endgültig festgelegt zu werden. Bei der Deklaration des Unterprogramms muss der Platz für jene Größen (Datenobjekte) freigehalten werden, die dann beim Aufruf eingesetzt werden. Man verwendet dazu in der Deklaration des Unterprogramms Platzhaltegrößen, die zunächst keinem konkreten Datenobjekt zugeordnet sind. Diese Platzhaltegrößen nennt man *formale Parameter* oder *Formalparameter* (*dummy arguments*), die beim Prozedur-Aufruf einzusetzenden korrespondierenden Elemente nennt man *aktuelle Parameter* (oder *Aktualparameter*).

Bei der Vereinbarung des Unterprogramms werden die formalen Parameter, beim Aufruf des Unterprogramms die aktuellen Parameter in einer *Parameterliste* zusammengestellt. Die Zuordnung der aktuellen zu den formalen Parametern ergibt sich aus der Position der Parameter in der Parameterliste.

In den meisten imperativen Programmiersprachen müssen die für die Formalparameter eingesetzten Aktualparameter bezüglich ihres Typs bestimmte Kriterien erfüllen (z. B. wird es nicht sinnvoll sein, einem Unterprogramm, das ein *cell array* als Parameter erwartet, eine Matrix übergeben zu wollen). Daher wird meist in der Deklaration des Unterprogramms den Formalparametern ein Typ zugeordnet. Der Compiler oder Interpreter kann mit dieser Information überprüfen, ob der Typ der Formal- und Aktualparameter übereinstimmt und gegebenenfalls eine Fehlermeldung ausgeben. MATLAB kennt diese Einschränkung nicht. Bei der Deklaration einer *function* wird der Typ der formalen Parameter nicht spezifiziert. Ein Test, ob Formalparameter und Aktualparameter typkompatibel sind, kann daher von MATLAB zur Laufzeit nicht vorgenommen werden. Es ist Aufgabe des Programmierers, entsprechende Sicherheitsabfragen durchzuführen.

Als (formale und aktuelle) Parameter eines Unterprogramms kommen auch die Namen von Unterprogrammen in Betracht (siehe Abschnitt 7.3.5). Zunächst wird aber nur der einfachere Fall – Variable als formale Parameter – behandelt.

Parameter können in verschiedener Art mit dem Ablauf ihres Unterprogramms verbunden sein:

Eingangsparameter (*Argumente*) liefern einem Unterprogramm Werte oder Ausdrücke und können innerhalb des Unterprogramms nur lokal verändert werden. Etwaige Änderungen wirken sich *nicht* auf das aufrufende Programm aus.

Ausgangsparameter (*Resultate*) dienen dazu, Werte, die innerhalb des Unterprogramms ermittelt wurden, an den aufrufenden Programmteil zu übergeben. Sie sind zu Beginn der Ausführung des Unterprogramms undefiniert und erhalten erst während dessen Ausführung einen Wert.

Transiente Parameter besitzen sowohl Argument- als auch Resultatcharakter. Sie treten z. B. in Unterprogrammen auf, bei denen sehr viele Eingangs- und Ausgangsparameter, vor allem in Form von Datenverbunden, vorkommen. Sie übermitteln dem Unterprogramm Information und können durch dieses verändert (redefiniert) werden. *Dies ist in* MATLAB *allerdings nur in Form von globalen Variablen möglich* (vgl. Abschnitt 7.4). Da dabei jedoch unerwartete Seiteneffekte auftreten können, sollte auf die Verwendung von globalen Variablen zur Parameterübergabe in *function*-Unterprogrammen gänzlich verzichtet werden.

7.2   Skripts

Skripts stellen die einfachste Variante von Unterprogrammen dar. Ein Skript besteht aus einer Liste von MATLAB-Befehlen, die nach dem Aufruf des Unterprogramms nacheinander abgearbeitet werden. Der MATLAB-Interpreter „ersetzt" quasi den Aufruf eines Skripts durch alle Anweisungen, die in ihm enthalten sind. Skripts können daher mit TEX-Makros oder Präprozessor-#defines in C verglichen werden. Anwendung finden sie im interaktiven MATLAB-Environment besonders zur Automatisierung wiederkehrender Arbeitsabläufe.

7.2.1 Deklaration eines Skripts

Die Deklaration eines Skripts erfordert keine speziellen syntaktischen Konstrukte. Jede Datei, die eine Folge von MATLAB-Befehlen enthält und die Erweiterung .*m* trägt, kann als Skript betrachtet werden. Skript-Dateien können entweder mit der MATLAB-Entwicklungsumgebung oder mit einem beliebigen Texteditor (der den eingegebenen Text ohne Steuerzeichen abspeichert) erstellt werden.

MATLAB-Beispiel 7.2

Mit den nebenstehenden Anweisungen, die in der Datei *epig.m* gespeichert sind, wird ein einfaches Skript vereinbart.

```
% Wichtige Zahlen
e = 193/71;  % Naeherung fuer exp(1)
p = 355/113;  % Naeherung fuer pi
g = 9.80665;  % Fallbeschleunigung
```

7.2.2 Aufruf eines Skripts

Der Aufruf eines Skripts erfolgt über die Angabe des Dateinamens (ohne Erweiterung). Bei einem Aufruf wird die Abarbeitung des aufrufenden Programmteils unterbrochen und stattdessen werden die Befehle des Skripts ausgeführt. Die Abarbeitung des Unterprogramms wird mit der Ausführung des letzten Befehls, der im Skript steht, beendet; anschließend wird mit der Abarbeitung des aufrufenden Programms fortgesetzt.

Der Aufruf des Skripts kann entweder direkt vom Prompt der interaktiven MATLAB-Umgebung erfolgen oder aber innerhalb eines anderen MATLAB-Unterprogramms.

MATLAB-Beispiel 7.3

Ein Skript kann in der MATLAB-Umgebung ausgeführt ...

```
≫ epig % Ausfuehrung des Skripts
≫ sin(p)
ans =
   -2.6676e-007
```

... oder aber in einem anderen
Skript verwendet werden.

```
% Skript test.m
  spi = sin(pi);
  epig % Aufruf des Skripts
  sp = sin(p); ea = sp - spi;
```

7.2.3   Eingangs- und Ausgangsparameter

Es gibt in Skripts keine speziellen syntaktischen Konstrukte, mit denen Parameter übergeben und Rückgabewerte an das aufrufende Programm zurückgeliefert werden können. Ein Skript kann jedoch (da es quasi nur eine „Ersetzung" darstellt) auf alle Variablen des aufrufenden Programms sowie auf alle globalen Variablen zugreifen. Diese fungieren somit sowohl als Eingabe- wie auch als Ausgabeparameter. Ferner ist zu beachten, dass in Skripts angelegte Variable auch nach der Terminierung des Skripts erhalten bleiben und sich Änderungen in der Variablenbelegung auf das aufrufende Programm auswirken (vgl. Abschnitt 7.4).

Skripts eignen sich nicht zur Modularisierung von Programmen; sie sollten nur für die Automatisierung wiederkehrender Aufgaben im interaktiven MATLAB*-Environment verwendet werden.*

7.3   FUNCTION-Unterprogramme

In imperativen Programmiersprachen (wie MATLAB) wird der Funktionsbegriff in einem *dynamischen* Sinn verwendet.[1] Hier wird in zeitlicher Abfolge eine Funktion zunächst mit Argumenten (aktuellen Parametern) versorgt, dann werden algorithmische Berechnungen durchgeführt, und das Resultat dieser Berechnungen wird als Funktionswert geliefert.

In imperativen Programmiersprachen bezeichnet man als *Funktionen* (*Funktionsprozeduren*) meist Unterprogramme, die nach ihrer Abarbeitung einen Wert liefern, und als *Prozeduren* Unterprogramme, die keine Rückgabewerte liefern. MATLAB kennt (wie etwa auch C) diese Unterscheidung nicht; es versteht unter Funktionen abgekapselte Codestücke, die in einem eigenen „Workspace" (siehe Abschnitt 5.2) ablaufen und daher (sieht man von wenigen Ausnahmen ab) die Variablen des aufrufenden Programms nicht ansprechen können. Die Verwendung von Funktionen stellt somit einen entscheidenden Schritt in Richtung Modularisierung des Programmaufbaus dar. *function*-Unterprogramme liefern meist einen Wert an das aufrufende Programm zurück, müssen dies jedoch nicht.

---

[1]Der Funktionsbegriff in der Mathematik ist ein *statischer*, er bezeichnet eine Teil*menge* des kartesischen Produkts $M_1 \times M_2$ von zwei Mengen, die die Eigenschaft einer rechtseindeutigen Relation besitzt.

7.3.1 Deklaration eines FUNCTION-Unterprogramms

Die Deklaration eines *function*-Unterprogramms erfolgt mittels der Anweisung

function ⟨ausgangsparameter =⟩ funkt_name ⟨(formalparameterliste)⟩

In einem *Funktionskopf* werden neben dem Namen *funkt_name* der Funktion auch – sofern vorhanden – Listen der Formalparameter für Eingangs- und Ausgangsgrößen angegeben. Der *Funktionsrumpf* enthält die Implementierung der Funktion. Jede Funktion, die von außen sichtbar sein soll (siehe Abschnitt 7.4), muss in einer eigenen Datei stehen, deren Namen mit dem Namen der Funktion übereinstimmt und die Erweiterung *.m* trägt, also *funkt_name.m*.

MATLAB lässt die Verwendung eines oder mehrerer Ausgangsparameter zu. Im Fall eines einzigen Ausgangsparameters besteht die Angabe *ausgangsparameter* lediglich aus dem Namen eines Formalparameters, über den das Funktionsergebnis zurückgeliefert wird. Werden jedoch mehrere Ausgangsparameter verwendet, so ist *ausgangsparameter* eine mit eckigen Klammern umschlossene und durch Beistriche getrennte Liste von Formalparametern:

$$[parameter_1, parameter_2, \ldots, parameter_n]$$

Der Typ der Formalparameter wird (wie bereits erwähnt) zur Zeit der Vereinbarung des Unterprogramms nicht explizit spezifiziert.

Die Vereinbarung eines *function*-Unterprogramms hat die folgende Struktur:

function ⟨ausgangsparameter =⟩ funkt_name ⟨(formalparameterliste)⟩
    % Programmbeschreibung für Online-Hilfe
    ausfuehrbare_anweisungen
    ⟨ ausgangsparameter = berechneter_Wert
    return⟩
    ausfuehrbare_anweisungen
    ausgangsparameter = berechneter_Wert

Dabei werden die ersten aneinanderfolgenden Kommentarzeilen als Hilfetext für die Online-Hilfe verwendet (siehe Abschnitt 7.3.4). Das Ende einer Funktion wird nicht gesondert gekennzeichnet. Trifft MATLAB auf das Ende der Datei (oder auf eine weitere *function*-Anweisung), so wird die Funktionsvereinbarung als beendet angesehen. Durch den Befehl *return* kann die Abarbeitung eines *function*-Unterprogramms explizit vorzeitig abgebrochen werden. Zudem sei nochmals darauf hingewiesen, dass die einzelnen MATLAB-Befehle, die den Block *ausfuehrbare_anweisungen* bilden, jeweils durch einen Strichpunkt abgeschlossen sein sollten.

Andernfalls produziert jeder (!) im Unterprogramm ausgeführte Befehl ein Echo, d. h., er gibt das aktuelle Berechnungsergebnis am Bildschirm aus.

Alle Variablen, die in einer Funktion deklariert werden, sind nur während der Abarbeitung dieser Funktion gültig (siehe Abschnitt 7.4), mit anderen Worten: MATLAB erstellt bei jedem Funktionsaufruf einen neuen lokalen Workspace, in dem anfänglich nur die Funktionsparameter definiert sind. So können z.B. die Eingangs- und Ausgangsparameter auch als temporäre Variable verwendet werden; diese Änderungen wirken sich nicht auf das aufrufende Programm aus. „Nach außen sichtbar" sind nur die nach Abarbeitung der Funktion zurückgegebenen Werte der Ausgangsparameter.

MATLAB-Beispiel 7.4

Um ein System gewöhnlicher Differentialgleichungen $y' = f(y)$, $f : \mathbb{R}^n \to \mathbb{R}^n$ zu lösen (siehe Abschnitt 10.5), muss die rechte Seite als Unterprogramm implementiert werden. Für

$$
y' = \begin{pmatrix} y_1' \\ y_2' \\ y_3' \end{pmatrix} = \begin{pmatrix} y_2 \cdot y_3 \\ -y_1 \cdot y_3 \\ -0.51 \cdot y_1 \cdot y_2 \end{pmatrix} = f(y)
$$

kann folgendes *function*-Unterprogramm *f.m* verwendet werden:

```
function dy =  f(t, y)
% Differentialgleichung fuer sn(x), cn(x), dn(x)
dy = [       y(2)*y(3); ...
           -y(1)*y(3); ...
        -0.51*y(1)*y(2)];
```

7.3.2 Resultat eines FUNCTION-Unterprogramms

Das Resultat einer Funktion ist – sofern es existiert – durch den Wert der Ausgangsparameter der Funktion gegeben. Diese können innerhalb des Funktionsrumpfes durch gewöhnliche Wertzuweisungen definiert werden; der Typ dieser Parameter wird wiederum implizit über die Wertzuweisungen bestimmt.

Der Wert der Ausgangsparameter wird dem aufrufenden Programm übergeben, wenn der Programmablauf an das Ende der Funktion gelangt oder an ein *return*-Statement trifft. Er wird an jener Stelle, von der aus die Funktion aufgerufen wurde, also dort, wo der Name der Funktion in einem Ausdruck aufscheint, eingesetzt.

7.3.3   Aufruf eines FUNCTION-Unterprogramms

Der Aufruf einer Funktion geschieht durch Angabe ihres Namens *funkt_name* in einem Ausdruck (etwa einer Wertzuweisung). Die zugehörige Funktionsprozedur wird im Zuge der Auswertung des Ausdruckes aufgerufen.

Der Aufruf unterbricht die Ausführung des aufrufenden Programmteils und bewirkt die Ausführung der Anweisungen des Unterprogramms. Anschließend wird die Abarbeitung des aufrufenden Programmteils fortgesetzt. Liefert eine Funktion mehrere Werte zurück, so erfolgt ihr Aufruf durch

$$[parameter_1, parameter_2, \ldots, parameter_n] = \text{funkt\_name}\langle(\text{parameter})\rangle$$

MATLAB-Beispiel 7.5

Das obige Unterprogramm f kann z. B. in einem Programm zur Lösung von Anfangswertaufgaben aufgerufen werden. (Der @-Operator wird in Abschnitt 7.3.5 diskutiert.)

```
[t,y] = ode45(@f,[0,10],[0;1;1]);
plot(t,y);
```

7.3.4   Eigenschaften von FUNCTION-Unterprogrammen

Bei der Vereinbarung und Verwendung von *function*-Unterprogrammen müssen einige Eigenschaften beachtet werden:

- Jede Funktion, die von außen aufrufbar sein soll, muss in einer eigenen M-Datei abgespeichert werden. Der Dateiname muss dabei mit dem Funktionsnamen übereinstimmen. Eine Datei kann jedoch auch mehrere *function*-Unterprogramme enthalten. Dabei werden alle weiteren Funktionen (d. h. all jene, deren Namen nicht mit dem Dateinamen übereinstimmen) als Unterfunktionen (*subfunctions*) bezeichnet. Diese Funktionen sind nur lokal gültig und können somit nur von den Funktionen in der gleichen M-Datei aufgerufen werden. Unterfunktionen werden in der gleichen Art vereinbart und aufgerufen wie Funktionen. Die von außen aufrufbare Funktion heißt Primärfunktion (*primary function*).

- MATLAB unterstützt einen Online-Hilfe-Mechanismus. Zu jeder Funktion kann mit dem Befehl *help*, gefolgt von dem Funktionsnamen, Hilfe angefordert werden. Der Hilfetext wird in Form eines Blockes von Kommentarzeilen nach dem Funktionskopf definiert. Beispielsweise wird bei Eingabe von

```
>> help f
```

der Text `Differentialgleichung fuer sn(x)`, `cn(x)`, `dn(x)` am Bildschirm ausgegeben.

- Jede Funktion hat ihren eigenen Workspace, welcher vom MATLAB-Workspace getrennt ist. Die einzige Verbindung zwischen den Variablen innerhalb einer Funktion und dem MATLAB-Workspace sind die Ein- und Ausgangsparameter. Wenn innerhalb einer Funktion die Werte der Eingangsparameter verändert werden, so wirken sich diese Änderungen nur innerhalb der Funktion aus, nicht aber auf die Variablen, denen die Eingangsparameter bei Aufruf der Funktion zugewiesen wurden. Variable, die innerhalb der Funktion angelegt werden, existieren nur temporär während der Funktionsausführung. Es ist daher nicht möglich, in einer Funktion Werte in einer Variablen statisch zwischen zwei Funktionsaufrufen zu speichern (sieht man von globalen Variablen ab; siehe Abschnitt 7.4.2).

- Die Anzahl der Formalparameter muss nicht notwendigerweise mit der Anzahl der Aktualparameter übereinstimmen (vgl. Abschnitt 7.3.6). Dies erlaubt die Verwendung von „optionalen Parametern". Die Anzahl der Eingabe- und Ausgabeparameter, die beim Funktionsaufruf verwendet werden, ist innerhalb der Funktion über die Variablen *nargin* und *nargout* zugänglich.

MATLAB-Beispiel 7.6

Wenn die Funktion *ellipse* mit nur einem Parameter aufgerufen wird (also z. B. *ellipse*(5)), so wird angenommen, dass es sich um einen Kreis mit dem Radius a handelt. Dementsprechend wird $b = a$ gesetzt.

```
function flaeche = ellipse(a,b)

if nargin == 1
    b = a;
end
flaeche = pi*a*b;
```

- Funktionen können Variable ihres Workspace explizit als *global* definieren, um anderen Funktionen deren Wert zugänglich zu machen (vgl. Abschnitt 7.4.2).

- Die MATLAB-Funktion *error* zeigt einen String im Kommandofenster an, bricht die Funktionsausführung ab und übergibt die Kontrolle der interaktiven Umgebung. Diese Funktion kann beispielsweise dazu verwendet werden, einen ungültigen Funktionsaufruf anzuzeigen.

```
if wert < 0
    error('WERT muss positiv sein.')
end
```

Analog erzeugt *warning* eine Warnung. Im Unterschied zu einer Fehlermeldung wird die Programmausführung bei einer Warnung nicht abgebrochen. Sowohl *error* als auch *warning* erlauben die Verwendung von Formatsymbolen (siehe Abschnitt 9.2). Die Syntax von *error* und *warning* ist daher mit der Syntax von *fprintf* äquivalent.

MATLAB-Warnungen können mit *warning off* unterdrückt werden. Die letzte Warnung ist immer über die Systemvariable *lastwarn* abrufbar. Außerdem gibt es in MATLAB die Möglichkeit, den fehlerbedingten Abbruch des Programms mittels *try* und *catch* abzufangen.

Mit *function*-Unterprogrammen kann somit sehr leicht die Funktionalität von MATLAB erweitert werden. Viele der Standardfunktionen von MATLAB sind genau in dieser Weise, also in Form von M-Dateien, implementiert. Mittels *which* kann man sich u.a. ausgeben lassen, auf welche M-Datei zugegriffen wird, wenn man eine Funktion aufruft, und *type* gibt den zugehörigen MATLAB-Code aus. Außerdem können vorinstallierte M-Dateien im MATLAB-Editor mittels *edit* geöffnet und modifiziert werden, um sie an die eigenen Bedürfnisse anzupassen.

- MATLAB-eigene Funktionen können durch Speicherung einer M-Datei gleichen Namens im Arbeitsverzeichnis einfach überladen werden. Programmiert oder modifiziert man den Löser *ode45* für Anfangswertaufgaben und speichert diese Datei als *ode45.m* im Arbeitsverzeichnis, so wird bei allen Funktionsaufrufen nun die selbstgeschriebene Variante bevorzugt, wenn *ode45* aus demselben Arbeitsverzeichnis aufgerufen wird.

7.3.5 FUNCTION-Unterprogramme als Parameter

Die Information, die MATLAB für den Aufruf einer Funktion benötigt, wird in einem Objekt gespeichert, das den speziellen MATLAB-Datentyp *function_handle* (Funktionszeiger[2]) besitzt. Man erhält den zu einer Funktion gehörigen Funktionszeiger durch Voranstellen des *at*-Operators @.

---

[2]Die MATLAB-Dokumentation verwendet den Begriff *function handle*. Die im Folgenden verwendete Übersetzung von *function handle* durch *Funktionszeiger* entspricht nicht vollständig der Bedeutung dieses Begriffs in anderen Programmiersprachen, da *function handle* in MATLAB weitere Funktionalität besitzen als bloße Funktionszeiger (*function pointer*).

MATLAB-Beispiel 7.7

Der Variable *sin_zeiger* wird der Funktionszeiger der Sinusfunktion zugewiesen.

```
>> sin_zeiger = @sin
sin_zeiger =
    @sin
```

Bisher wurden lediglich Datenobjekte als Parameter eines Unterprogramms betrachtet. Man kann jedoch auch Unterprogramme als Parameter an ein weiteres Unterprogramm übergeben. In diesem Fall wird dem aufgerufenen Unterprogramm entweder ein *char*-Datenobjekt übergeben, das den Namen des auszuführenden Unterprogramms enthält, oder – besser – der Funktionszeiger des Unterprogramms. Ein Funktionskopf, in dem ein Formalparameter vorkommt, der auf ein Unterprogramm verweisen soll, unterscheidet sich syntaktisch nicht von den bisher behandelten.

MATLAB-Beispiel 7.8

In der nebenstehenden Funktionsdefinition ist es nicht offensichtlich, dass *f* ein Unterprogramm-Name ist.

```
function min = minimum(f, a, b)
```

Um z. B. das Minimum der Funktion *peaks3* (siehe Beispiel 10.10) im Intervall [5, 6] zu suchen, könnte der nebenstehende Aufruf verwendet werden.

```
>> minimum(@peaks3, 5, 6);
```

Wird einer Funktion als Argument der Funktionszeiger oder der Name einer anderen Funktion übergeben, so kann die derart übergebene Funktion mittels *feval* ausgewertet werden.

MATLAB-Beispiel 7.9

Eine Funktion *f* wird dem Unterprogramm *minimum* zur numerischen Minimumsbestimmung als Parameter übergeben.

```
function min = minimum(f, a, b)
    ⋮
    wert = feval(f,x);
    ⋮
```

In älteren MATLAB-Versionen kann der Funktionszeiger nur mit Hilfe des *feval*-Befehls ausgewertet werden.

Die Funktion

> *feval (funktionszeiger ⟨, parameterliste⟩)*

ruft die Funktion, die durch ihren Funktionszeiger gegeben ist, mit der angegebenen *parameterliste* auf. Die *parameterliste* muss mit der Formalparameterliste der auszuwertenden Funktion – bis auf optionale Parameter – übereinstimmen. Es gibt in MATLAB jedoch keinerlei Mechanismen, dies zur Zeit der Vereinbarung des Unterprogramms zu garantieren. Diesbezügliche Fehler werden erst zur Laufzeit erkannt.

Anstelle des Funktionszeigers kann bei *feval* auch eine Zeichenkette mit dem Funktionsnamen angegeben werden.

> *feval (name ⟨, parameterliste⟩)*

In diesem Fall muss aber die Funktion zum Zeitpunkt des Aufrufs mittels *feval* sichtbar sein (vgl. Abschnitt 7.3.4).

Der Vorteil bei Verwendung des Funktionszeigers anstelle des Namens ist, dass man damit auch Funktionen aufrufen kann, die außerhalb des sichtbaren Bereichs definiert sind (z.B. als Unterfunktion in einer anderen M-Datei).

MATLAB-Beispiel 7.10

Die Funktion f ist für $x \geq 1$ durch $f(x) = \sqrt{x-1}$ und für $x < 1$ durch $f(x) = 0$ definiert.

```
function y = f(x)
y = sqrt(max(x - 1, 0));
```

Die nebenstehende Zeile wertet $f(4)$ mittels *feval* aus.

```
≫ feval(@f, 4)
ans =
   1.7321
```

Ist f bei Ausführung von *feval* sichtbar, so kann man auch den Namen explizit angeben.

```
feval('f', 4)
ans =
   1.7321
```

Seit MATLAB 7 ist der Umweg über die Verwendung des *feval*-Befehls nicht mehr nötig. Man kann den Funktionszeiger notationsgleich zur entsprechenden Funktion verwenden.

MATLAB-Beispiel 7.11

Es sei $f(x,y)$ eine Funktion, die von zwei Variablen abhängt. Der Variablen g wird der Funktionszeiger von f zugewiesen.

Anschließend kann $g(x,y)$ ausgewertet werden und liefert den Wert von $f(x,y)$. Der Test auf logische Gleichheit liefert unabhängig von x und y TRUE.

```
≫ g = @f;



≫ x = 5; y = 42;
≫ f(x,y) == g(x,y)
ans =
    1
```

MATLAB-Beispiel 7.12

Wenn die Funktion f keine Argumente fordert, müssen beim Aufruf über einen Funktionszeiger leere Klammern folgen. Dadurch wird der Funktionszeiger nicht als Variable verstanden, sondern ausgewertet.

```
≫ g = @f;
≫ f == g()
ans =
    1
```

Über einen Funktionszeiger können auch direkt am MATLAB-Prompt einfache Funktionen (*anonymous functions*) deklariert werden:

$$funktionszeiger = @ (\langle parameterliste \rangle) \, ausdruck$$

Dabei bezeichnet *parameterliste* wie bei der bereits beschriebenen Funktions-Deklaration die Liste der Argumente, und *ausdruck* ist der Funktionsrumpf.

MATLAB-Beispiel 7.13

Der nebenstehende Befehl deklariert eine Funktion *quadrat*.

Der Aufruf erfolgt wie bei anderen Funktionen.

```
≫ quadrat = @(x) x.^2;


≫ quadrat([5 6])
ans =
   25     36
```

Informationen zu der Funktion, die durch einen Funktionszeiger beschrieben wird, kann man mit dem Befehl *functions* erhalten. Die Befehle *func2str* und *str2func* liefern zu einem Funktionszeiger den Funktionsnamen und umgekehrt.

Ob zwei Funktionszeiger auf dieselbe Funktion verweisen, kann mit *isequal* überprüft werden. Die Verwendung des Gleichheitsoperators ist unzulässig.

Um festzustellen, ob eine Variable vom Typ *function_handle* ist, wird der Befehl *isa* verwendet.

7.3.6   Optionale Parameter und Rückgabewerte

Oft werden aus der Menge der Bestimmungsstücke eines Problems nur Teilmengen zur Lösung benötigt, sodass das Problem durch die Angabe aller Parameter überbestimmt wäre. Oft wird durch eine Prozedur eine große Klasse von Problemen gelöst, die in Teilklassen zerfällt, in denen die Probleme durch jeweils andere Parameter spezifiziert werden.

MATLAB unterstützt die Möglichkeit, Formalparameter eines Unterprogramms *optional* zu verwenden. Wie bereits erwähnt, muss die Zahl der Formalparameter nicht notwendigerweise mit der Zahl der Aktualparameter einer Funktion übereinstimmen.

Beim Aufruf eines *function*-Unterprogramms werden die Aktualparameter von links nach rechts mit Formalparametern assoziiert. Wurden im Aufruf einer Funktion weniger Aktualparameter angegeben als Formalparameter im Funktionskopf der entsprechenden Funktion definiert sind, so bleiben alle weiteren Formalparameter ohne Wert. Wird im Prozedurrumpf auf einen solchen nicht definierten Parameter zugegriffen, so erzeugt MATLAB eine Fehlermeldung. Um eine richtige Programmausführung zu gewährleisten, sollte daher der Programmierer jenen undefinierten Variablen Default-Werte zuweisen. Die Zahl der definierten Parameter kann über die Variable *nargin* abgefragt werden.

Man beachte, dass MATLAB potentiell jeden Parameter als optional ansieht. Sind für die Ausführung eines Unterprogramms eine bestimmte Anzahl von Parametern unbedingt notwendig, so muss dies vom Programmierer (durch Abfrage der *nargin*-Variablen) explizit sichergestellt werden. Wurden zu wenige Parameter angegeben, so kann man die Funktion z. B. mit dem *error*-Kommando abbrechen.

Ferner definiert MATLAB die Variable *nargout*, die spezifiziert, wie viele Rückgabeparameter der Funktion bei einem konkreten Aufruf (siehe Abschnitt 7.3.3) verwendet werden. Diese Möglichkeit ist vor allem dann von Interesse, wenn der Rechenaufwand für die ohnehin nicht benötigten Parameter erheblich wäre. In diesem Fall braucht die Berechnung dieser Rückgabewerte erst gar nicht vorgenommen werden, was zu einer deutlichen Beschleunigung führen kann.

MATLAB-Beispiel 7.14

Eine Funktion soll Volumen und Oberfläche eines (Hohl-) Zylinders berechnen.

Für den Fall des *vollen* Zylinders (mit Radius r_a) braucht der innere Radius r_i des Hohlzylinders nicht spezifiziert zu werden.

```
function [vol,ob] = zyl(h, r_a, r_i)
   if nargin == 2
      r_i = 0;
   end
   vol = % berechne Volumen
   if nargout == 2
      ob = % berechne Oberflaeche
   end
end
```

Wird nur das Volumen gewünscht (d. h., wird nur der erste Rückgabewert wirklich verwendet), so kann auf die Berechnung der Oberfläche verzichtet werden.

Mögliche Aufrufe für den Fall des *Voll*zylinders sind z. B.

```
vol = zyl(29.8, 31.54, 0.);
vol = zyl(29.8, 31.54);
[vol, ob] = zyl(29.8, 31.54);
```

MATLAB-Beispiel 7.15

Der Wert eines bestimmten Integrals $If = \int_a^b f(t)dt$ soll für eine gegebene Funktion $f : [a, b] \to \mathbb{R}$ und ein gegebenes Intervall $[a, b] \subset \mathbb{R}$ bestimmt werden. Das numerische Problem besteht in der Bestimmung einer Näherungslösung $Qf \approx If$, die eine gegebene Toleranz $| Qf - If | \leq \tau$ erfüllt. In den meisten Programmen zur numerischen Quadratur wird eine der folgenden Varianten verwendet:

$$\tau := \epsilon_{abs} + \epsilon_{rel} \cdot | Qf |$$
$$\tau := \max\{\epsilon_{abs}, \epsilon_{rel} \cdot | Qf |\}$$
$$\tau := \max\{\epsilon_{abs}, \epsilon_{rel} \cdot | Q_{abs}f |\} \quad \text{mit} \quad Q_{abs}f := Q(| f |; a, b).$$

Im nebenstehenden Unterprogramm wird die dritte Variante in einer Weise implementiert, die den Fall fehlender Problemparameter abdeckt.

```
function r = integral(f, a, b, ...
  eps_rel, eps_abs)
  if nargin < 5
    eps_abs = 0;
    if nargin < 4
      eps_rel = 0;
    end
  end
```

```
                        if eps_abs < 0
                          eps_abs = 0;
                        end
                        if eps_rel < 0
                          eps_rel = 0;
                        end
                        if ((eps_abs == 0) & ...
                        (eps_rel == 0))
                          eps_rel = 1 + eps;
                        end
                        ...
```

Diese Funktion kann z. B. auf   `r = integral(f, a, b)`
nebenstehende Arten aufgerufen   `r = integral(f, a, b, 1e-3)`
werden.   `r = integral(f, a, b, 1e-3, 1e-5)`

7.4 Sichtbarkeit von Datenobjekten

In mathematischen Publikationen ist es üblich, örtlich begrenzte Definitionen zu verwenden, um die Bedeutung einzelner Symbole festzulegen. *„Es sei f eine stetige periodische Funktion mit der Periode* 2π*"* legt z. B. in einem bestimmten Abschnitt eines Buches die Bedeutung des Symbols f fest. An anderen Stellen kann f durchaus andere Bedeutungen besitzen. Obwohl es für die örtliche Bedeutung einer solchen Festlegung keine formalen Regeln gibt, bereitet es bei gut geschriebenen Publikationen keine Schwierigkeiten, den Gültigkeitsbereich einer solchen Definition zu erkennen. Bei Programmiersprachen ist dies anders: Da Compiler keine Intuition besitzen, muss der Gültigkeitsbereich von Bezeichnern, die in einem Programm verwendet werden, formal festgelegt werden. Damit wird eine zentrale Frage aufgeworfen:

> *Welche Objekte (Datenobjekte, Unterprogramme) kann ein Programmierer von einem bestimmten Punkt des Programms aus ansprechen?*

Nicht jedes Datenobjekt ist von jedem Punkt eines Programms aus ansprechbar. Das ist eine Konsequenz der Modularität: Könnte jeder Programmteil auf die Datenobjekte jeder anderen Programmeinheit zugreifen, würden daraus Unübersichtlichkeit und Fehleranfälligkeit resultieren.

Die Gesamtheit jener Teile des Programms, in denen ein bestimmtes Datenobjekt „bekannt" ist, also angesprochen werden kann, heißt *Sichtbarkeitsbereich* oder *Gültigkeitsbereich (scope)* des Datenobjekts.

7.4.1   Lokale Größen

In den meisten imperativen Programmiersprachen haben jede Programmeinheit und jedes Unterprogramm einen Vereinbarungsteil, in dem die darin verwendeten Datenobjekte (und deren Typ) deklariert werden. Die so vereinbarten Datenobjekte sind innerhalb des betreffenden Programmteils bekannt und können dort verwendet werden. Datenobjekte, die in einer Programmeinheit oder in einem Unterprogramm vereinbart sind, heißen *lokal* bezüglich dieses Programmteils. Man nennt Programmeinheiten und Unterprogramme daher *Geltungseinheiten* (auch *Sichtbarkeits-* oder *Gültigkeitsbereiche*, engl. *scoping units*). In Ermangelung einer expliziten Deklaration von Variablen spricht man in MATLAB von dem Geltungsbereich eines ganzen Workspace.

In MATLAB bilden Skripts keine Geltungseinheiten, da diese zur Gänze im Workspace des aufrufenden Programms (oder in der interaktiven Umgebung) ablaufen. Im Gegensatz dazu bilden *function-*Unterprogramme Geltungsbereiche; d. h., alle Variablen, welche implizit innerhalb einer Funktion erzeugt werden, sind nur lokal in der Funktion gültig. Zufällige Namensgleichheiten bei lokalen Variablen in verschiedenen *function-*Unterprogrammen spielen daher keine Rolle.

MATLAB-Beispiel 7.16

Eine Funktion *f1* verweist . . .

```
function res = f1(x,y,z)
   u = 4;
   t = f2(y);
   ...
```

. . . auf eine Funktion *f2*.

```
function res = f2(x)
   u = 6;
   ...
```

Die Variable *t* ist in der Funktion *f1* lokal definiert und kann daher auch nur innerhalb dieser Funktion angesprochen werden. Die Variable *u* ist zwar sowohl in Funktion *f1* als auch in Funktion *f2* definiert, jedoch gehört sie jeweils zum lokalen Workspace der entsprechenden Funktion; d. h., Zuweisungen auf die Variable *u* in *f1* ändern den Wert von *u* in *f2* nicht.

Die Namen von primären Funktionen sind in allen anderen Programmeinheiten sichtbar, sofern die Pfadeinstellung von MATLAB auch auf jenes Verzeichnis verweist, in dem die entsprechende M-Datei enthalten ist. Primäre Funktionen können daher von anderen Programmeinheiten aufgerufen werden.

7.4.2 Globale Größen

Jene Datenobjekte, die außerhalb einer Geltungseinheit liegen, aber durch sie angesprochen werden können, heißen *global* für die betreffende Geltungseinheit.

Skripts

Bei Skripts sind grundsätzlich *alle* Datenobjekte, die im Skript erzeugt wurden, global für den aufrufenden Programmteil, da Skripts im gleichen Workspace ablaufen. Damit sind aber auch alle Objekte des aufrufenden Programmteils global innerhalb des Skripts. Diese Tatsache kann zu unangenehmen *Seiteneffekten* führen: Unterprogramme können Variablen des aufrufenden Programmteils verändern, ohne dass diese dem Unterprogramm als Parameter übergeben wurden.

MATLAB-Beispiel 7.17

Die Variablen x und z der Funktion *quadrat* sind auch im Skript *tscript* ansprechbar,

wie auch die Variable *res* des Skripts *tscript* innerhalb der Funktion *quadrat* verwendbar ist.

Die Funktion *quadrat* liefert den falschen Wert $x^2 + 2$ anstelle $x^2 + 1$, da z im Skript *tscript* verändert wurde.

```
function y = quadrat(x)
    z = 1;
    tscript;
    y = res + z;
```

```
% Skript tscript.m
    res = x*x;
    z = 2;
```

FUNCTION-Unterprogramme

function-Unterprogramme bilden Geltungseinheiten. Datenobjekte, die innerhalb einer Funktion implizit erzeugt werden, sind immer nur lokal im jeweils gültigen Workspace definiert.

Es besteht jedoch die Möglichkeit, dass sich mehrere Funktionen Variable ihres Workspace „teilen". Definieren mehrere Funktionen eine Variable gleichen Namens unter Verwendung des Schlüsselwortes *global*, so greifen all diese Funktionen auf ein und dieselbe Variable zu. Die so definierte Variable wird also global für alle Funktionen, die ihrerseits eine entsprechende *global*-Deklaration enthalten.

MATLAB-Beispiel 7.18

Die Funktionen *f1* und *f3* enthalten beide einen Verweis auf die globale Variable *b*, sprechen also denselben Speicherplatz an.

Die Variable *b* in *f2* referenziert jedoch eine lokale Größe, da sie nicht als *global* definiert wurde.

```
function u = f1(x)
   global b
   b = 7;
   u = f2(x) + f3(x);

function v = f2(y)
   b = 5;
   v = b*y;


function w = f3(z)
   global b
   w = b + z;
```

Sobald MATLAB auf eine *global*-Deklaration stößt, wird die entsprechende Variable in einem Workspace der globalen Variablen erzeugt; bei allen weiteren *global*-Deklarationen wird im lokalen Workspace einer Funktion nur eine Referenz auf die globale Variable abgelegt. Mit dem Befehl *delete global* kann eine globale Variable wieder gelöscht werden.

ACHTUNG: Die Definition globaler Variablen in *function*-Unterprogrammen sollte nicht zur Parameterübergabe verwendet werden, da dies nicht dem Prinzip der Modularisierung entspricht und die Gefahr von (fehleranfälligen) Seiteneffekten mit sich bringt.

7.4.3 Eingebettete Funktionen

In Abschnitt 7.3.4 wurde bereits darauf hingewiesen, dass eine M-Datei mehrere Funktionen beinhalten kann. Lediglich die erste Funktion, die auch der M-Datei den Namen gibt, ist nach außen sichtbar. Die anderen Funktionen in dieser Datei sind Unterfunktionen und können von außen nur über ihren Funktionszeiger angesprochen werden. Jede Unterfunktion hat einen eigenen lokalen Workspace, in dem die zugehörigen Variablen gespeichert werden.

Seit MATLAB 7 können Unterfunktionen geschrieben werden, deren Workspace eine Teilmenge des Workspace der aufrufenden Funktion ist. Diese *function*-Unterprogramme werden eingebettete Funktionen (*nested functions*) genannt. Die Definition einer eingebetten Funktion hat lediglich die syntaktische Besonderheit, dass sie mit einem *end* beendet wird und innerhalb des Rumpfes der aufrufenden Funktion steht.

MATLAB-Beispiel 7.19

Die Funktion B ist in die Funktion A eingebettet. Man bezeichnet die Funktion A als *Vater* von B und umgekehrt B als *Sohn* von A.

```
function A
  ...
  function B
    ...
  end
  ...
end
```

Es sind dabei beliebige Einbettungstiefen (Ebenen der Einbettungsverschachtelungen) möglich. Eine eingebettete Funktion kann von Funktionen der gleichen Ebene, von ihrem Vater und von all ihren Nachfahren aufgerufen werden. Anders ausgedrückt: eine Funktion kann nur ihre Söhne (eine Ebene tiefer), ihre Geschwister (gleiche Ebene) und ihre Vorfahren aufrufen.

MATLAB-Beispiel 7.20

Im nebenstehenden Beispiel sind folgende Aufrufe möglich:

- A kann B und D (Söhne) aufrufen.

- B kann A (Vater), D (Bruder) und C (Sohn) aufrufen.

- C kann A und B (Vorfahren) aufrufen.

- D kann A (Vater), B (Bruder) und E (Sohn) aufrufen.

- E kann A und C (Vorfahren) aufrufen.

```
function A
  ...
  function B
    ...
    function C
      ...
    end
    ...
  end
  ...
  function D
    ...
    function E
      ...
    end
    ...
  end
  ...
end
```

Eine eingebettete Funktion hat Zugriff auf den Workspace aller Vorfahren, d. h., sie kann Variablen der Vorfahren lesen und verändern. In Beispiel 7.20 kann also jede Variable, die in A definiert wird, durch alle Unterfunktionen verändert werden. Jede Variable, die in B definiert wird, kann auch in C verändert werden. Diese Aufruf-Möglichkeiten entsprechen den Konventionen, die auch in anderen Programmiersprachen gelten (z.B. Blöcke in C).

MATLAB-Beispiel 7.21

Im nebenstehenden Beispiel wird in A eine Variable x definiert, die in der eingebetteten Funktion B verändert wird.

```
function A
  x = 5;
  function B
    x = 3*x;
    fprintf('1: x = \d\n', x);
  end
  fprintf('2: x = \d\n', x);
  B;
  fprintf('3: x = \d\n', x);
end
```

Der Aufruf von A erzeugt die nebenstehende Textausgabe.

```
2: x = 5
1: x = 15
3: x = 15
```

MATLAB-Beispiel 7.22

Tritt die Variable x in der eingebetteten Funktion B als Eingangs- oder Ausgangsparameter auf, so wird die gleichnamige Variable aus A überdeckt, d. h., sie ist in B nicht sichtbar und behält außerhalb von B ihren Wert.

```
function A
  x = 5;
  function B(x)
    x = 3*x;
    fprintf('1: x = \d\n', x);
  end
  fprintf('2: x = \d\n', x);
  B(x);
  fprintf('3: x = \d\n', x);
end
```

Der Aufruf von A erzeugt die nebenstehende Textausgabe.

```
2: x = 5
1: x = 15
3: x = 5
```

7.5 Rekursion

Allgemein spricht man von *Rekursion*, wenn ein Problem, eine Funktion oder ein Algorithmus „durch sich selbst" definiert ist. Algorithmen oder Programme bezeichnet man als *rekursiv*, wenn sie Funktionen oder Prozeduren enthalten, die sich direkt oder indirekt selbst aufrufen.

Rekursion ist ein allgemeines Prinzip zur Lösung von Problemen. In vielen Fällen ist die Rekursion nur eine von mehreren möglichen Problemlösungsstrategien, die aber oft zu „eleganten" mathematischen Lösungen führt.

Beispielsweise ist die Fakultät $n!$ einer natürlichen Zahl n ohne Rekursion definiert als das Produkt aller natürlichen Zahlen i, $1 \leq i \leq n$. Rekursiv definiert ist die Fakultät einer natürlichen Zahl n als das Produkt der Zahl mit der Fakultät ihres Vorgängers, wobei die Fakultät von 1 den Wert 1 hat:

$$n! = \begin{cases} 1 & \text{für} \quad n = 1 \\ n \cdot (n-1)! & \text{für} \quad n > 1. \end{cases}$$

function-Unterprogramme dürfen sich selbst aufrufen, und zwar entweder direkt (wenn z. B. die Funktion A die Funktion A aufruft) oder indirekt (wenn z. B. A die Funktion B aufruft und diese wiederum A).

Bei direkt rekursiven Funktionen müssen eventuelle Ausgangsparameter einen anderen Namen als den Funktionsnamen tragen, da sonst in der Programmausführung unklar wäre, ob es sich beim Auftreten des Funktionsnamens um einen Ausgangsparameter oder um einen rekursiven Funktionsaufruf handelt.

Ein Spezialfall der Rekursion ist die *primitive Rekursion*, die stets durch eine Iteration ersetzt werden kann. Bei einer solchen Rekursion enthält der Aufruf-Baum keine Verzweigungen, er ist eigentlich eine Aufruf-Kette. Das ist immer dann der Fall, wenn eine rekursive Funktion sich selbst jeweils nur einmal aufruft. Umgekehrt kann jede Iteration durch eine primitive Rekursion ersetzt werden, ohne dass sich dabei die Komplexität des Algorithmus ändert.

MATLAB-Beispiel 7.23

Die folgende Funktion berechnet die Fakultät einer natürlichen Zahl durch rekursiven Aufruf:

```
function fakt_resultat = fakultaet(n)
   if n == 1
      fakt_resultat = 1;
   else
      fakt_resultat = n * fakultaet(n - 1);
   end
```

Einem Aufruf *fakultaet(4)* entsprechen geschachtelte Aufrufe

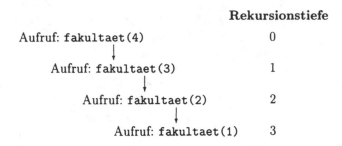

	Rekursionstiefe
Aufruf: `fakultaet(4)`	0
Aufruf: `fakultaet(3)`	1
Aufruf: `fakultaet(2)`	2
Aufruf: `fakultaet(1)`	3

Die Anzahl der geschachtelten Aufrufe wird als *Rekursionstiefe* des Unterprogramms bezeichnet. In einem Algorithmus oder einem Programm darf nur mit einer *begrenzten Rekursion*, d. h., einer endlichen Rekursionstiefe, gearbeitet werden. Jeder rekursive Unterprogrammaufruf muss daher in einer bedingten Anweisung stehen, so dass er in Spezialfällen *nicht* ausgeführt wird und ein *Abbruch der Rekursion* sichergestellt ist.

Bei der Vereinbarung von rekursiven Unterprogrammen ist es nicht immer so offensichtlich wie bei dem obigen Beispiel der Fakultätsfunktion, dass es sich um eine begrenzte Rekursion handelt, die noch dazu den gewünschten Wert liefert. Korrektheitseigenschaften von rekursiven Unterprogrammen können im Zweifelsfall nur durch formale Beweise präzise sichergestellt werden (vgl. z. B. Bauer, Goos [7], Kröger [43]).

MATLAB-Beispiel 7.24

Ändert man die Definition von $n!$ etwas ab (siehe Kröger [43]) auf

$$n_{\mathrm{i}} = \begin{cases} 1 & \text{für} \quad n = 1 \\ n \cdot (n+1)_{\mathrm{i}} & \text{für} \quad n > 1 \end{cases},$$

so wird dadurch *keine* Funktion $n_{\mathrm{i}} : \mathbb{N} \to \mathbb{N}$ definiert.

```
function endlos_resultat = endlos(n)
   if n == 1
      endlos_resultat = 1;
   else
      endlos_resultat = n * endlos(n + 1);
   end
```

Das *function*-Unterprogramm *endlos* liefert zwar für *endlos(1)* das Ergebnis 1, ist aber für $n > 1$ nicht auswertbar, weil kein Abbruch der Rekursion erfolgt. Der Selbstaufruf von *endlos* ist in einen *circulus vitiosus* geraten:

	Rekursionstiefe
Aufruf: endlos(3)	0
↓	
Aufruf: endlos(4)	1
↓	
Aufruf: endlos(5)	2
⋮	⋮

Ähnlich problematisch ist der Fall der *unklaren Terminierung*. Es gibt Rekursionen, von denen nicht bekannt ist, ob sie terminieren oder nicht.

MATLAB-Beispiel 7.25

Bei folgendem *function*-Unterprogramm ist der Abbruch der Rekursion – die Frage nach der *Terminierung* – nicht trivial (und bisher ungelöst; Kröger [43]):

```
function unklar_resultat = unklar(n)
   if n == 1
      unklar_resultat = 1;
   elseif rem(n,2) == 1
      unklar_resultat = unklar(3*n + 1);
   else
      unklar_resultat = unklar(n/2);
   end
```

Für $n = 7$ terminiert diese Rekursion (mit der Rekursionstiefe 16) über die Argumentfolge

7, 22, 11, 34, 17, 52, 26, 13, 40, 20, 10, 5, 16, 8, 4, 2, 1.

Es ist jedoch ein offenes Problem, ob das Unterprogramm *unklar_resultat* für *jedes* $n \in \mathbb{N}$ terminiert.

Ein interessantes Beispiel einer rekursiven Funktion ist die Ackermann-Funktion. Sie ist ein Beispiel einer berechenbaren Funktion, die *nicht* primitiv-rekursiv ist,

d. h., die Ackermann-Funktion kann *nicht* durch eine Prozedur berechnet werden, die als Wiederholungsanweisungen ausschließlich Zählschleifen enthält.

MATLAB-Beispiel 7.26

Die Ackermann-Funktion $a : \mathbb{N}_0 \times \mathbb{N}_0 \to \mathbb{N}_0$ ist rekursiv definiert:

$$a(m,n) = \begin{cases} n+1 & \text{für} \quad m = 0, \\ a(m-1,1) & \text{für} \quad n = 0, \\ a(m-1, a(m,n-1)) & \text{sonst.} \end{cases}$$

Sie wächst sehr rasch und kann von keiner primitiv-rekursiven Funktion nach oben beschränkt werden. Es gilt

$$a(1,n) = n + 2$$
$$a(2,n) = 2n + 3$$
$$a(3,n) = 2^{n+3} - 3$$
$$a(4,n) = 2^p - 3 \quad \text{mit} \quad p = \underbrace{2\hat{\ }2\hat{\ }2\hat{\ }\cdots 2}_{(n+2)\text{-mal}},$$

wobei das Symbol $\hat{\ }$ der Exponentiation entspricht. Der Wert $a(4,3)$ ist bereits größer als 10^{21000}.

```
function a = ackermann(m,n)
   if m == 0
      a = n + 1;
   elseif n == 0
      a = ackermann(m-1,1);
   else
      a = ackermann(m-1, ackermann(m,n-1) );
   end
```

Rekursive Algorithmen können in passenden Anwendungsfällen zu übersichtlichen und effizienten Programmen führen. In manchen Fällen kann die rekursive Problemlösung aber extrem ineffizient sein.

MATLAB-Beispiel 7.27

Die Lösung der Differenzengleichung

$$a_n = a_{n-1} + a_{n-2}$$

mit der Anfangsbedingung $a_0 = a_1 = 1$ heißt *Fibonacci-Folge*. Implementiert man diese Differenzengleichung in eleganter Weise in Form eines sich rekursiv aufrufenden *function*-Unterprogramms, so erhält man für große Werte von n außerordentlich hohe Rechenzeiten.

```
function a_n = fibonacci(n)
   if n <= 2
      a_n = 1;
   else
      a_n = fibonacci(n-1) + fibonacci(n-2);
   end
```

Die schlechte Effizienz ist auf das exponentielle Ansteigen der Anzahl der Aufrufe von *fibonacci* und damit auf das exponentielle Ansteigen der Rechenzeit zurückzuführen: Jeder Aufruf von *fibonacci* führt zu *zwei* weiteren Aufrufen dieses Unterprogramms! Löst man die Differenzengleichung *iterativ* und nicht rekursiv, so erhält man ein wesentlich effizienteres (allerdings auch weniger elegantes) Unterprogramm. Der Aufwand steigt in diesem Fall nur linear mit n.

Mit jedem Aufruf eines Unterprogramms wird ein neuer Workspace erzeugt. Sichtbar – also veränderbar – ist bei rekursiven Aufrufen jedoch jeweils nur der zuletzt erzeugte; die Variablen des vorangegangenen Workspace werden daher erst durch die Beendigung des aktuellen Unterprogramms „aufgedeckt".

7.6 Steigerung der Gleitpunktleistung

Interne MATLAB-Funktionen erreichen üblicherweise sehr kurze Laufzeiten (siehe z. B. Abb. 10.1 auf Seite 201) bzw. eine sehr gute Gleitpunktleistung (gemessen in Mflop/s oder Gflop/s). Um auch bei selbstgeschriebenen M-Dateien (Funktionen oder Skripts) eine möglichst hohe Gleitpunktleistung zu erzielen, ist in MATLAB eine „*Performance Acceleration*" (Leistungssteigerung) implementiert, mit deren Hilfe die Ausführung von M-Dateien beschleunigt wird. Dabei werden vor allem solche Skripts und Funktionen beschleunigt, die Schleifen enthalten aber keine Aufrufe weiterer M-Dateien.

Im Folgenden wird erläutert, wie man MATLAB-Programme mit kurzen Rechenzeiten schreibt. Dennoch wird die Gleitpunktleistung von MATLAB-Code nur selten an jene von effizienten C- oder Fortran-Programmen herankommen.

MATLAB-Beispiel 7.28

Bei der numerischen Lösung der zweidimensionalen Laplace-Gleichung mit Hilfe der Randelementmethode (BEM) treten Integrale folgenden Typs auf: Mit den

$n + 1$ Knoten $x_j = j/n$ für $j = 0, 1, \ldots, n$ und den Intervallen $\Gamma_j = [x_{j-1}, x_j]$ definiert man die symmetrische $n \times n$-Matrix A mit

$$a_{jk} := \int_{\Gamma_j} \int_{\Gamma_k} \log |x - y| \, dy \, dx.$$

Dieses Doppelintegral kann analytisch berechnet werden. Realisiert man die Berechnung der Matrix als MATLAB-Funktion (in M-Code) und als C-Code und bindet man dann den C-Code über die MEX-Schnittstelle (siehe Kapitel 11) ein, so ergeben Testrechnungen auf einem PC bereits für $n = 500$ einen bemerkenswerten Zeitgewinn: Die M-Datei benötigt eine in MATLAB gemessene Laufzeit von 37 Sekunden gegenüber einer Laufzeit von lediglich 0.58 Sekunden für die in MATLAB eingebundene (kompilierte) C-Datei.

7.6.1 Beschleunigbare Konstrukte

Die leistungssteigernden MATLAB-Erweiterungen unterstützen nur einen Teil des Sprachumfangs. Bei Programmen, die folgende Datentypen und Operationen enthalten, wird die höchste Steigerung der Gleitpunktleistung erreicht:

Datentypen: MATLAB beschleunigt Code, der folgende Datentypen verwendet: *logical*, *char*, *int8*, *uint8*, *int16*, *uint16*, *int32*, *uint32* und *double* (sowohl reell als auch komplex). Seit der MATLAB-Version 7 wird auch Code, der den Datentyp *single* verwendet, beschleunigt.

Beschleunigt wird nur Code mit voll besetzten Feldern. Code mit schwach besetzten Feldern (*sparse arrays*) wird *nicht* beschleunigt!

Mehrdimensionale Felder: Die Leistungssteigerung erfolgt nur für MATLAB-Code, der Felder mit höchstens drei Dimensionen enthält.

Schleifen: *for*-Schleifen werden schneller ausgeführt, wenn

1. die Laufvariable nur skalare Werte (und keine Feld-Werte) annimmt,
2. der Schleifenrumpf nur Variablen der unterstützten (oben aufgezählten) Datentypen enthält und
3. nur interne (*built-in*) MATLAB-Funktionen aufgerufen werden.

Die höchste Gleitpunktleistung (die geringste Laufzeit) wird erzielt, wenn alle drei Eigenschaften erfüllt sind. Wenn das nicht der Fall ist, so wird die Beschleunigung bei jeder Zeile, in der eine der drei Bedingungen verletzt ist, kurzfristig angehalten, die Zeile „normal" (unbeschleunigt) ausgeführt und dann die beschleunigte Ausführung fortgesetzt.

Steuerkonstrukte: Die Anweisungen *if, elseif, while* und *switch* werden schneller ausgeführt, falls die Auswertung der Bedingung einen Skalar ergibt.

Feldgröße: Beim Bearbeiten von Feldern entsteht in MATLAB immer ein unvermeidbarer Overhead. Bei großen Feldern ist dieser Zusatzaufwand im Vergleich zum eigentlichen Rechenaufwand gering. Bei kleinen Matrizen nimmt dieser Zusatzaufwand einen größeren Prozentsatz der gesamten Rechenzeit in Anspruch und kann deshalb störend in Erscheinung treten.

Die „Performance Acceleration" reduziert auch den Overhead, was sich speziell bei kleinen Feldern vorteilhaft auswirkt.

7.6.2 Nicht-beschleunigbare Konstrukte

Die folgenden Programmelemente und Programmierformen können zu einer Verlangsamung von MATLAB-Code führen und sollten daher in zeitkritischen Anwendungen vermieden werden:

Spezielle Datentypen und höherdimensionale Felder: Code mit den Datentypen *cell, struct* und *sparse* und Code, der selbstdefinierte Klassen verwendet, wird nicht beschleunigt. Felder mit mehr als drei Dimensionen führen ebenfalls zu längeren Rechenzeiten.

Funktionsaufrufe: Aufrufe von Funktionen in Form von M-Dateien, MEX-Dateien oder Unterfunktionen verhindern die Optimierung der Laufzeit der betreffenden Code-Zeile. Die aufgerufene Funktion wird möglicherweise beschleunigt, aber der Zeitaufwand (Overhead) für den Aufrufmechanismus kann diesen Gewinn wieder zunichte machen.

Überladene Funktionen: Da überladene MATLAB-Funktionen meist Aufrufe zu selbstgeschriebenen M-Dateien oder MEX-Dateien enthalten, kann es zu einer Verlangsamung von deren Ausführung kommen.

Mehrere Befehle pro Zeile: Unter bestimmten Umständen können mehrere Operationen in einer Zeile eine Verlangsumung der Ausführung bewirken. Im folgenden Beispiel verwendet die erste Operation (Zuweisung) eine Struktur, wodurch eine Beschleunigung der Schleife verhindert wird:

```
x = a.name;   for k = 1:10000, sin(A(k)), end;
```

Da MATLAB-Code Zeile für Zeile abgearbeitet wird, ist die Ausführung *aller* Operationen einer Zeile, die (mindestens) eine nicht beschleunigbare Operation enthält, nicht beschleunigbar. Im obigen Beispiel könnte die *for-*

Schleife wesentlich rascher ausgeführt werden, wenn sie in eine eigene Zeile geschrieben wird.

Verändern des Datentyps oder der Dimension einer Variablen: Wenn in einer Code-Zeile der Datentyp oder die Dimension einer Variablen verändert wird, so beschleunigt MATLAB diese Zeile nicht. So wird im folgenden Beispiel der Typ der Variablen x von *double* nach *char* verändert und damit eine Beschleunigung verhindert:

```
x = 23;
 .
 .
 .
x = 'langsam'; % diese Zeile wird nicht beschleunigt.
```

Immer dann, wenn MATLAB auf eine Code-Zeile stößt, die nicht beschleunigbar ist, wird die Beschleunigung kurzfristig angehalten. Generell wird die beschleunigte Ausführung von Gleitpunkt-Operationen ausgeschaltet, wenn im Debug-Modus gearbeitet oder wenn die Funktion *echo* verwendet wird.

7.6.3　Erstellen von effizientem MATLAB-Code

Wenn man berücksichtigt, dass MATLAB eine Interpreter-basierte Sprache ist, kann man die damit verbundenen Eigenschaften ausnutzen, um die Gleitpunktleistung zu steigern. Um MATLAB-Code mit kurzen Laufzeiten zu erhalten, sollte man sich möglichst auf jene Sprachkonstrukte beschränken, die MATLAB-intern beschleunigt werden können (vgl. Abschnitt 7.6.1).

Bei zeitkritischen Programmen sollte sowohl auf nicht-beschleunigbare Sprachelemente (vgl. Abschnitt 7.6.2) als auch auf die dynamische Speicherverwaltung von MATLAB verzichtet werden, indem man Vektoren und Matrizen explizit allokiert (vgl. Abschnitt 5.3.5).

MATLAB-Beispiel 7.29

Im nebenstehenden Beispiel wird eine quadratische Matrix A zeilenweise aufgebaut. Da der benötigte Speicher vorher nicht allokiert worden ist, allokiert MATLAB den Speicher dynamisch, wann immer j erhöht wird. Mittels *cputime* wird die benötigte Zeit (als Differenz) gemessen und schließlich mit *disp* ausgegeben.

```
clear A;
n = 1000;
start = cputime;
for j = 1:n
  for k = 1:n
    A(j,k) = j + k*n;
  end
end
disp(cputime - start);
```

Allokiert man den Speicher von A vor dem Schleifenaufruf, verringert sich die benötigte Zeit signifikant: Testrechnungen auf einem PC ergaben einen Geschwindigkeitsgewinn um den Faktor 300: Die Laufzeit der ersten Variante betrug 25 Sekunden, jene der zweiten Variante lediglich 0.08 Sekunden.

```
clear A;
n = 1000;
start = cputime;
A = zeros(n,n); % expl. Allokation
for j = 1:n
  for k = 1:n
    A(j,k) = j + k*n;
  end
end
disp(cputime - start);
```

Das Allokieren von Matrizen verhindert auch die Speicher-Fragmentierung. Wenn der Speicher zu stark fragmentiert ist, verhindert dies die effiziente Ausführung von MATLAB-Funktionen, da MATLAB vom Betriebssystem zusammenhängenden Speicher anfordert. Unter Umständen wird ein MATLAB-Programm auch mit Fehlermeldung abgebrochen, weil kein zusammenhängender Speicherbereich mehr zur Verfügung steht. Deshalb sollte man nicht mehr benötigte Variablen mittels *clear* aus dem Workspace löschen.

Der Befehl *pack* defragmentiert den Speicher, indem alle Variablen in eine temporäre Datei gespeichert werden, aus dem Speicher gelöscht werden und dann wieder in den Speicher geladen werden. Man sollte diesen Befehl aber *nicht* in Funktionen verwenden, da das Speichern und Laden von Daten sehr zeitaufwändig sein kann.

In MATLAB werden (wie in Fortran) Matrizen spaltenweise gespeichert (*nicht* zeilenweise wie in C). Die Elemente einer $m \times n$-Matrix $A = (a_{ij})$ sind demnach in der Form

$$a_{11} \; a_{21} \ldots a_{m1} \; a_{12} \ldots a_{m2} \ldots a_{mn}$$

gespeichert. Auf Grund dieser Speicherung geht es daher schneller, eine Spalte $A(:,j)$ auszulesen als eine Zeile $A(i,:)$.

Auch *sparse*-Datenobjekte sollten vor dem Aufbau explizit allokiert werden, um die dynamische Speicherallokation zu vermeiden. Da *sparse*-Matrizen intern im CCS-Format gespeichert werden, empfiehlt es sich weiterhin, zunächst die Einträge und die dazugehörigen Indizes in drei Vektoren zu speichern und erst anschließend die Matrix aufzubauen. Dadurch muss der MATLAB-interne Sortierprozess nicht nach jedem neuen Eintrag, sondern nur einmal durchgeführt werden.

Durch den Befehl $A = sparse(i,j,a,m,n,nzmax)$ wird eine $m \times n$-Matrix A angelegt, deren Elemente a_{ij} im Koordinatenformat (COO-Format) durch drei Vektoren i, j, a angegeben sind. $i(k)$ ist der Zeilenindex und $j(k)$ der Spaltenindex des k-ten Nichtnullelements $a_{i(k),j(k)}$. Der (optionale) Parameter $nzmax$ gibt die Anzahl der Nicht-Null-Einträge an und bestimmt somit, wieviel Speicherplatz zur Speicherung von A allokiert wird. Wird $nzmax$ nicht angegeben, so verwendet MATLAB die Vektorlänge von i, j und a.

MATLAB-Beispiel 7.30

Im nebenstehenden Beispiel wird eine große $n \times n$-Tridiagonalmatrix mit Werten 2 auf der Hauptdiagonale und 1 auf den Nebendiagonalen aufgebaut.

```
n = 10000;
clear A;
start = cputime;
A = sparse(n,n);
for j = 1:n
    A(j,j) = 2;
    if j < n
        A(j,j+1) = 1;
        A(j+1,j) = 1;
    end
end
disp(cputime - start)
```

Die benötigte Zeit (89 Sekunden auf einem PC) wird gemessen und ausgegeben.

Dieselbe Matrix wird nun auf eine (augenscheinlich) wesentlich kompliziertere Weise aufgebaut, wobei die Möglichkeiten des MATLAB-Befehls *sparse* ausgenutzt werden. Die Matrix A hat lediglich $nzmax = 3n - 2$ Nicht-Null-Einträge.

```
n = 10000;
clear A;
start = cputime;
i = zeros(3*n - 2, 1);
j = zeros(3*n - 2, 1);
a = zeros(3*n - 2, 1);
for k = 1:n
    i(k) = k;
    j(k) = k;
    a(k) = 2;
    if k < n
        i(n+k) = k + 1;
        j(n+k) = k;
        a(n+k) = 1;
        i(2*n+k-1) = k;
        j(2*n+k-1) = k + 1;
        a(2*n+k-1) = 1;
    end
end
A = sparse(i,j,a);
```

Die Testrechnung benötigte lediglich eine Laufzeit von 0.4 Sekunden. Diese Programmierform bringt damit einen Geschwindigkeitsgewinn um den Faktor 220.

```
disp(cputime - start)
```

Bei Verwendung von ganzzahligen Datentypen oder des Datentyps *single* sollten Felder mittels *zeros(m,n,typ)* allokiert werden.

MATLAB-Beispiel 7.31

Die Rechenzeit fällt wesentlich kürzer aus, wenn man eine Matrix gleich mit den gewünschten Eintragstypen allokiert statt zunächst eine Matrix mit *double*-Einträgen zu allokieren und anschließend zu konvertieren: Bei Testrechnungen auf einem PC betrug die Laufzeit im ersten Fall 0.39 Sekunden, im zweiten Fall hingegen 14 Sekunden.

```
clear A; n = 10000;
start = cputime;
A = zeros(n,n,'int8');
disp(cputime - start)

clear A; n = 10000;
start = cputime;
A = zeros(n,n);
A = int8(A);
disp(cputime - start)
```

MATLAB-intern gibt es keine Skalare und Vektoren, sondern nur Felder. Die arithmetischen Operationen werden auch nur für Felder zur Verfügung gestellt. Bei jeder *for*-Schleife sollte man daher überlegen, ob es nicht möglich – und auch übersichtlicher und schneller – ist, diese durch die Feld-Arithmetik auszudrücken.

MATLAB-Beispiel 7.32

Die meisten MATLAB-Funktionen können vektorisiert aufgerufen werden. Die nebenstehende Schleife kann vermieden werden.

Die vektorisierte Realisierung kommt mit einer einzigen Programmzeile aus und benötigt außerdem weniger Rechenzeit.

```
y = zeros(n,1);
for j = 1:n
   y = sin(2*pi*j/n);
end
y = sin(2*pi*(1:n)/n);
```

Es gibt Fälle, in denen die Verwendung von Schleifen nicht zu vermeiden ist. Hängt die Laufzeit des MATLAB-Codes wesentlich von solchen Schleifen ab, so können diese in einer mittels Compiler übersetzbaren Sprache wie Fortran, C oder C++ programmiert werden. MATLAB bietet die Möglichkeit, über die MEX-Schnittstelle externen Code (in Fortran, C etc.) einzubinden. Hierauf wird in Kapitel 11 kurz eingegangen.

Für reelle Argumente sind die Funktion *reallog, realsqrt* und *realpow* effizienter als die allgemeineren (auch für komplexe Argumente geeigneten) Funktionen *log* und *sqrt* sowie das allgemeine Potenzieren.

Bei Bedingungen in *if*-Verzweigungen und *while*-Schleifen, sollte man für das logische UND und das logische ODER besser die Symbole & und | anstelle der elementweisen Operationen && und || verwenden. Dies hat den Vorteil, dass z.B. die Abfrage *if A & B* bereits mit FALSE bewertet wird, wenn die Bedingung *A* FALSE ist. Die Bedingung *B* wird in diesem Fall nicht mehr ausgewertet. Bei Abfrage mit *if A && B* werden zunächst beide Bedingungen *A* und *B* ausgewertet und erst dann logisch verknüpft.

Um die laufzeitkritischen Abschnitte eines MATLAB-Programms zu finden, ist in MATLAB ein *M-File-Profiler* integriert, dessen grafische Oberfläche mit dem Befehl

    profile viewer

aufgerufen wird. Häufig sind es nur einige Funktionen oder Abschnitte im Code, die längere Ausführungszeiten benötigen. Sobald dem Programmierer Informationen vorliegen, welche Programmteile laufzeitkritisch sind, können effizientere Realisierungen ins Auge gefasst werden, z. B. durch das

- Vermeiden Rechenzeit intensiver Funktionen und / oder das

- Vermeiden redundanter Berechnungen durch Speicherung der Ergebnisse.

Ein MATLAB-Programm ist dann bezüglich der Laufzeit optimal, wenn der größte Teil der Rechenzeit von MATLAB-*built-in*-Funktionen (also von jenen Funktionen, die *nicht* in Form von M-Files vorliegen) verbraucht wird.

Kapitel 8

Selbstdefinierte Datentypen

In imperativen Programmiersprachen gibt es meist eine klare Trennung zwischen Daten und Programmen: Prozeduren und Funktionen werden dazu verwendet, Daten aus dem Speicher zu holen und zu verändern. Funktionen und Datenstrukturen sind daher die „Grundbausteine" imperativer Programmiersprachen. Objektorientierte Sprachen vermeiden diese strikte Trennung: Zusammengehörige Operationen und Daten werden in modularen Einheiten, in sogenannten *Objekten*, zusammengefasst. Jedes Objekt hat einen internen *Zustand* (die Werte der Variablen des Objektes) sowie Funktionen, die sogenannten *Methoden*, die auf Variable des Objektes zugreifen können (also den internen Zustand verändern). Da für andere Objekte die internen Variablen eines Objektes normalerweise nicht „sichtbar" sind, eignen sich objektorientierte Programmiersprachen besonders gut zur Modularisierung von Programmen. Ein objektorientiertes Programm besteht letztlich aus einer Vielzahl von Objekten, die miteinander interagieren, um das gewünschte Endergebnis zu produzieren.

8.1 Klassen und Instanzen

Um ein neues Objekt zu erzeugen, muss zuerst eine neue *Klasse* definiert werden. Eine Klasse kann als eine Art „Schablone" betrachtet werden, mit der die Struktur des Objekts spezifiziert wird: Neben der Zahl und dem Typ der internen Variablen wird auch festgelegt, welche Methoden letztlich in den zu erzeugenden Objekten vorhanden sein werden. Beispielsweise besteht eine Klasse, die Polynome repräsentiert, aus einem Vektor der Polynom-Koeffizienten und einigen Methoden, die z. B. Polynomaddition, Polynommultiplikation und die Bildung des Ableitungspolynoms implementieren.

Eine Klassendefinition gibt also lediglich die Struktur späterer Objekte vor. Durch *Instantiierung* werden aus dieser Information konkrete Objekte, die auch *Instanzen* der Klasse genannt werden, erzeugt. Jede Instanz bekommt dabei einen

151

eigenen Speicherbereich für ihre internen Variablen (*Instanzvariablen*) zugewiesen; die Instanz kann als eine konkrete Ausprägung einer Klasse angesehen werden. So speichert z. B. eine Instanz der Polynomklasse *ein konkretes* Polynom, während die Klasse selbst nur Strukturen definiert, die die Speicherung beliebiger Polynome erlauben.

MATLAB folgt in der Struktur der einzelnen Datentypen den Konzepten einer objektorientierten Programmiersprache; den 12 Basistypen (siehe Kapitel 4) entsprechen 12 Klassen, denen ein eindeutiger Name zugeordnet ist. Jede Wertzuweisung erzeugt eine Instanz jener Klasse, deren Typ über die Wertzuweisung festgelegt ist; diese neue Instanz wird dann mit den angegebenen Werten initialisiert. Bei der Instantiierung wird das neu generierte Objekt über eine spezielle Methode, genannt Konstruktor, initialisiert. Dieser allokiert den benötigten Speicher und belegt alle Instanzvariablen des Objektes, die den durch die Instanz repräsentierten Wert speichern.

Standardmäßig sind in den Basisklassen die wichtigsten Operationen implementiert; auf dem Datenobjekt *double* sind beispielsweise auch Methoden für die Addition, Multiplikation etc. von Matrizen definiert.

8.2 Vererbung

Eine wichtige Eigenschaft objektorientierter Sprachen ist die Möglichkeit des Aufbaus einer „Klassenhierarchie". Eine hierarchische Strukturierung bietet die Möglichkeit der „Vererbung" bestimmter Eigenschaften von in der Hierarchie höherliegenden zu tieferliegenden Klassen, um Ähnlichkeiten in der Objektstruktur Rechnung zu tragen. Als Beispiel sei eine Klasse genannt, die Polynome beliebigen Grades speichert und auf der alle gängigen Methoden (wie Addition, Multiplikation etc.) definiert sind. Eine weitere Klasse soll Tschebyscheff-Polynome[1] speichern. Da Tschebyscheff-Polynome eine spezielle Klasse von Polynomen sind, können alle Operationen, die auf Polynome anwendbar sind, auch auf Tschebyscheff-Polynome angewendet werden. Es wäre nicht ökonomisch, in dieser Klasse alle Methoden der Polynomklasse nochmals zu definieren, da große Teile des Codes unverändert übernommen werden können.

Objektorientierte Programmiersprachen bieten eine elegante Möglichkeit an, eine Klasse als „Spezialfall" einer anderen zu definieren: *Vererbung*. Bei der Vererbung *erbt* eine Klasse (*Subklasse*) alle Methoden (und meist auch alle Variablen) einer anderen Klasse (genannt *Superklasse*). Eine Subklasse kann jedoch auch neue Methoden definieren und Methoden der Superklasse neu implementieren (*Polymorphismus*). Die Vererbung kann auch über mehrere Ebenen reichen. Klas-

---

[1]Tschebyscheff-Polynome spielen eine wichtige Rolle bei der Interpolation und Approximation (siehe Überhuber [67]).

sen, von denen keine Instanzen erzeugt werden können und die nur zum Zweck der Vererbung von Methoden an Subklassen vorhanden sind, heißen abstrakt.[2]

In MATLAB stammen alle Basisdatentypen von der abstrakten Klasse *array* ab; diese Klasse definiert lediglich Methoden, um auf mehrdimensionale Felder zuzugreifen. Die numerischen Datentypen stammen von einer weiteren abstrakten Klasse *numeric* ab, die wiederum *array* als Superklasse besitzt:

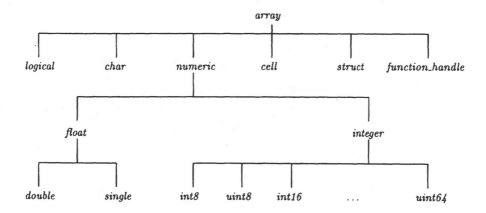

Durch den MATLAB-Befehl *class* kann der Klassenname eines Objektes ermittelt werden. Ist z. B. das Datenobjekt *a* vom Typ *double*, so gibt *class* (*a*) den String *'double'* zurück. Zudem kann der Klassenname eines Objektes durch *isa* mit einem vorgegebenen Namen verglichen werden. Der Befehl *isa* (*objekt, name*) liefert 1 (TRUE), falls das *objekt* vom Typ *name* ist.

Neue Datentypen können in MATLAB durch Implementierung einer neuen Klasse definiert werden. Dies geschieht durch Erstellung von MATLAB-Funktionen (siehe Abschnitt 7.3), die in einem Verzeichnis abgelegt werden müssen, dessen Namen aus dem Klassennamen und einem führenden @ besteht (das Verzeichnis muss Unterverzeichnis eines Verzeichnisses sein, das im MATLAB-Suchpfad enthalten ist). Jede Klasse muss mindestens einen Konstruktor implementieren. Eine Instanz einer neu definierten Klasse wird ausschließlich über den Aufruf eines Konstruktors erzeugt.

Abschnitt 8.5 enthält ein ausführliches Beispiel zur Definition neuer numerischer Datentypen.

---

[2]In MATLAB-Dokumenten wird eine solche Klasse (oder ein solcher Datentyp) gelegentlich auch als *virtuell* bezeichnet. Da dies aber keineswegs dem gängigen Gebrauch des Wortes „virtuell" entspricht, wird im Folgenden diese Bezeichnung nicht verwendet.

8.3   Konstruktoren

Ein Konstruktor ist eine spezielle Methode, deren Namen mit dem Klassennamen
übereinstimmt, und die bei der Instantiierung eines Objektes verwendet wird; der
Konstruktor dient dabei der Initialisierung des Objekts.

Ein Konstruktor muss mittels des MATLAB-Befehls *class* eine neue Instanz
eines Objektes erzeugen, die Instanzvariablen initialisieren und das neu erstellte
Objekt als Funktionsergebnis zurückliefern. Ein Konstruktor kann eine beliebige
Anzahl von Parametern besitzen; in bestimmten Situationen ruft MATLAB den
Konstruktor jedoch ohne Parameter oder mit einem bereits initialisierten Datenobjekt des gleichen Typs als Parameter auf. Im ersten Fall soll ein neues Objekt,
initialisiert mit Defaultwerten, zurückgegeben werden, im anderen Fall lediglich
der übergebene Parameter.

Bei der Erstellung neuer Objekte erhält der MATLAB-Befehl *class* mindestens
zwei Parameter: ein Datenobjekt vom Typ *struct*, das die Instanzvariablen enthält
(dabei entspricht jeder Strukturkomponente eine Instanzvariable), und den Klassennamen des neu zu erstellenden Objekts als *char*-Datenobjekt. Zurückgeliefert
wird eine (initialisierte) Instanz eines Objekts vom angegebenen Typ.

MATLAB-Beispiel 8.1

Die folgende MATLAB-Funktion ist ein Konstruktor für die Klasse *polynom*, die
Polynome beliebigen Grades speichern soll.

Um dies zu erreichen, wird ein Vektor der Koeffizienten als Instanzvariable *coeff* und der Grad des Polynoms als Instanzvariable *n* gespeichert. Das Objekt wird
durch den Aufruf des Konstruktors, dem ein Feld von Koeffizienten übergeben
wird, initialisiert.

```
function cl = polynom(c)
```

Wird kein Parameter übergeben, so liefert der Konstruktor die Konstante 0 zurück. In
einem neuen Datenobjekt *vars*
vom Typ *struct* werden alle Instanzvariablen gespeichert.

```
if nargin == 0
    vars.coeff = [0];
    vars.n = 0;
    cl = class(vars, 'polynom');
```

Wird der Konstruktor mit einem bereits initialisierten Polynom aufgerufen, so wird eine Ko-
pie zurückgeliefert.

```
elseif isa(c, 'polynom');
    cl = c;
```

Sonst wird ein neues Polynom-
objekt erstellt, wobei die Koeffizienten des Polynoms dem Vektor c entnommen werden.

```
else
    vars.coeff = c;
    vars.n = size(c);
    cl = class(vars, 'polynom');
end
```

Der Benutzer kann nun etwa über den Aufruf *polynom* ($[3\ 2\ 1]$) ein neues
polynom-Datenobjekt erzeugen, das das Polynom $3x^2 + 2x + 1$ repräsentiert.

MATLAB unterstützt sowohl einfache als auch mehrfache Vererbung. Im Fall einfacher Vererbung besitzt eine Klasse höchstens einen Vorgänger, im Fall mehrfacher
Vererbung sind mehrere Vorgänger möglich.

Werden im *class*-Befehl als optionale Parameter zusätzlich Namen von Klassen
angegeben, so kann man damit MATLAB anweisen, die zu erstellende Klasse als
Nachkomme der angegebenen Klassen anzusehen:

$$class\ (struct,\ classname\ \langle, obj_1, \ldots, obj_n\rangle)$$

erstellt eine neue Instanz der Klasse *classname* mit der Instanzvariablen *struct*,
die von den Objekten obj_1 bis obj_n abstammt. Eine abgeleitete Klasse erbt alle
Methoden ihrer Vorgänger (auf Variablen der Superklasse kann jedoch von der
Subklasse nicht zugegriffen werden).

Bei Verwendung von Vererbung ist bezüglich der internen Variablen einer
Klasse folgendes zu beachten: jede Subklasse *muss* alle Variablen der Superklassen enthalten, kann jedoch auch zusätzliche Variable definieren. Dies stellt sicher,
dass Methoden der Superklassen auch auf Instanzvariable der Subklasse operie-
ren können. Wird nämlich eine Methode eines Objekts aufgerufen, die nicht im
Objekt selbst definiert ist, jedoch in einer der Superklassen, so wird die entsprechende Methode der Superklasse ausgeführt; diese Methode operiert jedoch auf
den Instanzvariablen des ursprünglich angegebenen Objekts.

MATLAB-Beispiel 8.2

Das folgende Fragment eines Konstruktors zur Initialisierung einer Klasse
tscheb, die Tschebyscheff-Polynome speichern soll, illustriert die Verwendung
von Vererbung in MATLAB. Im Konstruktor werden die Koeffizienten des i-ten
Tschebyscheff-Polynoms ermittelt und in der Variablen *coeff* gespeichert, damit
alle Methoden, die in der Superklasse *polynom* definiert wurden, auf Objekte
des Typs *tscheb* angewendet werden können. Natürlich muss auch die Art der
Koeffizientenspeicherung übereinstimmen.

```
function cl = tscheb(i)
```

Es wird ein Objekt, initialisiert
mit einem Default-Wert, zurückgeliefert, falls kein Parameter
übergeben wurde, und der Parameter einfach kopiert, falls er bereits eine Instanz der Klasse ist.

```
if nargin == 0
   v.coeff = [];
   v.n = 0;
```

Da die neu definierte Klasse
tscheb von *polynom* abstammt,
wird der String *'polynom'* zusätzlich dem *class*-Befehl übergeben.

```
   cl = class(v,'tscheb','polynom');
elseif isa(i, 'tscheb');
   cl = i;

else
   % erzeuge i-tes Tschebyscheff-
   % Polynom und speichere dessen
   % Koeffizienten in v.coeff
   v.n = i;
   cl = class(v,'tscheb','polynom');
end
```

8.4 Definition von Methoden

Um das Objekt mit Funktionalität auszustatten, müssen Methoden implementiert werden. Diese Methoden sind MATLAB-Funktionen, die in jenem Verzeichnis
enthalten sein müssen, in dem sich auch der Konstruktor befindet.

Der in MATLAB verwendete Ansatz ist mit Klassenmethoden in *Objective C*
oder statischen Methoden in C++ zu vergleichen. Eine Methode erhält als Parameter Instanzen des neudefinierten Typs, manipuliert diese und liefert gegebenenfalls eine neue Instanz der gleichen Klasse zurück. Dabei wird der Konstruktor
verwendet, um eine neue Instanz zu erstellen.

Methoden einer Klasse können Klassenvariablen so wie Elemente einer Struktur ansprechen; ist *name* ein Datenobjekt eines (selbstdefinierten) Typs und *var*
eine Klassenvariable des zugehörigen Objekts, so kann eine Methode diese durch
die Angabe von *name.var* referenzieren.

Funktionen, die nicht Methoden der entsprechenden Klasse sind, können hingegen auf die Klassenvariablen nicht zugreifen (man spricht in diesem Zusammenhang auch von *information hiding*).

MATLAB-Beispiel 8.3

Die folgende Methode liefert die Ableitung eines gegebenen Polynoms *p* zurück.

Durch den Aufruf des Konstruktors *polynom* erzeugt MATLAB ein neues Datenobjekt vom Typ *polynom*.

```
function q = ableitung(p)
    d = p.n - 1;

    q = polynom(p.coeff(1:d).* ...
                (d:-1:1));
```

Eine Methode kann jedoch auch ein vordefiniertes Datenobjekt zurückliefern.

MATLAB-Beispiel 8.4

Das nebenstehende Codefragment implementiert die Methode *wert* der Klasse *polynom*, die ein Polynom *p* an einer Stelle *x* mit dem Horner-Schema auswertet.

```
function p_x = wert(p, x)
    y = 0;
    for a = p.coeff
        y = y*x + a;
    end
    p_x = y;
```

Wie bereits erwähnt, erben Subklassen alle Methoden der Superklasse. Enthält das Verzeichnis, in dem die Subklasse enthalten ist, jedoch eine Methode gleichen Namens wie eine Methode der Superklasse, so überschreibt die Definition der Methode in der Subklasse jene der Superklasse. MATLAB entscheidet anhand des Typs des Datenobjektes, welche Methode aufzurufen ist.

Eine Klasse definiert meist – neben dem Konstruktor – Konversionsmethoden, um das neue Datenobjekt in andere Datenobjekte zu konvertieren oder aus anderen Datenobjekten ein Objekt des neuen Typs zu erstellen.

Jede neudefinierte Klasse sollte auch eine Methode *display* zur Verfügung stellen, die MATLAB zur Darstellung von Datenelementen auf der Konsole verwendet; *display* muss ein *char*-Datenobjekt zurückgeben.

Eine Klasse kann auch private Methoden umfassen, d. h., Methoden, die nur innerhalb der Klassenmethoden zugänglich sind; existiert ein Unterverzeichnis *private* in jenem Verzeichnis, das die Klasse enthält, so werden alle MATLAB-Methoden darin als privat angesehen.

8.4.1 Überladen von Operatoren

MATLAB bietet auch die Möglichkeit, Operatoren zu überladen. Für jeden Operator, der in MATLAB definiert ist, gibt es eine entsprechende Klassenmethode, die die gewünschte Funktionalität implementiert. So wird z. B. der Operator + in den Aufruf der Klassenmethode *plus* oder * in *mtimes* übersetzt.

MATLAB-Beispiel 8.5

Evaluiert man $p * q$, falls p und q zwei Polynome sind, so wird die Methode *mtimes* (p,q) von MATLAB aufgerufen.

Hier wird zuerst eine Konvertierung der beiden Parameter in Polynome vorgenommen; dadurch wird es z. B. möglich, den Koeffizientenvektor eines Polynoms direkt der Multiplikationsmethode zu übergeben.

```
function result = mtimes(p, q)




p = polynom(p);
q = polynom(q);
result = polynom( ...
        conv(p.coeff, q.coeff));
```

Nähere Informationen zur Überladung von Operatoren, insbesondere zur Umsetzung von Operatoren in Klassenmethoden, bekommt man über die Online-Hilfe.

8.5 Drei- und sechsstellige dezimale Arithmetik

Als Beispiel für die Definition neuer MATLAB-Klassen werden nun zwei Klassen vorgestellt, die eine drei- und sechsstellige dezimale Gleitpunkt-Arithmetik implementieren.

CODE   **MATLAB-Beispiel 8.6**

Simulation von Gleitpunkt-Arithmetiken: Dieses Beispiel demonstriert die Möglichkeiten von MATLAB zur Definition eigener Datentypen; dabei wird auch gezeigt, wie Operatoren überladen werden können, um mit den neu definierten Typen wie mit einem in MATLAB vordefinierten Typ arbeiten zu können.

Der Datentyp *decimal6* simuliert einen sechsstelligen dezimalen Gleitpunkttyp, wobei als interne Darstellung ein siebenstelliger Skalar mit einer sechsstelligen Mantisse gewählt wurde. Weiters simuliert der Datentyp *decimal3* einen dreistelligen dezimalen Gleitpunkttyp, der analog durch einen vierstelligen Skalar mit einer dreistelligen Mantisse dargestellt wird. Die mit diesen Datentypen erreichbare Genauigkeit kann somit wie folgt spezifiziert werden:

- Zahl mit dem kleinsten positiven Betrag in *decimal3*: $0.100 \cdot 10^{-9}$

  interne Darstellung: $\boxed{\pm1}\ \boxed{0}\ \boxed{0}\ \boxed{-9}$

- Zahl mit dem größten positiven Betrag in *decimal3*: $0.999 \cdot 10^{9}$

  interne Darstellung: $\boxed{\pm9}\ \boxed{9}\ \boxed{9}\ \boxed{9}$

- Zahl mit dem kleinsten positiven Betrag in *decimal6*: $0.100000 \cdot 10^{-9}$

  interne Darstellung: $\boxed{\pm1}\ \boxed{0}\ \boxed{0}\ \boxed{0}\ \boxed{0}\ \boxed{0}\ \boxed{-9}$

- Zahl mit dem größten positiven Betrag in *decimal6*: $0.999999 \cdot 10^{9}$

  interne Darstellung: $\boxed{\pm9}\ \boxed{9}\ \boxed{9}\ \boxed{9}\ \boxed{9}\ \boxed{9}\ \boxed{9}$

Die Verwendung des selbstdefinierten Datentyps *decimal3* kann an Hand eines einfachen Beispiels veranschaulicht werden. Dabei wird die Summe $\sum_{i=1}^{3} i^2$ in dreistelliger dezimaler Gleitpunkt-Arithmetik ausgewertet.

Mit *decimal3* werden *double*-Objekte in die dreistellige Arithmetik konvertiert; dort werden sie mit dem überladenen Operator + addiert.

```
>> sum = decimal3(0);
>> for i = 1:3
       sum = sum + decimal3(i^2);
   end
```

Zuletzt wird die berechnete Summe ausgegeben; MATLAB verwendet dazu die (ebenfalls überladene) Funktion *display*.

```
>> sum
sum =
   .140 x 10^2
```

8.5.1   Anwendungsbeispiel: Rechenfehleranalyse und Auslöschungseffekte

Wirkt sich die Änderung eines Operanden an einer hinteren (weniger wichtigen) Stelle der Mantisse seiner Gleitpunktdarstellung an vorderen (bedeutsamen) Stellen der Mantisse des Ergebnisses aus, spricht man von *Auslöschung führender Stellen (cancellation of leading digits)*. Diese unerwünschte Situation ergibt sich am häufigsten bei Addition oder Subtraktion zweier *annähernd gleicher* Zahlen mit verschiedenen oder gleichen Vorzeichen. In diesem Fall heben einander die vorderen, übereinstimmenden Mantissenstellen der beiden Operanden auf; un-

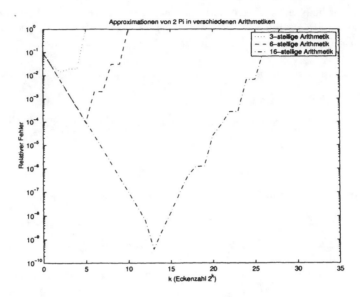

Abbildung 8.1: Relativer Fehler bei der Approximation von 2π.

bedeutende Ungenauigkeiten an hinteren Mantissenstellen der Daten werden im Ergebnis zu störenden Ungenauigkeiten an den vorderen Stellen.

Bemerkenswert ist die Tatsache, dass im Fall der Auslöschung *kein* Rechenfehler auftritt. Der große relative Fehler des Resultats ist ausschließlich auf die bereits *vor* der ausgeführten Operation vorhandenen Ungenauigkeiten der Operanden (Daten) zurückzuführen. Auslöschungssituationen sind die mit Abstand häufigste Ursache für die Instabilität numerischer Algorithmen. Die lokale Verstärkung des relativen Fehlers kann i. Allg. auch nicht mehr rückgängig gemacht werden.

Nachdem im Beispiel 8.6 die Implementierung von zwei selbstdefinierten Datentypen vorgestellt wurde, wird nun mittels einiger Beispiele die Verwendung dieser Datentypen illustriert. Die drei- und sechsstellige Arithmetik eignet sich speziell für Rechenfehleranalysen, da der Einfluss von Rundungsfehlern und Auslöschungseffekten i. Allg. viel früher auftritt als in der Standard-Maschinenarithmetik; trotzdem sind die beobachtbaren Phänomene ähnlich.

CODE   **MATLAB-Beispiel 8.7**

Näherungsweise Berechnung von π: Das MATLAB-Skript *archimedes* approximiert π nach der Archimedischen Methode (vgl. Beispiel 2.20) durch Berechnung des Umfangs eines dem Einheitskreis eingeschriebenen regelmäßigen 2^k-

Ecks. Gestartet wird mit einem Quadrat der Seitenlänge $s_4 = \sqrt{2}$. Die neue Seitenlänge wird bei jeder Verdoppelung der Seitenanzahl rekursiv berechnet:

$$s_{2k} = \sqrt{2 - \sqrt{4 - s_k^2}}.$$

Die Folge $\{ks_k\}$ konvergiert gegen 2π. Der relative Fehler

$$fehler_{\mathrm{rel}} = \left| \frac{ks_k - 2\pi}{2\pi} \right|$$

der Näherungswerte nimmt bei Verdoppelung der Seitenanzahl so lange ab, bis Auslöschungseffekte bei den Subtraktionen in der Rekursionsformel auftreten.

Wie Abb. 8.1 zeigt, kann man beim Übergang von dreistelliger Arithmetik auf sechsstellige Arithmetik oder (16-stellige) Maschinenarithmetik die störenden Auslöschungseffekte nicht beseitigen, sondern ihr Auftreten nur verzögern.

CODE   **MATLAB-Beispiel 8.8**

Kosinusreihe: Das MATLAB-Skript *kosinusfehler* stellt den Verfahrensfehler bei der Berechnung der Kosinusfunktion mit Hilfe der Reihe

$$\sum_{n=1}^{\infty} (-1)^n x^{2n} / (2n)!$$

dar. Die Summation wird abgebrochen, falls sich die Summe durch Addition des nächsten Terms nicht mehr verändert. Dabei wird die Reihe sowohl in drei- als auch in sechsstelliger Arithmetik ausgewertet und der absolute Fehler grafisch dargestellt (als Referenzwerte werden die mit Maschinengenauigkeit berechneten Kosinus-Werte herangezogen); siehe Abb. 8.2.

CODE   **MATLAB-Beispiel 8.9**

Nullstellen von Polynomen: Die MATLAB-Skripts *nullst3_n* und *nullst6_n*, wobei n als Platzhalter für 3, 5 oder 7 steht, werten in 3- und 6-stelliger Gleitpunkt-Arithmetik das Polynom

$$P_n = (x - 1)^n$$

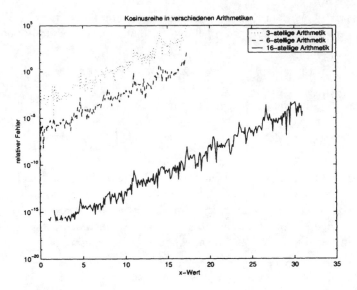

Abbildung 8.2: Absoluter Fehler bei der Auswertung der Kosinusreihe in drei- und sechsstelliger Arithmetik sowie in (16-stelliger) Maschinenarithmetik.

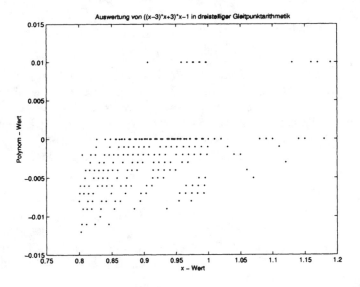

Abbildung 8.3: Auswertung des Polynoms $\widetilde{P}_3(x) = ((x-3)x+3)x-1$ in der Nähe der Nullstelle $x^* = 1$ in dreistelliger Arithmetik.

in dessen mathematisch äquivalenter Form $\widetilde{P}_n$ in der Umgebung der Nullstelle $x^* = 1$ aus:

n	P_n	$\widetilde{P}_n$
3	$(x-1)^3$	$((x-3)x+3)x-1$
5	$(x-1)^5$	$((((x-5)x+10)x-10)x+5)x-1$
7	$(x-1)^7$	$((((((x-7)x+21)x-35)x+35)x-21)x+7)x-1$

Die numerisch errechneten Werte des Polynoms $\widetilde{P}_n$ weichen im Bereich der Null-stelle sehr stark von den tatsächlichen Werten des Polynoms ab (es ergibt sich ein einigermaßen chaotisches Bild; siehe Abb. 8.3). Die Ursache dieses Phänomens sind wiederum Auslöschungseffekte.

Dieses Beispiel zeigt sehr deutlich, dass *mathematisch äquivalente* Formulie-rungen eines Problems bei Implementierung auf einem Computer unterschiedliche Ergebnisse liefern können.

8.5.2 Anwendungsbeispiel: Summation

Die einfachste Art der Summation ist die *rekursive Summation*, wobei die Sum-manden von links nach rechts addiert werden (d. h., zur aktuellen Summe wird jeweils rekursiv der nächste Summand addiert). Die Auswirkungen der Rundungs-fehler auf das Gesamtergebnis sind dann am geringsten, wenn man vor der Sum-mation die Summanden der Größe nach aufsteigend sortiert; die Schranke für den Rechenfehler steigt proportional mit n, der Anzahl der Summanden.

Als Alternative zur rekursiven Summation kann man jeweils die Summe von zwei benachbarten Summanden bilden und dieses Verfahren rekursiv fortführen (d. h., man summiert in jedem Schritt benachbarte „Teilsummen", die im vorigen Schritt generiert wurden). Dieses Verfahren wird *paarweise Summation* genannt. Bei dieser Art der Summation ist die Fehlerschranke bei n Summanden nur pro-portional zu $\log_2(n)$.

Die fehlerkompensierende Summation oder *Kahan-Summation* verfährt nach dem Schema der rekursiven Summation, schätzt aber bei jeder einzelnen Addition $a+b$ den entstandenen Rundungsfehler durch $\hat{e} = ((a+b)-a)-b)$ und verwendet diese Fehlerschätzung zur Fehlerreduktion.

Die Fehlerschranke der Kahan-Summation ist in erster Näherung unabhängig von der Anzahl der Summanden und bedeutet daher eine deutliche Genauigkeits-verbesserung gegenüber den anderen beiden Verfahren.

Eine ausführliche Diskussion der Eigenschaften verschiedener Summationsalgorithmen findet man z. B. in Überhuber [67].

CODE   **MATLAB-Beispiel 8.10**

Summationsalgorithmen: Die MATLAB-Skripts *sumrek3* und *sumrek6* bilden mittels rekursiver Summation die Summe von n auf dem Intervall $[0, 1]$ gleichverteilten Summanden in der drei- und sechsstelligen Arithmetik. Dieses Experiment wird für jedes n 100mal durchgeführt und das Maximum und das Minimum des Rechenfehlers ermittelt. Diese Werte werden in einem Diagramm für verschiedene n dargestellt. Als Referenz zur Berechnung des Fehlers dient dabei die Summation in *double*-Genauigkeit. Die MATLAB-Skripts *sumpaa3* und *sumpaa6* stellen analog den relativen Fehler bei paarweiser Summation und die MATLAB-Skripts *sumkah3* und *sumkah6* den Fehler bei Kahan-Summation grafisch dar.

Kapitel 9

Ein- und Ausgabe

Ein- und Ausgabe (E/A, engl. *input/output*, kurz I/O) realisieren die Kommunikation eines Programms mit seiner Umgebung.

Die *Eingabe* dient dem Datentransport von externen Geräten in den Arbeitsspeicher. Die Eingabe geschieht meist über die Tastatur, mittels magnetischer und optischer Speichermedien (Disketten, Festplatte, CD, DVD etc.) oder über Datennetze.

Die *Ausgabe* gibt Werte von im Arbeitsspeicher befindlichen Datenobjekten des Programms an externe Geräte wie z. B. Bildschirm, Drucker, magnetische und optische Speichermedien oder an Datennetze weiter.

9.1 Eingabe über die Tastatur

In MATLAB können durch den Befehl *input* Daten von der Tastatur eingelesen werden. Diese Anweisung erwartet einen String als Argument. Dieser String wird vor dem Einlesen von Daten als „Prompt" im Kommandofenster angezeigt. Die eingelesenen Daten werden als Ausdrücke betrachtet und im aktuellen Workspace ausgewertet; *input* liefert das ausgewertete Ergebnis zurück. Dabei können z. B. Matrizen und Vektoren in der üblichen []-Notation eingegeben werden.

Wird *input* mit dem String 's' als zweitem Parameter aufgerufen, so wertet MATLAB die Eingabe nicht aus und gibt die eingetippten Zeichen unverändert als *char*-Datenobjekt zurück. Gibt der Benutzer keine Daten ein, so liefert *input* die leere Matrix zurück, was mit der Funktion *isempty* erkannt werden kann.

MATLAB-Beispiel 9.1

Einlesen eines Wertes von der Tastatur und Speichern auf n.

```
n = input('Dimension = ');
```

165

| Falls *input* keinen Wert liefert, wird *n* ein Defaultwert zugewiesen. | ```
if isempty(n)
    disp('Kein Wert eingegeben !');
    n = -Inf;
end
``` |

9.2 Ausgabe am Bildschirm

Der MATLAB-Befehl *disp* ermöglicht es, Daten am Bildschirm auszugeben. Als Parameter kann ein Datenobjekt beliebigen Typs angegeben werden (sofern das zugrundeliegende Datenobjekt eine Methode *display* zur Verfügung stellt).

MATLAB-Beispiel 9.2

| Mittels *disp* werden Daten (beliebigen Datentyps) am Bildschirm ausgegeben. | ```
≫ disp('absoluter Fehler:')
absoluter Fehler:


≫ fehler = 355/113 - pi;
≫ disp(fehler)
   2.6676e-007
``` |

Die Ausgabeform von *single*- und *double*-Werten hängt vom aktuellen Ausgabeformat ab, das mit dem MATLAB-Befehl *format* einstellbar ist. Der Befehl *format* ändert nur die Darstellung der berechneten Werte. Der gespeicherte Wert hängt vom Datentyp ab (z. B. *single, double*) und unterscheidet sich gegebenenfalls vom ausgegebenen Wert.

Ohne spezielle Anweisungen verwendet MATLAB das Format *short*.Durch *format formatstring* wird MATLAB z. B. angewiesen, alle *double*- bzw. *single*-Variablen in jenem Format auszugeben, das durch *formatstring* (*long, hex* etc; siehe Tab. 9.1) gegeben ist.

Zudem existieren noch die Formate +, *rat*, *short g* und *long g*. Im Format + wird anstelle des gespeicherten Wertes nur ein + ausgegeben, falls die Zahl positiv ist, und ein −, falls sie negativ ist. Im Format *rat* wird eine rationale Approximation der *double*-Zahl ausgegeben. Das Format *short g* ist eine Mischform aus *short* und *short e*; dabei wird jeweils das „übersichtlichere" Format gewählt. Analog ist *long g* eine Mischform aus *long* und *long e*.

Variable eines ganzzahligen Datentyps und ganze Zahlen vom Typ *double* oder *single*, die kleiner als 10^9 sind, werden bei den Formaten *short/long* in Dezimalschreibweise als ganze Zahlen ausgegeben.

Format	Beispiel 1	Beispiel 2
rat	40/3	2/15
short	13.3333	0.1333
short e	1.3333e+01	1.3333e-01
long	13.33333333333333	0.13333333333333
long e	1.333333333333333e+01	1.333333333333333e-01
hex	402aaaaaaaaaaaab	3fc1111111111111
bank	13.33	0.13

Tabelle 9.1: Ausgabeformate für numerische Datenobjekte mit den *double*-Beispielen 40/3 und 2/15. Im Falle von *single*-Datenobjekten werden bei *format long* und *format long e* weniger Ziffern angegeben. Auf Variable eines ganzzahligen Datentyps hat nur das Format *hex* eine Auswirkung. Bei allen anderen Formaten werden sie in Dezimalschreibweise ausgegeben.

Formatierte Ausgabe

Zusätzlich zum Befehl *disp* existiert in MATLAB die Anweisung *fprintf*, die (ähnlich der gleichnamigen Library-Funktion in C) eine speziell formatierte Ausgabe ermöglicht. Ähnlich dem Befehl *printf* in C erwartet auch der MATLAB-Befehl *fprintf* einen Formatstring und eine Variablenliste als Parameter.

Der Befehl *fprintf* assoziiert von links nach rechts je eine Formatangabe im Formatstring mit einer nach dem Formatstring angegebenen Variablen und gibt diese entsprechend formatiert aus. Alle weiteren Zeichen des Formatstrings werden unverändert gedruckt.

Der Formatstring gibt an, in welcher Form die Daten auszugeben sind, die Variablenliste liefert die auszugebenden Werte. Ein Formatstring besteht aus einer Mischung von „normalen" Textzeichen, Sonderzeichen (wie z. B. \n für einen Zeilenwechsel) und Formatangaben. Jede Formatangabe wird mit dem Zeichen % eingeleitet und hat folgende Form:

$$\% \langle flag \rangle \ \langle width \rangle \ \langle .precision \rangle \ char$$

char bestimmt den Datentyp und die Ausgabeform (siehe Tabelle 9.2).

width spezifiziert die Zahl der maximal auszugebenden Zeichen. *width* muss so angegeben werden, dass auch Dezimalpunkt und Vorkommastellen Platz finden.

precision legt die Zahl der Nachkommastellen fest.

flag kann +, − oder 0 sein. Im Falle eines + wird vor einer Zahl immer ein Vorzeichen gedruckt, auch wenn die Zahl positiv ist. Im Fall von − wird die Ausgabe linksbündig formatiert. Falls *flag* mit 0 angegeben wird, erfolgt die Ausgabe rechtsbündig, jedoch werden vorne Nullen eingefügt, bis die angegebene Breite *width* erreicht ist.

Formatstring	Beschreibung
c	Ausgabe *eines* Zeichens (siehe s)
e	Gleitpunktdarstellung (mit Exponent)
E	wie e nur mit großem „E"
f	Fixpunktdarstellung
g	Mischung aus e und f
G	wie g nur mit großem „E"
o	Oktalnotation
s	String
x	Hexadezimalnotation (mit 0, 1,...,9, a, b,...,f)
X	Hexadezimalnotation (mit 0, 1,...,9, A, B,...,F)

Tabelle 9.2: Formatsymbole für *fprintf*.

MATLAB-Beispiel 9.3

Um eine Gleitpunktzahl mit 5 Nachkommastellen in Festpunktdarstellung auszugeben, wobei die Ausgabe insgesamt 15 Zeichen lang sein soll, verwendet man den Formatstring *15.5f*.

```
>> p = 355/113;
>> fprintf('%15.5f \n', p)
        3.14159
```

Auch erklärender Text kann ausgegeben werden.

```
>> ea = p - pi;
>> fprintf('Fehler = %9.2E \n', ea)
Fehler = 2.67E-007
```

Durch Aneinanderreihen mehrerer Formatstrings können auch die Werte mehrerer Variablen dargestellt werden.

```
>> x = 354.9:.1:355.2;
>> y = [x;sin(x)];
>> fprintf('%6.1f %10.3g \n', y)
 354.9 0.0998
 355.0 -3.01e-005
 355.1 -0.0999
 355.2 -0.199
```

Die Verwendung von *fprintf* ist nicht auf *double*-Variablen beschränkt.

```
>> psingle = single(355/113);
>> fprintf('%15.5f \n', psingle)
        3.14159
```

Auch die anderen numerischen
Datentypen werden unterstützt
und dem Formatstring entsprechend ausgegeben.

```
≫ pint = int8(355/113);
≫ fprintf('%15.5f \n', pint)
   3.00000
```

9.3 Zugriff auf Dateien

MATLAB ermöglicht den Zugriff auf externe Dateien sowohl lesend als auch schrei-
bend. Dabei wird zwischen Binärdateien und Textdateien unterschieden. Binärdateien enthalten Datensätze in einem internen Format, während in Textdateien die
Datensätze als formatierter Text enthalten sind.

9.3.1 Öffnen und Schließen von Dateien

Eine Text- oder Binärdatei wird mit der Anweisung *fopen* geöffnet:

$$\langle [\,] fid \,\langle, \; message\,]\rangle = fopen\,(name, zugriff)$$

Der Befehl erwartet zwei Argumente: den Dateinamen und einen String (ein *char*-
Datenobjekt), der die Zugriffsart angibt; siehe Tabelle 9.3.

String	Bedeutung
'r'	Lesezugriff
'w'	Schreibzugriff
'a'	Daten sollen an eine bestehende Datei angehängt werden
'r+'	Lese- und Schreibzugriff

Tabelle 9.3: Zugriffsarten auf Dateien.

Manche Betriebssysteme unterscheiden zwischen Binär- und Textdateien. In diesem Fall ist, falls eine Binärdatei geöffnet werden soll, zusätzlich an den String
ein *b* anzuhängen.

Der Befehl *fopen* liefert ein *double*-Datenobjekt zurück, das eine eindeutige
(vom Betriebssystem festgelegte) Nummer für die geöffnete Datei enthält, die
„Datei-Nummer", oder im Fehlerfall −1.

Optional wird als zweiter Rückgabeparameter ein String zurückgegeben, der
im Fehlerfall eine Fehlermeldung enthält.

Wird der Schreibvorgang auf oder der Lesevorgang von einer geöffneten Datei beendet, so kann sie durch *fclose* geschlossen werden. Der Befehl erwartet dabei die Datei-Nummer der zu schließenden Datei und liefert ein *double*-Datenobjekt zurück, das im Fehlerfall −1 und sonst 0 enthält.

MATLAB-Beispiel 9.4

Die Datei *test.dat* wird für Lesezugriffe geöffnet, die Datei-Nummer dem Datenobjekt *fid* zugewiesen ...

```
[fid, m] = fopen('test.dat', 'r');
if (fid == -1)
    disp(m);
end

% Hier folgen Anweisungen, die den
% Inhalt der Datei lesen
% (siehe nächste Abschnitte)
```

... und die Datei wieder geschlossen.

```
status = fclose(fid);
if (status == -1)
    disp('FEHLER!');
end
```

9.3.2 Lesen von Binärdateien

Mit dem MATLAB-Befehl *fread* können Daten von Binärdateien gelesen werden. Die Syntax dieses Befehls lautet:

$$\langle [ ] d \langle , n] \rangle = fread (fid \langle , num \langle , type \rangle \rangle)$$

Dabei gibt *fid* die Datei-Nummer jener Datei an, aus der gelesen werden soll. Wird keiner der weiteren optionalen Parameter angegeben, liest MATLAB genau ein ASCII-Zeichen ein und liefert ein *double*-Datenobjekt mit dem Dezimalwert des Zeichens zurück.

Mittels *num* kann spezifiziert werden, wieviele Zeichen MATLAB auf einmal einlesen soll; besitzt *num* einen ganzzahligen Wert, so wird genau die angegebene Anzahl von Zeichen eingelesen und deren dezimale Werte als *double*-Vektor zurückgeliefert; zudem kann mittels der symbolischen Konstanten *inf* MATLAB angewiesen werden, alle Zeichen bis zum Ende der Datei einzulesen. Ist *num* jedoch ein Ausdruck der Form $[m\ n]$, so werden mn Zeichen eingelesen und als $m \times n$-Matrix zurückgeliefert. Dabei füllt MATLAB die Matrix spaltenweise mit den eingelesenen Daten. Als zweiten (optionalen) Rückgabewert n liefert MATLAB die Zahl der tatsächlich eingelesenen Zeichen zurück.

Durch das dritte optionale Argument kann man MATLAB anweisen, nicht nur ASCII-Zeichen einzulesen, sondern auch Gleitpunktzahlen, Integer-Werte etc. Durch eine entsprechende Angabe eines Strings (siehe Tabelle 9.4) als Parameter *type* liest MATLAB aus der durch die Datei-Nummer spezifizierte Datei Daten ein, interpretiert die eingelesenen Daten entsprechend und konvertiert sie in ein *double*-Datenobjekt. Dabei ist zu beachten, dass MATLAB eingelesene Daten immer als *double*-Datenobjekt zurückgibt.

String	Datenformat
'char'	ASCII-Zeichen, 8 Bit
'int8'	Integer, 8 Bit
'int16'	Integer, 16 Bit
'int32'	Integer, 32 Bit
'int64'	Integer, 64 Bit
'uint8'	Integer, vorzeichenlos, 8 Bit
'uint16'	Integer, vorzeichenlos, 16 Bit
'uint32'	Integer, vorzeichenlos, 32 Bit
'uint64'	Integer, vorzeichenlos, 64 Bit
'float32'	Gleitpunkt, 32 Bit
'float64'	Gleitpunkt, 64 Bit

Tabelle 9.4: Maschinenunabhängige Datenformate für *fread* und *fwrite*.

9.3.3 Schreiben auf Binärdateien

Mit dem Befehl *fwrite* können Daten in Binärdateien geschrieben werden. Seine Syntax lautet:

fwrite (*fid, data, type*)

Dabei gibt *fid* die Datei-Nummer jener Datei an, in die geschrieben werden soll; *data* enthält die zu schreibenden Daten und *type* spezifiziert den externen Datentyp nach Tabelle 9.4.

MATLAB kann sowohl Skalare als auch ein- oder zweidimensionale Felder auf einmal schreiben, d. h., *data* kann ein maximal zweidimensionales *double*-Datenobjekt sein. Wird eine Matrix ausgegeben, so schreibt MATLAB diese spaltenweise in die Ausgabedatei. Der Befehl *fwrite* liefert die Zahl der geschriebenen Elemente von *data* zurück.

9.3.4   Position in der Datei

Durch die Verwendung der MATLAB-Befehle *feof*, *ftell*, *fseek* und *frewind* kann die
aktuelle Position in der geöffneten Datei kontrolliert werden. Mittels *feof* kann
festgestellt werden, ob das Ende der Datei bereits erreicht wurde; in diesem Fall
liefert der Befehl 1 (TRUE), ansonsten 0 (FALSE). Der Befehl erwartet die Datei-
Nummer als Parameter. Mittels *ftell* kann man den aktuellen Wert des Positionszeigers in einer geöffneten Datei ermitteln. Wiederum erwartet *ftell* als Parameter
die Datei-Nummer; der Befehl liefert den aktuellen Stand des Positionszeigers als
double-Datenobjekt zurück.

Mittels *frewind* und *fseek* kann der Stand des Positionszeigers in einer Datei
verändert werden. *frewind* setzt den Zeiger auf den Anfang der Datei zurück;
mittels *fseek* ist eine feinere Positionierung möglich:

>   *fseek* (*fid*, *offset*, *origin*)

Der Befehl verändert den Positionszeiger der Datei *fid* um eine positive oder
negative Zahl *offset* an Bytes, ausgehend von der Position *origin*, die als String
codiert wird: *'cof'* steht für die aktuelle Position des Zeigers in der Datei, *'bof'*
für den Anfang und *'eof'* für das Ende der Datei.

9.3.5   Lesen von Textdateien

Der Lesezugriff auf Textdateien erfolgt mit den MATLAB-Befehlen *fgetl*, *fgets*
und *fscanf*. Die ersten beiden Befehle lesen je eine Zeile der Textdatei ein und
liefern ein *char*-Datenobjekt zurück; dabei liest *fgetl* das die Zeile abschließende
Return mit ein, *fgets* nicht. Die eingelesene Textzeile kann danach mit MATLAB-
Stringbearbeitungsroutinen weiterverarbeitet werden. Beide Befehle erwarten die
Datei-Nummer als Parameter.

Formatierter Text kann mit dem MATLAB-Befehl *fscanf* eingelesen werden; er
erwartet als Parameter mindestens die Datei-Nummer und einen Formatstring. Im
Gegensatz zu der gleichnamigen C Library Funktion liest *fscanf* so lange Zeichen
ein, solange Daten in der Datei den Formatanforderungen entsprechen, sofern
nicht eine Obergrenze für die Anzahl der zu lesenden Werte bestimmt wurde; die
Syntax des Befehls lautet:

>   *fscanf* (*fid*, *format*, ⟨, *zahl*⟩)

Der Befehl liest so lange Daten aus jener Datei ein, die durch *fid* gegeben ist, solange die Daten dem Formatstring (siehe Tabelle 9.2) entsprechen und die gelesene
Anzahl kleiner als *zahl* ist; die gelesenen Daten werden als Vektor zurückgegeben. Die Angabe *zahl* kann jedoch auch die Form [n m] haben. In diesem Fall
liest MATLAB nm Datenobjekte ein und liefert diese als $n \times m$-Matrix zurück.
Wiederum wird die Matrix spaltenweise aufgefüllt.

MATLAB-Beispiel 9.5

Zur Illustration des Befehls *fscanf* wird folgendes Problem behandelt: Eine 50×3-Matrix ist in Textform in einer externen Datei *testmat.dat* gespeichert. Die ersten Zeilen dieser Datei sehen folgendermaßen aus:

```
1.001 0.228 0.1193
2.012 9.998 0.1112
3.119 6.335 0.1111
. . .
```

Diese Daten sollen von MATLAB eingelesen und in einer Matrix zur weiteren Verarbeitung abgespeichert werden.

Dazu wird die Datei zuerst mit *fopen* geöffnet.

```
» fid = fopen('testmat.dat', 'r');
```

Danach können mittels *fscanf* alle Daten eingelesen werden; MATLAB erstellt eine 3×50-Matrix, die spaltenweise aufgefüllt wird (d. h., jede Zeile der Textdatei wird eine Spalte der resultierenden Matrix *daten*).

```
» daten = fscanf(fid, '%f', [3 50]);
```

Zuletzt wird die transponierte Matrix gebildet und die Datei geschlossen.

```
» daten = daten';
» fclose(fid);
```

XML-Dateien können in MATLAB durch die Befehle *xmlread*, *xmlwrite* und *xslt* importiert werden. Nähere Informationen enthält die Online-Hilfe.

9.3.6   Import-Wizard

MATLAB bietet auch die Möglichkeit, Daten von der Festplatte oder der Zwischenablage interaktiv mit dem Import-Wizard zu importieren. Er wird über den „Start"-Button von MATLAB aufgerufen.

MATLAB-Beispiel 9.6

Zur Illustration des Import-Wizards sollen die folgenden Daten aus der Datei *data.txt* importiert werden:

```
John       85      90      95
Ann        90      92      98
Martin    100      95      97
Rob        77      86      93
```

Nach dem Starten des Import-Wizards muss die zu importierende Datei ausgewählt werden. Im nächsten Schritt wird das Trennzeichen festgelegt. In den
meisten Fällen kann MATLAB das Trennzeichen automatisch erkennen (Abb. 9.1).
Danach wählt man jene Daten, die importiert werden sollen, aus. Standardmäßig
werden alle numerischen Daten in einer Variablen und alle Texte (z. B. Zeilen-
und Spaltenüberschriften) in einer weiteren Variablen gespeichert. Durch Klicken
auf „Finish“ werden die Daten importiert.

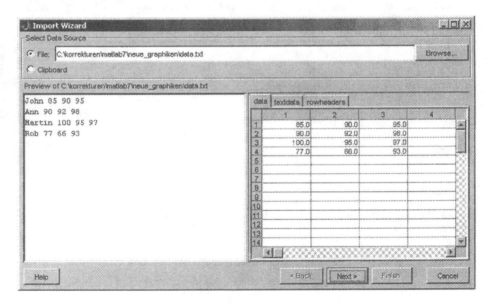

Abbildung 9.1: Import-Wizard.

9.4   Grafische Darstellung von Daten

MATLAB verfügt über sehr vielfältige Funktionen zur grafischen Darstellung von
zwei- und dreidimensionalen numerischen Daten; neben Funktionen zur Darstel-

lung von Datenpunkten in den „üblichen" Koordinatensystemen existiert etwa auch die Möglichkeit, Daten in (halb-)logarithmische Koordinatensysteme einzutragen. Weiters kann die Darstellungsform der zwei- und dreidimensionalen Grafiken individuell gestaltet werden. Die von MATLAB erzeugten Grafiken können interaktiv annotiert und modifiziert werden.

Im Folgenden wird ein Überblick über die MATLAB-Grafikfähigkeiten gegeben.

9.4.1 Darstellung zweidimensionaler Daten

MATLAB kennt u. a. die folgenden Befehle zur grafischen Darstellung zweidimensionaler Daten:

plot (DX, DY, Format) *dient dem Visualisieren von Daten in einem kartesischen Koordinatensystem.* Die Eingabedaten in den Vektoren *DX* und *DY* werden als x- und y-Koordinaten der darzustellenden Datenpunkte interpretiert. Falls *DY* ein zweidimensionales Feld ist, so wird *DX* jeweils gegen alle Zeilen/Spalten (je nachdem welche Dimension von *DY* in der Länge zu *DX* passt) von *DY* dargestellt.

Das Feld *DX* ist optional und wird – falls es fehlt – durch die Spalten- oder Zeilenindizes der Elemente von *DY* ersetzt.

Der Parameter *Format* ist ebenfalls optional und ist ein Vektor vom Typ *char*, der Formatierungsanweisungen zur Darstellung der Datenpunkte enthalten kann. Dieser Formatierungsstring kann Farb-, Markersymbol- und Linienart-Formatierungen enthalten (siehe Tabelle 9.5). Das Tripel ⟨*x-Werte, y-Werte, Format*⟩ kann auch wiederholt angegeben werden, z. B. *plot (DX1,DY1,F1,DX2,DY2,F2,...)*. Alle Daten werden dadurch in einem gemeinsamen Diagramm dargestellt.

CODE

Die zeitliche Entwicklung der Bevölkerung der Bundesländer Niederösterreich, Oberösterreich und Wien werden einander gegenübergestellt (siehe Abb. 9.2). Die Daten sind in der Datei *pop.mat* gespeichert und werden mit dem Befehl *load* geladen.

MATLAB-Beispiel 9.7

```
>> load pop
>> plot(t,n,'kx:',t,ob,'ko--',...
   t,w,'k-')
>> xlabel('Jahr')
>> ylabel('Bevölkerung')
>> legend('Niederösterreich',...
   'Oberösterreich', 'Wien')
```

Symbol	Farbe	Symbol	Marker	Symbol	Linienart
b	blau	.	Punkt	–	durchgezogen
g	grün	o	Kreis	:	punktiert
r	rot	x	Kreuz	-.	strich-punktiert
c	zyan	+	Plus	--	strichliert
m	magenta	*	Stern		
y	gelb	s	Quadrat		
k	schwarz	d	Diamant		
w	weiß	v	Dreieck (unten)		
		^	Dreieck (oben)		
		<	Dreieck (links)		
		>	Dreieck (rechts)		
		p	Pentagramm		
		h	Hexagramm		

Tabelle 9.5: Formatierungen für *plot*. Durch Aneinanderfügen der Zeichen sind auch „Mischformen" möglich (so erzeugt etwa '*b:*' eine blaue, punktierte Linie).

semilogx *stellt Daten mit logarithmischer x-Achse dar.* Diese Funktion verhält sich wie *plot*, nur wird die x-Achse in logarithmischem Maßstab dargestellt.

semilogy *stellt Daten mit logarithmischer y-Achse dar.* Diese Funktion verhält sich wie *plot*, nur wird die y-Achse in logarithmischem Maßstab dargestellt.

loglog *stellt Daten in einem doppelt-logarithmischen Koordinatensystem dar.* Diese Funktion verhält sich wie *plot*, nur wird sowohl die x- als auch y-Achse in logarithmischem Maßstab dargestellt.

pie (a ⟨, b⟩) *erstellt ein „Tortendiagramm".* Der Befehl erstellt eine „Tortengrafik"; die Größe der einzelnen Kreissegmente ist durch das Verhältnis der einzelnen Komponenten des eindimensionalen Vektors *a* zur Gesamtsumme aller Komponenten aus *a* gegeben. Diese Funktion eignet sich dazu, die Verhältnisse mehrerer Werte, die ein Gesamtsystem darstellen, zu veranschaulichen.

Der optionale Parameter *b* ist ein Feld von Wahrheitswerten, die festlegen, ob die einzelnen Tortensegmente „herausgezogen" dargestellt werden sollen oder nicht.

plotyy (X1, Y1, X2, Y2 ⟨, Fnkt⟩) *dient der Darstellung zweier Kurven mit verschiedenen y-Achsen in einer Grafik.* Mit dieser Funktion können in ei-

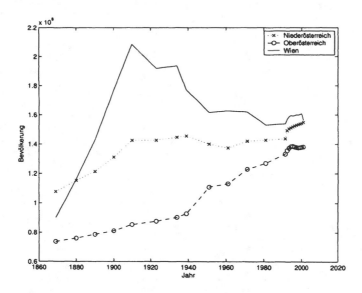

Abbildung 9.2: Bevölkerung in NÖ, OÖ und Wien von 1869 bis 2001.

nem Diagramm zwei Kurven mit getrennten Skalierungen der y-Achse dargestellt werden. Die linke Koordinatenachse gehört dabei zur ersten Kurve (die durch $X1$ und $Y1$ spezifiziert ist).

Die Bedeutung der Felder $X1$, $Y1$ und $X2$, $Y2$ entspricht der Bedeutung der Felder X und Y beim Befehl *plot*.

Der optionale Parameter *Fnkt* bezeichnet den Namen einer Grafikfunktion, die zum Zeichnen der Daten verwendet werden soll, d. h., man kann *plotyy* auf alle Grafikfunktionen anwenden, die einen Aufruf der Form *Fnkt*(X, Y) erlauben. Der Defaultwert von *Fnkt* ist *'plot'*.

MATLAB-Beispiel 9.8

Darstellung der Funktionen

$$f_1(x) = e^x \quad \text{und} \quad f_2(x) = \Gamma(x)$$

mit zwei logarithmischen y-Achsen (siehe Abb. 9.3).

```
x = linspace(1e-4,10,1000);
plotyy(x,exp(x),x,gamma(x), ...
       'semilogy');
```

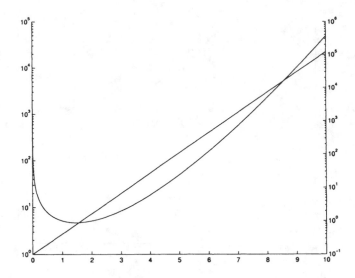

Abbildung 9.3: Beispiel für *plotyy*.

bar (x, y), stairs (x, y) *erstellen ein Balken- oder Stufendiagramm.* Die Funktion *bar* zeichnet den Vektor x gegen die Spaltenvektoren des Feldes y in Balkenform. Die Mittelpunkte der Balken befinden sich an den x-Werten. Die Elemente des Vektors x müssen monoton steigend sortiert sein.

Die Funktion *stairs* (x,y) liefert eine ähnliche Grafik wie *bar* (x,y). Statt einzeln stehender Balken werden hier die Funktionswerte in Treppenform gezeichnet. Die Sprungstellen befinden sich dabei an den x-Werten.

MATLAB-Beispiel 9.9

Darstellung von e^{-x^2} als Balken- und Stufendiagramm (*subplot* erlaubt es, mehrere Grafiken in einem Fenster darzustellen; siehe Abschnitt 9.4.2). Das Ergebnis ist in Abb. 9.4 dargestellt.

```
x = -2.9:0.2:2.9;
subplot(2,1,1);
bar(x,exp(-x.^2));
subplot(2,1,2);
stairs(x,exp(-x.^2));
```

---

hist (D, Bin) *erstellt ein Histogramm.* Diese Funktion erstellt ein Histogramm mit den Werten aus D. Dabei wird, falls der optionale Parameter *Bin* nicht

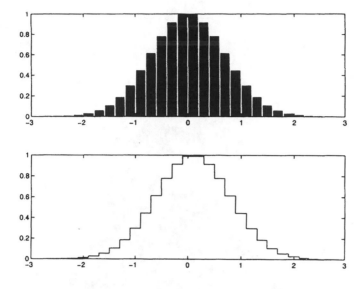

Abbildung 9.4: Beispiel für *bar* und *stairs*.

angegeben wurde, der Bereich zwischen Minimum und Maximum der Elemente von D in 10 äquidistante Bereiche unterteilt und die Zahl der in diese Bereiche fallenden Werte aus D in einem Diagramm dargestellt.

Ist *Bin* ein Skalar, so wird der Bereich zwischen Minimum und Maximum in *Bin* Bereiche unterteilt. Ist *Bin* jedoch ein eindimensionaler Vektor (mit sortierten Elementen), so nimmt MATLAB als Mittelpunkt der einzelnen Teilintervalle die Werte in *Bin*.

MATLAB-Beispiel 9.10

3000 normalverteilte Zufallszahlen werden erzeugt und ein Histogramm wird dargestellt (siehe Abb. 9.5). Man beachte, dass der erste Parameter von *hist* den Funktionswerten (y-Daten) entspricht.

```
x = -3.9:0.1:3.9;
y = randn(3000,1);
hist(y,x);
```

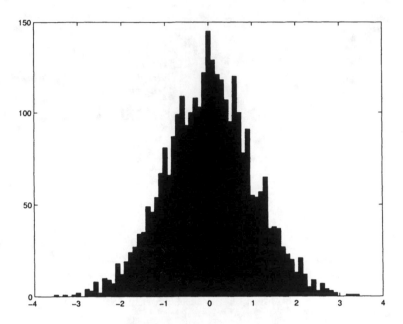

Abbildung 9.5: Beispiel für *hist*.

stem (X, Y, Format ⟨, Marker⟩) *liefert eine Darstellung durch vertikale Linien.* Diese Funktion stellt die Elemente des Feldes X gegen die Elemente des Feldes Y dar, wobei jeder Datenpunkt mit einer vertikalen Linie mit der x-Achse verbunden wird. Der Parameter *Format* vom Typ *char* hat dieselbe Wirkung wie bei der Funktion *plot*. Standardmäßig wird das Format *'o-'* verwendet.

Der optionale Parameter *Marker* vom Typ *char* bestimmt, ob die Marker ausgefüllt werden; wird *'filled'* übergeben, so werden die Marker ausgefüllt (es sind keine anderen Werte für *Marker* erlaubt).

errorbar (X, Y, L, U) *liefert eine Fehlerintervall-Darstellung von Daten.* Mit dieser Funktion kann man zusätzlich zur Kurve, die sich wie bei der Funktion *plot* aus den Punktepaaren $(x_1, y_1), (x_2, y_2), \dots$ ergibt, noch für jeden Datenpunkt (x_i, y_i) ein vertikales Fehlerintervall darstellen. Die Fehlerintervalle ergeben sich als Verbindungslinie von $y_i - L_i$ bis $y_i + U_i$. Wird der Parameter U nicht angegeben, so wird standardmäßig $U = L$ gesetzt. Die Felder X, Y, L und U müssen die gleiche Größe haben.

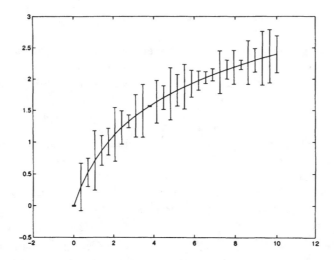

Abbildung 9.6: Beispiel für *errorbar*.

MATLAB-Beispiel 9.11

Verwendung von *errorbar*: eine Funktion mit zufällig gewählten Fehlerintervallen wird dargestellt (siehe Abb. 9.6).

```
x = linspace(0,10,30);
y = log(x + 1);
e = rand(size(x))/2;
errorbar(x,y,e);
```

---

polar (W, R ⟨, Format⟩) *liefert eine Darstellung in Polarkoordinaten.* Die Funktion zeichnet eine ebene Kurve, die punktweise in Polarkoordinaten gegeben ist. Der Parameter *W* ist ein Feld mit den Winkeln der Datenpunkte, der Parameter *R* enthält die Radien. Der optionale Parameter *Format* vom Typ *char* hat dieselbe Bedeutung wie bei der Funktion *plot*.

MATLAB-Beispiel 9.12

Darstellung einer in Polarkoordinaten gegebenen Kurve.

```
w = 2*pi:0.001:4*pi;
r = exp(0.1*w.*sin(10*w));
polar(w,r);
```

fill (X, Y, Col) *dient der Darstellung 2-dimensionaler Vielecke.* Die Parameter *X* und *Y* spezifizieren die *x*- und *y*-Koordinaten der Eckpunkte des darzustellenden Vielecks. Der Parameter *Col* vom Typ *char* spezifiziert die Farbe, mit der das Vieleck gefüllt wird. Mögliche Werte sind die Farbauswahlmöglichkeiten des Parameters *Format* der Funktion *plot* (siehe Tabelle 9.5 auf Seite 176).

fplot (Fnkt, Lim ⟨, Tol, N⟩) *stellt Funktionen grafisch dar.* Die bisher beschriebenen Funktionen beschränkten sich darauf, eine punktweise gegebene Funktion darzustellen, d. h., es wurden stets die darzustellenden Datenpunkte übergeben. Da die Bestimmung der optimalen Abtastpunkte für eine gegebene Funktion jedoch manchmal sehr schwierig ist und eine falsche Wahl zu ungünstigen oder fehlerhaften Darstellungen führen kann (siehe Abb. 9.7), gibt es in MATLAB die Funktion *fplot*.

fplot erhält als Argumente den Namen einer Funktion *Fnkt*, die Intervallgrenzen *Lim* für die Auswertung dieser Funktion (als eindimensionaler Zeilenvektor mit zwei Elementen). Optional können die relative Fehlertoleranz *Tol* und die minimale Anzahl *N* an Funktionswerten vorgegeben werden.

Der Parameter *Fnkt* vom Typ *char* kann entweder den Namen einer M-Datei (ohne Dateiendung) oder einen MATLAB-Ausdruck enthalten. Der optionale Parameter $0 < Tol < 1$ beschränkt den maximalen relativen Fehler, der durch Interpolation zwischen zwei Funktionswerten entsteht. Defaultmäßig ist er auf 0.002 gesetzt. Die Funktion *fplot* bestimmt aufgrund des maximal erlaubten relativen Fehlers selbständig, abhängig vom Verlauf (der „Glattheit") der Kurve, die Zahl und Position der Stellen, an der die Funktion ausgewertet wird. Der optionale Parameter $N (\geq 1)$ legt die minimale Anzahl der Abtastpunkte fest.

MATLAB-Beispiel 9.13

Die nebenstehenden Anweisungen stellen die Funktion aus Beispiel 10.10 (siehe Seite 221) im Intervall [0, 1] dar (siehe Abb. 9.7).

```
subplot(2,1,1);
fplot(@peaks3, [0 1]);
```

Erst durch geeignete Wahl einer kleinen Fehlertoleranz wird die „Spitze" bei $x = 0.53$ sichtbar.

```
subplot(2,1,2);
fplot(@peaks3, [0 1], 1e-5);
```

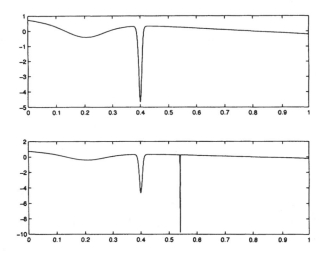

Abbildung 9.7: Beispiel für *fplot.*

9.4.2   Festlegen des Ausgabefensters

MATLAB stellt die Ausgaben der Grafikfunktionen in eigenen Fenstern (*figures*) dar, denen eine eindeutige Nummer zugeordnet ist. Der Befehl *figure (H)* erzeugt – sofern es noch nicht existiert – ein Fenster mit einer Nummer *H*, aktiviert es und stellt es im Vordergrund dar. Alle folgenden Grafikbefehle werden dann *im aktivierten Fenster* durchgeführt (sollte bei Aufruf eines Grafikbefehls kein Grafikfenster aktiv sein, so wird ein neues Fenster geöffnet).

Wird der optionale Parameter *H* weggelassen, so wird durch den Befehl *figure* ein neues Fenster erzeugt und aktiviert. Die Nummer des aktiven Fensters kann mit der Funktion *gcf* bestimmt werden.

Ausgabefenster können mit dem Befehl *close* wieder gelöscht werden. *close* liefert den Wert 1, wenn die selektierten Fenster geschlossen werden konnten, sonst den Wert 0.

MATLAB-Beispiel 9.14

Folgende Varianten von *close* können zum Löschen von Ausgabefenstern verwendet werden:

Schließen des Ausgabefensters   ≫ `close(1);`
mit der Nummer 1.

Schließen des aktuellen Ausga-   `» close`
befensters.

Schließen aller derzeit geöffneten   `» close all`
Ausgabefenster.

9.4.3   Unterteilung des Ausgabefensters

Ein Fenster kann mit dem Befehl *subplot*(m, n, p) in Teilfenster zerlegt werden. Das aktuelle Ausgabefenster wird in eine $m \times n$-Matrix von Fenstern unterteilt, das p-te Teilfenster wird als aktueller Ausgabebereich festgelegt und dessen Nummer zurückgeliefert. Die Nummerierung der Teilfenster erfolgt dabei zeilenweise von links nach rechts, beginnend mit der obersten Zeile.

Falls gerade kein Fenster geöffnet ist, so wird automatisch ein neues erzeugt, aktiviert und in den Vordergrund gestellt. Sollte das aktuelle Fenster vor dem Aufruf von *subplot* eine andere Aufteilung, als die von *subplot* spezifizierte, haben, so wird der Inhalt des Fensters gelöscht.

MATLAB-Beispiel 9.15

Das nebenstehende Programm-stück erzeugt ein neues Fenster, bringt es in den Vordergrund und zeichnet darauf (in zwei Teilfenstern) gleichverteilte und normalverteilte Zufallszahlen (siehe Abb. 9.8).

```
figure
points = rand(1000,2);
subplot(1,2,1);
plot(points(:,1), points(:,2), '.');
title('Gleichverteilung');
axis([0 1 0 1]); axis square;
points = randn(1000,2);
subplot(1,2,2);
plot(points(:,1), points(:,2), '.');
title('Normalverteilung');
axis([-3 3 -3 3]); axis square;
```

9.4.4   Konfiguration der Ausgabeform

Die Ausgabeform einer Grafik kann in MATLAB sehr flexibel den Bedürfnissen der Benutzer angepasst werden. Im Folgenden werden die wichtigsten Funktionen zur Gestaltung der Ausgabeform erläutert. Diese Funktionen dienen der Veränderung einer *bereits bestehenden* Grafik; bei Ausführung eines weiteren Grafikbefehls (wie z. B. *plot*) werden Änderungen der Konfiguration wieder zurückgesetzt.

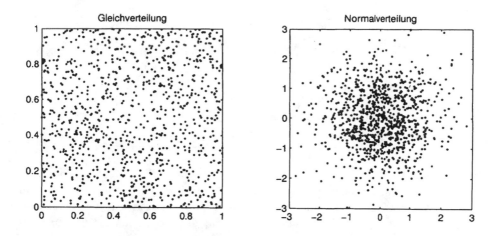

Abbildung 9.8: Gleichverteilte und normalverteilte Zufallszahlen.

title *legt den Diagrammtitel fest.* Mit dem Aufruf *title(ueberschrift)* bekommt das Diagramm im gerade aktiven Ausgabefenster eine Überschrift. Der Parameter *ueberschrift* ist ein *char*-Feld, das den Titel enthält.

xlabel, ylabel, zlabel *legen die Achsenbeschriftungen fest.* *xlabel(name_x)* bewirkt die Beschriftung der x-Achse mit dem Inhalt des *char*-Feldes *name_x*; analog beschriftet *ylabel(name_y)* die y-Achse mit *name_y*. Für die Sichtbarkeit der Achsenbeschriftungen muss auch die Achsendarstellung mit *axis on* eingeschaltet sein. Für dreidimensionale Grafiken kann auch noch die Funktion *zlabel(name_z)* zum Beschriften der z-Achse verwendet werden.

text *dient der Platzierung von Text auf der Diagrammfläche.* *text(X,Y,String)* setzt den Inhalt des *char*-Feldes *String* auf die Positionen, welche durch X und Y, bezogen auf die aktuelle Achsenskalierung, gegeben sind. X, Y und *String* können Skalare oder gleichlange Vektoren sein.

Der Text wird um die angegebene Y-Koordinate zentriert und linksbündig (beginnend ab der angegebenen X-Koordinate) ausgegeben.

legend *erzeugt eine Legende.* Mit *legend(Strings,Pos)* wird eine Box erzeugt, die den dargestellten Daten bzw. Kurven die Texte aus dem Parameter *Strings* zuordnet. Dabei ist *Strings* ein zweidimensionales *char*-Feld, dessen Zeilen die Bezeichnungen der einzelnen Datensätze enthalten. Der optionale Parameter *Pos* gibt an, wo die Legende platziert werden soll:

Pos	Platzierung
0	„optimal" bezüglich der Daten
1	rechte obere Ecke (Defaultwert)
2	linke obere Ecke
3	linke untere Ecke
4	rechte untere Ecke
−1	rechts außerhalb der Grafik

grid *erzeugt Gitternetzlinien.* Mit dieser Funktion wird die Darstellung von Gitternetzlinien ein- oder ausgeschaltet. Mit *grid on* wird die Darstellung von Gitternetzlinien aktiviert, mit *grid off* wird sie deaktiviert; die Defaulteinstellung ist *grid off*. Die Funktion gilt für das momentan aktive Ausgabefenster oder den selektierten Teilbereich. Für die Sichtbarkeit der Gitternetzlinien muss auch die Achsendarstellung mit *axis on* aktiviert sein.

box *erzeugt einen Diagrammrahmen.* Mit dieser Funktion wird die Darstellung des Diagrammrahmens ein- oder ausgeschaltet. Der Aufruf *box on* aktiviert den Diagrammrahmen, *box off* deaktiviert ihn. Wird kein Parameter angegeben, so wird der aktuelle Zustand geändert; die Defaulteinstellung ist *box on*. Die Funktion gilt für das momentan aktive Fenster oder Teilfenster. Für die Sichtbarkeit des Rahmens muss auch die Achsendarstellung mit *axis on* eingeschaltet sein.

axis *steuert die Achsendarstellung.* Diese Funktion erlaubt das Ändern von Skalierung und Darstellungsform der Achsen.

axis off deaktiviert die Darstellung von Hintergrund, Beschriftungen, Gitternetzlinien und Diagrammrahmen.

axis on aktiviert die Darstellung von Hintergrund, Beschriftungen und – falls diese explizit gesetzt wurden – die Darstellung von Gitternetzlinien und Diagrammrahmen.

axis ([*Xmin Xmax Ymin Ymax*]) belegt die unteren und oberen Grenzen der x- und y-Achse mit den Werten des übergebenen Zeilenvektors.

axis auto bestimmt die Achsenskalierung automatisch.

axis manual verhindert, dass die aktuelle Skalierung verändert wird. Dies ist dann von Interesse, wenn mittels *hold* mehrere Grafiken dieselbe Achsenskalierung verwenden sollen.

axis ij setzt die Achsenorientierung auf die „Matrix-Koordinatenform". Der Koordinatenursprung ist dabei die linke obere Ecke. Die vertikalen Werte steigen von oben nach unten an, die horizontalen – wie üblich – von links nach rechts.

axis xy setzt die Achsenorientierung auf den Defaultzustand (kartesische Koordinaten). Die horizontalen Werte steigen von links nach rechts an, die vertikalen steigen von unten nach oben an.

axis square weist MATLAB an, einen quadratischen Zeichenbereich zu verwenden; die Standardform ist rechteckig (nicht-quadratisch).

axis equal bewirkt einen gleichen Skalierungsfaktor für beide (oder alle drei) Koordinatenachsen.

axis normal deaktiviert die Funktionen *square* und *equal* von *axis*.

In MATLAB gibt es noch zwei weitere Konfigurationsbefehle, die jedoch *vor* einer Grafikfunktion angewendet werden müssen.

colordef *legt die Diagramm- und Beschriftungsfarben fest.* Mit der Funktion *colordef* können für ein Ausgabefenster die Darstellungsfarben für den Fensterhintergrund, den Diagrammhintergrund, der Beschriftungen und der ersten drei Zeichenfarben eingestellt werden.

colordef white setzt den Fensterhintergrund auf Hellgrau, den Diagrammhintergrund auf Weiß, die Beschriftungen auf Schwarz und die ersten drei Zeichenfarben auf Blau, Dunkelgrün und Rot.

colordef black setzt den Fensterhintergrund auf Dunkelgrau, den Diagrammhintergrund auf Schwarz, die Beschriftungen auf Weiß und die ersten drei Zeichenfarben auf Gelb, Magenta und Zyan.

colordef none setzt den Fenster- und Diagrammhintergrund auf Schwarz, die Beschriftungen auf Weiß und die ersten drei Zeichenfarben auf Gelb, Magenta und Zyan.

colordef(Fig, Option) setzt die Farbwerte für das Ausgabefenster mit der Nummer *Fig*. Der Parameter *Option* ist ein *char*-Feld und kann mit *'white*, *'black'* oder *'none'* belegt werden. Bei Anwendung der Funktion muss das Fenster leer sein.

colordef('new', Option) erzeugt ein neues Ausgabefenster, dessen Farbwerte mittels des Parameters *Option* festgelegt sind. *colordef* liefert als Funktionswert die Nummer des neu erzeugten Fensters.

hold *ermöglicht Mehrfachdiagramme.* Vor Ausführung eines Grafikbefehls wird automatisch das aktive Ausgabefenster oder Teilfenster gelöscht. Sollen mehrere, hintereinander erstellte Grafiken in einem gemeinsamen Koordinatensystem dargestellt werden, so kann dies durch *hold on* erzielt werden.

hold on deaktiviert das (defaultmäßige) automatische Löschen des aktuellen Ausgabefensters oder Teilfensters vor der Darstellung einer neuen Grafik. Wenn *axis auto* aktiviert ist, so werden die Achsen automatisch erweitert, um alle Kurven vollständig darstellen zu können, bei *axis manual* werden die aktuellen Achsenskalierungen nicht verändert. Damit kann es vorkommen, dass das Ergebnis der aktuellen Grafikfunktion nicht vollständig im sichtbaren Bereich liegt.

hold off stellt den Defaultzustand wieder her, in welchem das automatische Löschen des aktuellen Ausgabebereiches vor der Darstellung eines neuen Diagramms erfolgt.

9.4.5   Darstellung dreidimensionaler Daten

Im Folgenden wird (analog zur Darstellung zweidimensionaler Daten) ein Überblick über die dreidimensionalen MATLAB-Grafikfunktionen gegeben:

plot3 (DX, DY, DZ $\langle$, Format$\rangle$) *stellt Kurven im dreidimensionalen Raum dar. plot3 ist die dreidimensionale Version der Funktion plot. Die Parameterliste ist um ein Feld für die Daten der dritten Dimension erweitert. Die Eingabedaten werden als X-, Y- und Z-Werte einzelner zu zeichnender Punkte interpretiert. Die Felder DX, DY und DZ müssen dieselbe Größe haben. Sollten DX, DY und DZ zweidimensionale Felder sein, so werden die jeweiligen Spalten als separate Kurven dargestellt. Der optionale Parameter Format besitzt dasselbe Format wie bei der zweidimensionalen Variante plot.*

Das Quadrupel $\langle X\text{-}Werte, Y\text{-}Werte, Z\text{-}Werte, Format\rangle$ kann auch mehrfach als Parameter von *plot3* angegeben werden:

$plot3\,(DX1,DY1,DZ1,F1,DX2,DY2,DZ2,F2,\ldots)$.

MATLAB-Beispiel 9.16

Durch die nebenstehenden Befehle wird eine Raumkurve (siehe Abb. 9.9) dargestellt.

```
z = 0:0.001:1;
x = exp(0.9*z).*sin(10*z);
y = exp(0.1*z).*cos(20*z);
plot3(x,y,z);
```

Anklicken des Symbols für „Rotate 3D" oder die Anweisung *rotate3d on* ermöglichen ein manuelles Einstellen des Betrachtungswinkels mit der Maus und damit ein besseres Verständnis der Raumkurve.

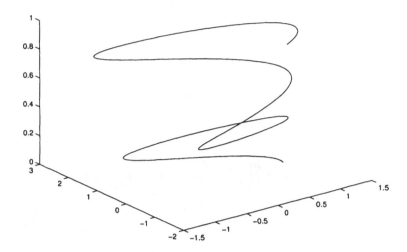

Abbildung 9.9: Raumkurve als Beispiel für *plot3*.

mesh (X, Y, Z ⟨, C⟩) *erzeugt Netzgrafiken.* Eine Funktion $Z = f(X, Y)$ wird durch die Angabe ihrer Z-Koordinaten über einem rechteckigen Raster von X- und Y-Werten spezifiziert. Durch Verbinden von benachbarten Datenpunkten entsteht eine dreidimensionale Grafik (siehe Abb. 9.10). Netzgrafiken eignen sich zur Darstellung der Elemente großer Matrizen oder von Funktionen von zwei unabhängigen Variablen.

X ist ein Vektor der Länge m, Y ein Vektor der Länge n und Z ist ein zweidimensionales Feld der Größe $m \times n$. Diese Werte bestimmen die Skalierung der x- und y-Achse.[1] Fehlen die Parameter X und Y, so werden sie durch den Spalten- und Zeilenindex von Z ersetzt. Durch Angabe des optionalen Parameters C kann die Farbgebung der Grafik verändert werden.

Zur Auswertung von Funktionen von zwei Veränderlichen kann die MATLAB-Funktion *meshgrid* verwendet werden. $[X, Y] = meshgrid\,(x, y)$ erzeugt zwei Matrizen X und Y der Größe $n \times m$, dabei bestehen die Zeilen von X aus Kopien des Vektors x und die Spalten von Y aus Kopien von y. Die so erzeugten Matrizen können zur punktweisen Auswertung von Funktionen von zwei Veränderlichen herangezogen werden.

---

[1] *mesh* kennt noch eine Vielzahl anderer Aufrufmöglichkeiten durch die Verwendung optionaler Parameter; siehe Online-Hilfe.

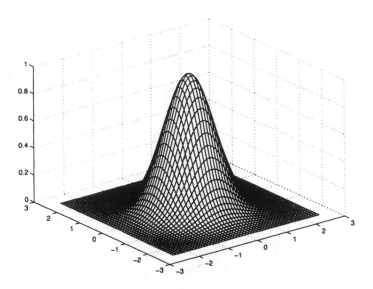

Abbildung 9.10: Beispiel für *mesh*.

MATLAB-Beispiel 9.17

Darstellung der 2-dimensionalen Gauß'schen „Glockenfunktion" $e^{-(x^2+y^2)}$ (siehe Abb. 9.10).

```
x = -2.5:0.1:2.5; y = x;
[X,Y] = meshgrid(x,y);
mesh(x, y, exp(-(X.^2 + Y.^2)) );
```

---

surf (X, Y, Z, C) *ermöglicht Flächendarstellungen.* Die Funktion *surf* verhält sich wie die Funktion *mesh*, verbindet jedoch benachbarte Z-Punkte durch Flächenstücke.

fill3 (X, Y, Z, Col) *dient der Darstellung dreidimensionaler Vielecke.* Die Funktion *fill3* ist die dreidimensionale Version der Funktion *fill*. Die Parameter X, Y und Z spezifizieren die X-, Y- und Z-Koordinaten der Punkte, aus denen das Polygon bestehen soll. Der Parameter *Col* vom Typ *char* spezifiziert die Farbe, mit der das Vieleck gefüllt wird. Mögliche Werte sind die Farbwahlstrings aus Tabelle 9.5.

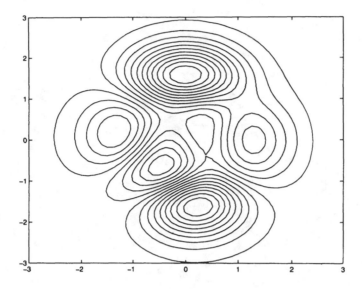

Abbildung 9.11: Beispiel für *contour*.

contour, contour3 *ermöglichen eine Konturliniendarstellung.* Diese beiden MATLAB-Funktionen stellen „Höhenschichtenlinien" der angegebenen Daten dar, d. h., sie stellen Funktionswerte für konstante Z-Werte dar.

contour (X, Y, Z, N) stellt Konturlinien der durch die Felder X, Y und Z repräsentierten Funktion $Z = f(X, Y)$ im Grundriss dar. Die einzelnen Konturlinien werden entsprechend ihrer Höhe (Z-Wert) verschieden gefärbt. Der optionale Parameter N bestimmt die Zahl der Konturlinien. Verwendet man *contour3*, so werden die Konturlinien perspektivisch gezeichnet.

MATLAB-Beispiel 9.18

Darstellung der vordefinierten Funktion *peaks* (siehe Abb. 9.11 und Abb. 9.12).

```
[x,y,z] = peaks;
contour(x,y,z,20);
contour3(x,y,z,20);
```

---

pcolor (X, Y, Z) *dient der Konturflächendarstellung.* Diese Funktion stellt – wie die Funktion *contour* – z-Werte im Grundriss dar, nur verwendet sie Rasterflächen anstelle von Konturlinien (siehe Abb. 9.13).

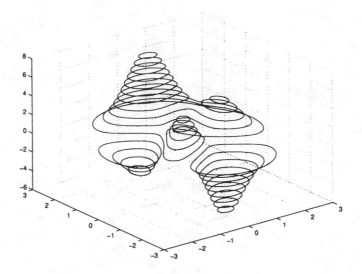

Abbildung 9.12: Beispiel für *contour3*.

MATLAB-Beispiel 9.19

Darstellung der Konturflächen
von *peaks* (siehe Abb. 9.13).

```
[x,y,z] = peaks;
pcolor(x,y,z);
```

9.4.6   Farbpaletten

MATLAB verwendet zur Farbgebung in einigen dreidimensionalen Ausgabefunktionen (wie *mesh*, *surf* und *pcolor*) Farbpaletten. Eine Farbpalette ist eine $m \times 3$-Matrix, mit deren Hilfe m Farben definiert werden. Jede Zeile enthält drei Zahlenwerte für die Anteile der Farben Rot, Grün und Blau, welche im abgeschlossenen Intervall von 0 bis 1 liegen müssen. Eine Farbpalette wird mit dem Befehl *colormap (palette)* aktiviert.

MATLAB verwendet zyklisch die Farbeinträge der aktivierten Farbpalette beginnend mit der ersten Farbe. Farbpaletten können mit der Funktion *brighten* verändert werden.

Folgende Farbpaletten sind bereits vordefiniert und können durch Aufruf der Funktion *colormap (name)* aktiviert werden: *hsv, hot, gray, bone, copper, pink, white, flag, jet, prism, cool, lines, colorcube, summer, autumn, winter, spring.*

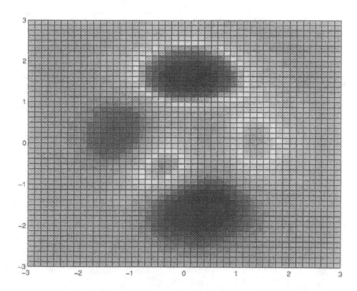

Abbildung 9.13: Beispiel für *pcolor*.

9.4.7   Konvertieren von Grafiken ins PostScript-Format

MATLAB kann erstellte Grafiken auch als PostScript-Datei abspeichern, die dann in ein Textverarbeitungssystem (wie LATEX) eingebunden werden können. Mit

> *print -deps datei. eps*

wird die momentan aktive Grafik in der Datei *datei. eps* abgespeichert.[2] Der MAT-LAB-Befehl *figure* kann dabei verwendet werden, um eine beliebige Grafik zu aktivieren, siehe Abschnitt 9.4.2. In LATEX wird die erstellte Grafik dann etwa durch

> \ *includegraphics{ datei. eps}*

eingebunden.

---

[2]EPS ist eine spezielle Variante des PostScript-Formates, das zur Einbindung von Grafiken in PostScript-Dokumente verwendet wird.

Kapitel 10

Numerische Methoden

Seit 20 Jahren arbeiten einige hunderttausend Anwender mit MATLAB. In vielen Bereichen von Technik und Naturwissenschaften ist MATLAB das dominante Werkzeug zum Lösen numerischer Probleme. Im Laufe seiner Entwicklungsgeschichte wurden in MATLAB immer aktuellere und leistungsfähigere numerische Methoden integriert. So ist z.B. seit der MATLAB-Version 6 das Software-Paket LAPACK ein wichtiger Bestandteil von MATLAB zur Lösung von linearen Gleichungssystemen und Ausgleichsproblemen.

Durch die MATLAB-Anweisung $x = A \backslash b$ erhält man auf einfachste Weise eine Lösung des Gleichungssystems $Ax = b$ ohne sich mit den Details der LAPACK-Unterprogramm-Aufrufe belasten zu müssen. In ähnlicher Form kann man in MATLAB auch auf anderen Gebieten numerische Problemlösungen mit Hilfe moderner Software erhalten. Die Berechnung von diskreten Fourier-Transformationen erfolgt z.B. mit dem Programmpaket FFTW, ohne dass die MATLAB-Benützer mit dessen Besonderheiten in Berührung kommen.

Dieses Kapitel behandelt einige der wichtigsten numerischen Probleme und deren Lösung mit Hilfe von in MATLAB eingebauten Programmen: Von linearen und nichtlinearen Gleichungssystemen über Interpolationsmethoden bis zur numerischen Integration von Funktionen und der numerischen Lösung von Differentialgleichungen.

10.1 Lösung linearer Gleichungssysteme

Obwohl fast alle realen Abhängigkeiten *nicht*linear sind, finden Linearitätsannahmen in der Technik und den Naturwissenschaften große Verbreitung. Sie führen oft zu den einfachsten mathematischen Modellen, die nach dem Minimalitätsprinzip – bei sonstiger Gleichwertigkeit – komplexeren Modellen vorzuziehen sind.

Der Umstand, dass auch viele (sowohl exakte als auch näherungsweise) mathematische Untersuchungs- und Lösungsmethoden für lineare Modelle besser geeignet sind, führt oft zur Anwendung linearer Modelle auch in solchen Fällen, wo es ernsthafte Gründe für die Annahme gibt, dass sich die reale Abhängigkeit wesentlich von einer linearen unterscheidet (wie z. B. bei vielen Anwendungen der linearen Optimierung). Dabei hofft man, dass sich die vernachlässigte Nichtlinearität der untersuchten Phänomene nicht entscheidend auf die Ergebnisse auswirkt, dass sich diese Modellfehlereffekte durch geeignete Wahl der Koeffizienten des linearen Modells kompensieren lassen oder dass eine spätere Verbesserung der Lösung (unter Einbeziehung nichtlinearer Phänomene) möglich ist. Es werden daher viele technisch-naturwissenschaftliche Untersuchungen, auch kompliziertester Vorgänge, mit linearen Modellen begonnen.

Die numerische Lösung schwieriger nichtlinearer Aufgabenstellungen wird fast immer auf die Lösung linearer Gleichungssysteme zurückgeführt. Dies erklärt die zentrale Stellung innerhalb der Numerik, die von der Lösung linearer Gleichungssysteme und linearer Ausgleichsprobleme eingenommen wird. Von den zehn wichtigsten Algorithmen des zwanzigsten Jahrhundert sind drei aus dem Gebiet der numerischen Linearen Algebra (Dongarra, Sullivan [21]).

10.1.1 Problemtyp

Ein System von m Gleichungen in n Unbekannten $x_1, \ldots, x_n$ der Form

$$F(x) = Ax = \begin{pmatrix} a_{11}x_1 + a_{12}x_2 + \cdots + a_{1n}x_n \\ a_{21}x_1 + a_{22}x_2 + \cdots + a_{2n}x_n \\ \vdots \qquad \vdots \qquad\qquad \vdots \\ a_{m1}x_1 + a_{m2}x_2 + \cdots + a_{mn}x_n \end{pmatrix} = \begin{pmatrix} b_1 \\ b_2 \\ \vdots \\ b_m \end{pmatrix} = b$$

– oder kürzer: $Ax = b$ –, in dem die Größen $a_{11}, \ldots, a_{mn}$ und $b_1, \ldots, b_m$ gegeben sind, nennt man ein lineares Gleichungssystem. Dabei ist $A \in \mathbb{K}^{m \times n}$ die Koeffizientenmatrix (Systemmatrix) mit reellen ($\mathbb{K} = \mathbb{R}$) oder komplexen ($\mathbb{K} = \mathbb{C}$) Einträgen, der Vektor $b \in \mathbb{K}^m$ die rechte Seite und $x^* \in \mathbb{K}^n$ ein gesuchter Vektor, der simultan alle m Gleichungen erfüllt.

Sowohl hinsichtlich der Existenz und Struktur der Lösungsmenge als auch für die Auswahl geeigneter Lösungsverfahren ist es zweckmäßig, bei linearen Gleichungssystemen $Ax = b$ die folgenden drei Fälle zu unterscheiden:

$m = n$

Dies ist der Fall einer quadratischen Koeffizientenmatrix A.

Es hängt von der Matrix $A \in \mathbb{K}^{n \times n}$ ab, ob eine eindeutige Lösung existiert. Wenn dies nicht der Fall ist, so kann – je nach der speziellen Lage der rechten Seite b – entweder überhaupt keine Lösung existieren oder ein ganzer Lösungsraum.

$m < n$

Im Fall einer rechteckigen Matrix mit $m < n$, wenn also die Anzahl der Gleichungen kleiner ist als die Anzahl der Unbekannten, handelt es sich bei $Ax = b$ um ein *unterbestimmtes* lineares Gleichungssystem.

Derartige Systeme besitzen immer einen ganzen Unterraum $X \subseteq \mathbb{K}^n$ mit einer Dimension $\dim(X) \geq n - m$ als Lösung.

$m > n$

Bei $m > n$ sind mehr Gleichungen als Unbekannte vorhanden: $Ax = b$ ist ein *überbestimmtes* lineares Gleichungssystem, das in den meisten Fällen *keine* Lösung besitzt.

Bei überbestimmten Systemen geht man oft zu einem linearen Ausgleichsproblem (Approximationsproblem) über, bei dem das Minimum x^* einer ℓ_p-Norm des Residuenvektors $r := Ax - b$ gesucht wird:

$$\|Ax^* - b\|_p = \min\{\|Ax - b\|_p : x \in \mathbb{K}^n\}.$$

Am häufigsten wird die ℓ_2-Norm verwendet, um das Minimum des Residuums

$$\min\left\{\|Ax - b\|_2^2 = \sum_{i=1}^{m} |a_{i1}x_1 + \cdots + a_{in}x_n - b_i|^2 : x \in \mathbb{K}^n\right\} \tag{10.1}$$

und damit eine „Lösung" x^* von $Ax = b$ nach der *Methode der kleinsten Quadrate* zu ermitteln. x^* ist in diesem Fall Lösung eines linearen Gleichungssystems, den sogenannten *Normalgleichungen* $\overline{A}^\top A x = \overline{A}^\top b$. Die in MATLAB implementierten Algorithmen lösen aber – um numerische Instabilitäten zu vermeiden – Probleme vom Typ (10.1) *nicht* durch Lösen der Normalgleichungen, sondern durch QR-Faktorisierung (siehe Abschnitt 10.1.17).

Liegen mehrere lineare Probleme

$$Ax_1 = b_1,\ Ax_2 = b_2,\ \ldots, Ax_k = b_k \qquad (10.2)$$

mit verschiedenen rechten Seiten, aber einer gemeinsamen Matrix A vor, so entspricht die gemeinsame Lösung der k Gleichungen (10.2) der Lösung *einer* einzigen *Matrixgleichung*

$$AX = B, \qquad A \in \mathbb{K}^{m \times n}, \quad B := [b_1\ b_2\ \ldots\ b_k] \in \mathbb{K}^{m \times k}.$$

MATLAB ermöglicht auch die effiziente Lösung von Matrixgleichungen.

Eine wichtige Klassifizierung des Problemtyps erfolgt durch Art und Größe der *Datenfehler*. Bei vielen linearen Gleichungssystemen, vor allem bei den meisten überbestimmten Systemen, sind die Komponenten des Vektors b und oft auch die Koeffizienten $a_{11}, a_{12}, \ldots, a_{mn}$ mit Ungenauigkeiten (hervorgerufen z. B. durch Messfehler) behaftet. In solchen Fällen sollte mit Hilfe von Konditionsuntersuchungen (siehe Abschnitte 10.1.9 und 10.1.17) geklärt werden, welche Genauigkeit von x^* überhaupt erwartet werden darf.

Die Ermittlung einer Lösung fehlerbehafteter überbestimmter Systeme nach der *Methode der kleinsten Quadrate* (10.1) ist eigentlich nur für jene Probleme gedacht, wo größere Datenfehler zwar im Vektor b auftreten, die Koeffizienten $a_{11}, a_{12}, \ldots, a_{mn}$ aber allenfalls mit Störungen in der Größenordnung elementarer Rundungsfehler behaftet sind. Aber selbst in Fällen, wo diese einschränkende Voraussetzung erfüllt ist, liefert die Minimierung des euklidischen Abstandes nur dann eine optimale Lösung (*Maximum-Likelihood-Schätzung*), wenn die Fehler von b unabhängige Zufallsgrößen sind, die aus *einer* normalverteilten Grundgesamtheit stammen.

Weitere MATLAB-Funktionen zur Lösung von Optimierungsaufgaben sind in der *Optimization Toolbox* enthalten. Diese erlauben auch die Lösung von nichtlinearen Ausgleichsproblemen: Dabei tritt an die Stelle des Matrix-Vektorproduktes Ax in (10.1) der Funktionswert $f(x)$ einer nichtlinearen Funktion f.

10.1.2   Strukturmerkmale der Systemmatrix

Spezielle Struktureigenschaften der Matrix eines linearen Gleichungssystems werden sowohl bei der Algorithmus- als auch bei der Software-Entwicklung ausgenutzt, um effizientere und/oder genauere Lösungsmethoden zu entwickeln. MATLAB stellt *vor* der numerischen Lösung eines linearen Gleichungssystems (in der Form $x = A\backslash b$) fest, ob und gegebenenfalls welche besonderen Strukturmerkmale die Matrix A besitzt, und trifft eine dem Problem angemessene Algorithmus-Auswahl.

Symmetrie, Selbstadjungiertheit und Definitheit

Die Eigenschaft der *Symmetrie* einer quadratischen Matrix $A \in \mathbb{R}^{n \times n}$,

$$a_{ij} = a_{ji} \quad \text{für alle} \quad i, j \in \{1, 2, \ldots, n\},$$

ist leicht zu überprüfen. Spezielle Algorithmen zur Lösung symmetrischer Systeme halbieren den Rechenaufwand (die Rechenzeit).

Komplexe Matrizen $A \in \mathbb{C}^{n \times n}$ mit der Eigenschaft

$$a_{ij} = \bar{a}_{ji} \quad \text{für alle} \quad i, j \in \{1, 2, \ldots, n\},$$

nennt man *Hermitesch*. Symmetrische und Hermitesche Matrizen sind *selbstadjungiert* im Sinne der Linearen Algebra, d. h., sie haben die Eigenschaft

$$\langle Ax, y \rangle = \langle x, Ay \rangle \quad \text{für alle} \quad x, y \in \mathbb{K}^n, \tag{10.3}$$

wobei $\langle \cdot, \cdot \rangle$ das innere Produkt (das euklidische Skalarprodukt)

$$\langle x, y \rangle = \sum_{i=1}^{n} x_j \bar{y}_j$$

bezeichnet. Noch vorteilhafter für die numerische Lösung von $Ax = b$ ist es, wenn A neben der Eigenschaft der Selbstadjungiertheit (10.3) auch noch das Merkmal der (*positiven*) *Definitheit* besitzt, also

$$\langle Ax, x \rangle = \sum_{i=1}^{n} \sum_{j=1}^{n} a_{ij} x_i \bar{x}_j \begin{cases} > 0 & \text{für} \quad x \neq 0 \\ = 0 & \text{für} \quad x = 0 \end{cases}$$

gilt. Im Gegensatz zur Selbstadjungiertheit ist nicht so leicht festzustellen, ob eine Matrix positiv definit ist. Wenn man lineare Gleichungssysteme in der MATLAB-Syntax $x = A \backslash b$ löst, dann muss man weder auf die Selbstadjungiertheit noch auf die Definitheit von A achten. MATLAB überprüft dies und verwendet automatisch den effizientesten Algorithmus.

Besetztheitsgrad und -struktur

Bei sehr großen Systemen mit Tausenden bis Millionen von Gleichungen und Unbekannten spielt der *Besetztheitsgrad* der Matrix mit Nichtnullelementen eine fundamentale Rolle. Sind sehr viele Elemente $a_{ij} = 0$, so spricht man von einer *schwach besetzten Matrix*. Ein lineares Gleichungssystem $Ax = b$ mit einer schwach besetzten Matrix $A \in \mathbb{K}^{n \times n}$ der Dimension $n = 10^6$ kann man mit geeigneter Software auf einem PC lösen. Bei einer voll besetzten Matrix (mit allen Elementen $a_{ij} \neq 0$) ist ein Problem dieser Größenordnung nur auf einem Computer lösbar, der tausendfach leistungsfähiger als ein schneller PC ist.

Bei schwach besetzten Matrizen ist auch die *Besetztheitsstruktur* von großer Bedeutung für die Algorithmus- und Software-Auswahl. Dabei spielen *Bandmatrizen* eine besondere Rolle, da es für sie spezielle, sehr effiziente Algorithmen gibt. Bei Problemlösungen der Form $x = A \backslash b$ werden Bandmatrizen von MATLAB automatisch erkannt und effiziente Algorithmen verwendet (siehe Abb. 10.1).

10.1.3 Art der Lösung

Lineare Gleichungssysteme sind besonders „angenehme" numerische Probleme:

(1) Die Daten zur Spezifikation des Problems liegen von Haus aus als algebraische Daten – Matrizen und Vektoren – vor.

(2) Zur algorithmischen Ermittlung der Lösung ist keine „Finitisierung" des Problems erforderlich. So liefert z. B. der Gauß-Algorithmus in endlich vielen Schritten (arithmetischen Operationen) den gesuchten Lösungsvektor.

Die Anzahl der arithmetischen Operationen bei der numerischen Lösung großer linearer Gleichungssysteme kann außerordentlich groß sein. Für ein voll besetztes System mit 1200 Gleichungen ist bereits ein Arbeitsaufwand von mehr als 10^9 Gleitpunktoperationen (1 Gflop) erforderlich. Bei 12 000 Gleichungen sind es bereits 10^{12} Rechenoperationen (1 Tflop). Damit treten auch entsprechend viele Rechenfehler auf, deren Auswirkung auf die Genauigkeit des Lösungsvektors ganz beträchtlich sein kann.

Besondere Schwierigkeiten bereiten jene Probleme, bei denen die Systemmatrix A nicht regulär ist. Dies umso mehr, als im Fall schlecht konditionierter Probleme die im mathematisch-analytischen Sinn völlig klare Fallunterscheidung

$$A \text{ ist regulär} \qquad oder \qquad A \text{ ist singulär}$$

durch Daten- und Rechenfehler zu einer unscharfen Entscheidung zwischen *numerisch regulär* und *numerisch singulär* wird, die sich überhaupt nur unter Berücksichtigung zusätzlicher Information (z. B. über Art und Größe der Datenfehler) sinnvoll treffen lässt. Im Fall einer numerisch singulären Koeffizientenmatrix A muss man auch noch die spezielle Lage des Vektors b berücksichtigen, um eine sinnvolle Lösung von $Ax = b$ ermitteln zu können.

Eine mögliche Lösungsdefinition im numerisch singulären Fall ist die *Pseudo-Normallösung* $x_0 = A^+ b$, die mit Hilfe der verallgemeinerten Inversen (Pseudo-Inversen, Moore-Penrose-Inversen) A^+ definiert ist (Überhuber [68]). Für die praktische Ermittlung von A^+ sind die MATLAB-Funktionen *pinv* (zur Berechnung von A^+) und *svd* (zur Singulärwertzerlegung) wichtige Hilfsmittel.

10.1.4   Auswahl der Lösungsmethode

Nach der Feststellung von Typ und Struktur linearer Gleichungssysteme erfolgt die *Auswahl* passender Softwareprodukte (z. B. der geeigneten MATLAB-Funktionen) und deren *Anwendung* auf das gegebene Problem. Dabei ist zunächst die Wahl zwischen zwei großen Klassen von Algorithmen zu treffen:

Direkte Verfahren (auch: Eliminationsverfahren), die auf einer Faktorisierung der Systemmatrix beruhen und (bei exakter Rechnung) mit einer endlichen Anzahl von arithmetischen Operationen die (exakte) Lösung des linearen Gleichungssystems liefern.

Direkte Verfahren werden z. B. in den LAPACK-Programmen verwendet, die in MATLAB für Problemlösungen der Form $x = A \backslash b$ zum Einsatz gelangen.

Iterative Verfahren, die auf der iterativen Fixpunktbestimmung von Gleichungssystemen bzw. der Minimierung quadratischer Funktionen beruhen und in den meisten Fällen (selbst bei exakter Rechnung) einen unendlichen Prozess zur (exakten) Lösung benötigen. Durch Abbruch des iterativen Prozesses erhält man eine (mehr oder weniger genaue) Näherungslösung.

Iterative Verfahren gelangen in den speziellen MATLAB-Funktionen zur Lösung linearer Gleichungssysteme mit schwach besetzten Matrizen zum Einsatz (siehe Abschnitt 10.1.15).

10.1.5   LAPACK in MATLAB

LAPACK (*Linear Algebra Package*) ist ein frei verfügbares (*public domain*) Softwarepaket von Fortran 77-Unterprogrammen, mit deren Hilfe man viele Standardprobleme der Linearen Algebra numerisch lösen kann. Das komplette Softwareprodukt LAPACK umfasst mehr als 600 000 Zeilen Fortran-Code in über 1000 Routinen und eine Benutzungsanleitung (Anderson et al. [3]).

LAPACK wurde entwickelt, um lineare Gleichungssysteme, lineare Ausgleichsprobleme und Eigenwertprobleme zu lösen sowie Faktorisierungen von Matrizen, Singulärwertzerlegungen und Konditionsabschätzungen durchzuführen. Es gibt LAPACK-Programme für dicht besetzte Matrizen und Bandmatrizen, aber nicht für schwach besetzte Matrizen mit allgemeiner Besetztheitsstruktur.

LAPACK ist für numerische Probleme der Linearen Algebra mit dicht besetzten Matrizen und Bandmatrizen der De-facto-Standard. Um die Zuverlässigkeit und Effizienz von LAPACK mit der Benutzerfreundlichkeit von MATLAB zu verbinden, wurden die wichtigsten LAPACK-Programme in MATLAB einbezogen.

Insbesondere hervorzuheben ist der Komfort, den MATLAB gegenüber der direkten Verwendung von LAPACK-Programmen bietet. Je nach Matrixtyp (allgemeine Struktur, Bandstruktur, Selbstadjungiertheit, Definitheit etc.) wählt MAT-

LAB bei Verwendung der Anweisung $A \backslash b$ *automatisch* jene LAPACK-Programme, die zu den kürzesten Rechenzeiten führen (siehe Abb. 10.1).

MATLAB-Beispiel 10.1

Um das lineare Gleichungssystem $Ax = b$ zu lösen, genügt der Befehl $A \backslash b$. Es wird automatisch das der Struktur der Matrix A am besten entsprechende LAPACK-Programm verwendet.

```
>> x = A\b;
```

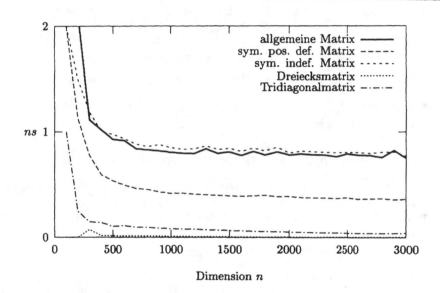

Abbildung 10.1: Normierte Laufzeit T/n^3 (in Nanosekunden) von $A \backslash b$ auf einem Prozessor eines Computers vom Typ HP/Compaq ES45.

10.1.6 Kontrolle der numerischen Resultate

Nach der Lösung linearer Gleichungssysteme sollte man überprüfen, ob man wirklich eine Lösung mit der gewünschten Genauigkeit erhalten hat.

Bei den meisten in der Praxis auftretenden linearen Gleichungssystemen gibt es keine A-priori-Information über ihre Fehlerempfindlichkeit (Kondition). In solchen Fällen sollte man sich nicht auf eine eher unverlässliche „gefühlsmäßige"

Überprüfung der Resultate verlassen. Eine objektive Beurteilung der Genauigkeit der erhaltenen Werte ist mit geringem Mehraufwand zu erreichen, wenn man z. B. im Rahmen der numerischen Gleichungsauflösung eine Konditionsschätzung berechnen lässt (siehe Abschnitt 10.1.16).

10.1.7   Matrixnormen

Um den Grad der Nachbarschaft von Matrizen, z. B. die Nähe einer gegebenen Matrix zu singulären Matrizen, ausdrücken zu können (wenn man z. B. den Begriff der numerisch singulären Matrizen präzisieren möchte), wird eine *Distanz im Raum der Matrizen* benötigt. Mit Hilfe dieser Matrixnormen können auch „Störungen" einer Matrix (Datenungenauigkeiten) quantifiziert werden.

Eine Abbildung $\| \cdot \| : \mathbb{K}^{m \times n} \to \mathbb{R}$, die für alle $A, B \in \mathbb{K}^{m \times n}$ den Bedingungen

1. $\|A\| = 0 \implies A = 0$ (Definitheit),
2. $\|\alpha A\| = |\alpha| \cdot \|A\|$, $\alpha \in \mathbb{K}$ (Homogenität)   und
3. $\|A + B\| \leq \|A\| + \|B\|$ (Dreiecksungleichung)

genügt, heißt *Matrixnorm*. Es handelt sich also um eine Verallgemeinerung des Absolutbetrags $|\cdot| : \mathbb{K} \to \mathbb{R}$.

10.1.8   Orthogonale und unitäre Matrizen

Bei der Lösung von Problemen der numerischen Linearen Algebra spielen orthogonale und unitäre Matrizen eine wichtige Rolle.

Eine orthogonale Matrix ist eine quadratische Matrix $Q \in \mathbb{K}^{n \times n}$ mit orthonormalen Spaltenvektoren $q_1, \ldots, q_n$. Sie erfüllt daher folgende Matrixgleichung:

$$\overline{Q}^\top Q = Q \overline{Q}^\top = I. \tag{10.4}$$

Q ist invertierbar mit $Q^{-1} = \overline{Q}^\top$. Für $\mathbb{K} = \mathbb{C}$ spricht man auch von *unitären Matrizen*.

Beispielsweise besitzt die Matrix

$$A = \begin{pmatrix} 1 & 1 \\ -1 & 1 \end{pmatrix}$$

orthogonale Spaltenvektoren. Sie ist aber *keine* orthogonale Matrix, da ihre Spaltenvektoren nicht normiert sind. Erst durch Normierung erhält man eine orthogonale Matrix

$$Q := \frac{1}{\sqrt{2}} \cdot A.$$

10.1.9 Kondition linearer Gleichungssysteme

Die Auswirkung der Datenfehler auf die Lösungsgenauigkeit kann abgeschätzt werden, indem man für das mathematische Problem eine *Datenfehleranalyse* durchführt. Man untersucht dabei, wie stark sich dessen Lösung x ändert, wenn die zugrundeliegenden Daten $\mathcal{D}$ geändert werden. Dem gedanklichen Übergang vom ungestörten Datensatz $\mathcal{D}$ des ursprünglichen Problems zu den gestörten Daten $\widetilde{\mathcal{D}}$ des geänderten Problems entspricht dabei der Übergang von der Lösung x zur Lösung $\tilde{x}$. Das Ausmaß der Lösungsänderung als Reaktion auf eine Datenänderung, also die Datenfehlerempfindlichkeit eines mathematischen Problems bezeichnet man als die *Konditionszahl* des mathematischen Problems.

Am einfachsten kann man sich die Kondition eines linearen Gleichungssystems im zweidimensionalen Fall verdeutlichen. Die Lösung von

$$\begin{aligned} a_{11}x \; + \; a_{12}y \; &= \; b_1 \qquad (\text{Gerade } g_1) \\ a_{21}x \; + \; a_{22}y \; &= \; b_2 \qquad (\text{Gerade } g_2) \end{aligned}$$

ist der Schnittpunkt S der beiden Geraden in der x-y-Ebene (siehe Abb. 10.2).

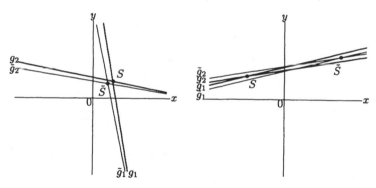

Abbildung 10.2: Gut und schlecht konditioniertes 2×2-System.

Bei einem gut konditionierten 2×2-System verändert sich der Schnittpunkt S der beiden Geraden g_1 und g_2 nur wenig, wenn an ihre Stelle die „gestörten" Geraden $\tilde{g}_1$ und $\tilde{g}_2$ treten. Bei einem schlecht konditionierten System ist auf Grund des „schleifenden" Schnitts von g_1 und g_2 der Abstand zwischen S und $\widetilde{S}$ sehr groß, auch wenn die Störungen nur geringfügig sind.

Je mehr sich die Lage der zwei Geraden der Parallelität nähert, desto schlechter konditioniert ist das 2×2-Gleichungssystem. Stehen die beiden Geraden senkrecht zueinander, so handelt es sich um ein optimal konditioniertes System.

Diese anschauliche Konditionsbetrachtung lässt sich nur schwer auf den allgemeinen n-dimensionalen Fall übertragen. Es hat sich daher eine andere Vorgangsweise zur quantitativen Untersuchung der Kondition linearer Gleichungssysteme durchgesetzt, die auf der Benutzung von Matrix- und Vektornormen beruht.

Die Störungsempfindlichkeit eines linearen Gleichungssystems $Ax = b$ kann man anhand des durch $t \in \mathbb{R}$ parametrisierten Systems

$$(A + t \cdot \Delta A)x(t) = b + t \cdot \Delta b, \qquad x(0) = x^*$$

mit den Störungen $\Delta A \in \mathbb{R}^{n \times n}$ und $\Delta b \in \mathbb{R}^n$ untersuchen (Golub, Van Loan [29]). Für eine reguläre Matrix A ist $x(t)$ differenzierbar bei $t = 0$:

$$\dot{x}(0) = A^{-1}(\Delta b - \Delta A \cdot x^*).$$

Die Taylor-Entwicklung von $x(t)$ hat daher die Form

$$x(t) = x^* + t\dot{x}(0) + O(t^2).$$

Es gilt somit folgende Abschätzung für den absoluten Fehler:

$$\|\Delta x(t)\| \;=\; \|x(t) - x^*\| \;\leq\; t\|\dot{x}(0)\| + O(t^2) \;\leq$$
$$\leq\; t\|A^{-1}\|\left(\|\Delta b\| + \|\Delta A\|\|x^*\|\right) + O(t^2)$$

und (wegen $\|b\| \leq \|A\|\|x^*\|$) für den relativen Fehler

$$\frac{\|\Delta x(t)\|}{\|x^*\|} \;\leq\; t\|A^{-1}\|\left(\frac{\|\Delta b\|}{\|x^*\|} + \|\Delta A\|\right) + O(t^2) \;\leq$$
$$\leq\; \|A\|\|A^{-1}\|\left(t\frac{\|\Delta b\|}{\|b\|} + t\frac{\|\Delta A\|}{\|A\|}\right) + O(t^2). \qquad (10.5)$$

Als *Konditionszahl* $\mathrm{cond}(A)$ einer regulären quadratischen Matrix A definiert man wegen (10.5) die Größe

$$\mathrm{cond}(A) := \|A\|\|A^{-1}\|. \qquad (10.6)$$

Führt man weiters die Bezeichnungen

$$\rho_A(t) := t\frac{\|\Delta A\|}{\|A\|} \qquad \text{und} \qquad \rho_b(t) := t\frac{\|\Delta b\|}{\|b\|}$$

für die relativen Fehler von A und b ein, so schreibt sich die Fehlerabschätzung (10.5) als

$$\frac{\|\Delta x(t)\|}{\|x^*\|} \;\leq\; \mathrm{cond}(A) \cdot (\rho_A + \rho_b) + O(t^2).$$

Man sieht also: Die relativen Datenfehler ρ_A von A und ρ_b von b wirken sich durch den Faktor $\mathrm{cond}(A)$ verstärkt auf das Resultat des gestörten Gleichungssystems aus. Hat die Matrix A eine „große" Konditionszahl $\text{cond}(A)$, so ist das lineare Gleichungssystem $Ax = b$ *schlecht konditioniert*.

Selbst bei der Verwendung eines *stabilen Algorithmus* zur numerischen Auflösung eines linearen Gleichungssystems muss man damit rechnen, dass sich zumindest einige der Rundungsfehler bei der Durchführung des Algorithmus ebenso wie Datenstörungen fortpflanzen, d. h., dass sie das Ergebnis mit einem Verstärkungsfaktor $\text{cond}(A)$ beeinflussen können. Bei einem schlecht konditionierten linearen Gleichungssystem wird man also mit einem starken Einfluss der (unvermeidlichen) Rundungsfehler auf das Ergebnis rechnen müssen.

In einer vorgegebenen Gleitpunktarithmetik sind die einzelnen Rundungsfehler durch die relative Rundungsfehlerschranke *eps* beschränkt. Die relative Auswirkung eines einzelnen Rundungsfehlers beträgt also im ungünstigsten Fall $\text{cond}(A) \cdot eps$. Da eine relative Störung der Größenordnung 1 bedeutet, dass der Störungseffekt ebenso groß wie die Grundgröße ist, kann man im Fall

$$\text{cond}(A) \cdot eps \geq 1$$

nicht erwarten, dass bei der numerischen Lösung eines linearen Gleichungssystems mit der Koeffizientenmatrix A auf einem Computer mit der Rundungsfehlerschranke *eps* auch nur die erste Stelle des Ergebnisses richtig ist. Man nennt ein solches Gleichungssystem bzw. seine Matrix *numerisch singulär* bezüglich der zu Grunde liegenden Gleitpunktarithmetik.

MATLAB-Beispiel 10.2

Die Hilbert-Matrizen $H_n \in \mathbb{R}^{n \times n}$, $n = 2, 3, 4, \ldots$, mit den Elementen

$$h_{ij} := \frac{1}{i + j - 1}, \qquad i, j = 1, 2, \ldots, n$$

sind symmetrisch und positiv definit. Sie können in MATLAB mit *hilb* (n) erzeugt werden. Die Kondition von H_n nimmt mit steigendem n sehr rasch zu.

Die nebenstehenden Anweisungen berechnen die Konditionszahlen der Hilbert-Matrizen der Dimensionen 2 bis 20.

Die Werte der Konditionszahlen und $1/eps$ werden grafisch dargestellt (siehe Abb. 10.3).

```
nmax = 20; inveps(1:nmax) = 1/eps;
H = hilb(nmax);
for n = 2:nmax
    cond_h(n) = cond(H(1:n,1:n));
end
semilogy(2:n, cond_h(2:n), '.-', ...
    2:n, inveps(2:n), '--')
xlabel('Dimension')
ylabel('Kondition')
```

Aus der Größe der Konditionszahl kann man erkennen, dass schon für relativ kleine Dimensionen mit keiner sinnvollen Genauigkeit bei der numerischen Gleichungsauflösung zu rechnen ist. Für $n \geq 12$ überschreitet die Konditionszahl den Wert $1/eps$. Die Hilbert-Matrizen $H_{12}, H_{13}, H_{14}, \ldots$ sind also numerisch singulär.

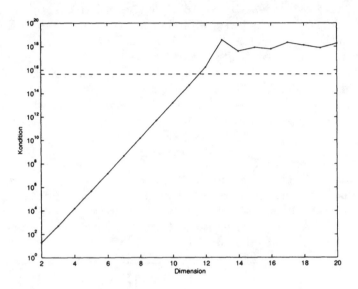

Abbildung 10.3: Konditionszahlen der Hilbert-Matrizen $H_2, H_3, \ldots, H_{20}$.

Eine numerische Lösung eines Gleichungssystems mit $cond(A) > 1/eps$, also eines numerisch singulären Systems, ist i. Allg. schon deshalb sinnlos, weil zumindest ein Teil der Koeffizienten und der rechten Seite wegen ihrer Rundung einen relativen Fehler der Größenordnung eps erleiden wird. Der Effekt dieser Datenungenauigkeiten ergibt nach den obigen Fehlerabschätzungen ebenfalls eine grundlegende Veränderung der Lösung.

10.1.10   Das Eliminationsprinzip

Die „klassischen" Verfahren zur numerischen Lösung linearer Gleichungssysteme beruhen auf folgender Vorgangsweise: Da eine Linearkombination von Gleichungen nichts an der Lösung des Gleichungssystems ändert, werden geeignete Linearkombinationen zur systematischen Elimination von Unbekannten benützt.

Im einfachsten Fall ist A eine reguläre Matrix, und man erhält die Lösung von $Ax = b$, indem man zunächst A durch Zeilenumformungen auf (rechte obere) Dreiecksgestalt U (d. h., $u_{jk} = 0$ für $j > k$) bringt, und dann rückwärts nach

x_j auflöst. Üblicherweise formt man den Vektor b gleichzeitig mit um. Dem Eliminationsvorgang, der aus dem ursprünglichen System $Ax = b$ schließlich das Dreiecks-System macht, entspricht eine Zerlegung (*Faktorisierung*) der Matrix A

$$A = LU,$$

deren Faktoren Dreiecksmatrizen sind. Man spricht daher auch von einer *Dreieckszerlegung* der Matrix A. L ist eine untere (*lower*) Dreiecksmatrix (d. h., $\ell_{jk} = 0$ für $j < k$) mit normierter Diagonale

$$\ell_{11} = \ell_{22} = \cdots = \ell_{nn} = 1,$$

und U ist eine obere (*upper*) Dreiecksmatrix.

Unter Verwendung der LU-Zerlegung von A ist die Lösung des Gleichungssystems $Ax = b$ ein dreistufiger Vorgang:

factorize $A = LU$
solve $Ly = b$
solve $Ux = y$

Zu dem $O(n^3)$-Aufwand zur Berechnung der LU-Zerlegung von A kommen noch die $O(n^2)$ Gleitpunktoperationen für die Rücksubstitution, d. h., die Berechnung von y und schließlich x.

MATLAB-Beispiel 10.3

$[L, U] = lu(A)$ liefert eine Faktorisierung von A in eine obere Dreiecksmatrix U und eine untere Dreiecksmatrix L.

Beim Gleichungssystem

$$\begin{array}{rcrcrcr} 5x & + & 4y & + & 3z & = & 4 \\ 2x & + & y & - & 2z & = & 10 \\ 3x & + & 2y & + & 2z & = & 1 \end{array}$$

ist

$$A = \begin{pmatrix} 5 & 4 & 3 \\ 2 & 1 & -2 \\ 3 & 2 & 2 \end{pmatrix} \quad \text{und} \quad b = \begin{pmatrix} 4 \\ 10 \\ 1 \end{pmatrix}.$$

Mit Hilfe von $[L, U] = lu(A)$ erhält man die Dreiecksmatrizen

$$L = \begin{pmatrix} 1.0 & 0.0 & 0.0 \\ 0.4 & 1.0 & 0.0 \\ 0.6 & 0.6 & 1.0 \end{pmatrix}, \quad U = \begin{pmatrix} 5.0 & 4.0 & 3.0 \\ 0.0 & -0.6 & -3.2 \\ 0.0 & 0.0 & 2.3 \end{pmatrix}.$$

Die Lösung des linearen Gleichungssystems ergibt sich durch

$$x = U\backslash(L\backslash b) = \begin{pmatrix} 1.0 \\ 2.0 \\ -3.0 \end{pmatrix}.$$

Für jede reguläre Matrix A existiert eine Permutationsmatrix P, sodass eine Dreieckszerlegung $PA = LU$ möglich ist. Dabei kann die Matrix P so gewählt werden, dass $|\ell_{ij}| \leq 1$ für alle Elemente von L gilt. Die Matrix P repräsentiert die Zeilenvertauschungen bei der Pivotsuche (siehe Abschnitt 10.1.11).

$[L,U,P]= lu(A)$ faktorisiert A in eine obere Dreiecksmatrix U, eine untere Dreiecksmatrix L und eine Permutationsmatrix P, sodass $PA = LU$ gilt. Durch die Anwendung von $[L,U,P]= lu(A)$ auf

$$A = \begin{pmatrix} 2 & 1 & -2 \\ 3 & 2 & 2 \\ 5 & 4 & 3 \end{pmatrix}$$

erhält man

$$L = \begin{pmatrix} 1.0 & 0.0 & 0.0 \\ 0.4 & 1.0 & 0.0 \\ 0.6 & 0.6 & 1.0 \end{pmatrix}, \quad U = \begin{pmatrix} 5.0 & 4.0 & 3.0 \\ 0.0 & -0.6 & -3.2 \\ 0.0 & 0.0 & 2.3 \end{pmatrix}, \quad P = \begin{pmatrix} 0 & 0 & 1 \\ 1 & 0 & 0 \\ 0 & 1 & 0 \end{pmatrix}.$$

Die Aufteilung in Faktorisierung und Auflösung hat den Vorteil, dass die rechenaufwändige Faktorisierung nur einmal durchgeführt werden muss, falls mehrere Gleichungssysteme mit gleicher Koeffizientenmatrix, aber verschiedenen rechten Seiten zu lösen sind. Dieser Fall kommt in der Praxis recht häufig vor.

Sind mehrere Gleichungssysteme mit m verschiedenen rechten Seiten, aber einer gemeinsamen Matrix A zu lösen, so kann man folgendermaßen vorgehen:

factorize $A = LU$

do $i = 1, 2, \ldots, m$
    solve $Ly = b_i$
    solve $Ux_i = y$
end do

10.1.11   Anwendungsbeispiel: Gauß-Elimination

In diesem Beispiel werden die Auswirkungen von Spaltenpivotsuche und Skalierung auf den Fehler der Lösung linearer Gleichungssysteme untersucht.

In der Grundform des Gaußschen Eliminationsverfahrens wird im k-ten Schritt durch Addition der mit $-a_{mk}/a_{kk}$ multiplizierten k-ten und der m-ten Gleichung versucht, eine modifizierte Systemmatrix zu generieren, in der alle Elemente a_{nk} mit $n > k$ gleich Null sind. Dadurch wird die Systemmatrix nach $n - 1$ Schritten in Dreiecksform umgewandelt. Durch Rücksubstitution kann danach die Lösung des Gleichungssystems gewonnen werden.

Ist das im k-ten Eliminationsschritt verwendete „Pivotelement" a_{kk} jedoch Null, dann versagt der Algorithmus. Ist a_{kk} (relativ zu den anderen Koeffizienten) sehr klein (und damit $1/a_{kk}$ sehr groß), so besteht die Gefahr, dass dieser Wert durch Auslöschung entstanden ist und sich seine dementsprechende geringe relative Genauigkeit auf die ganze weitere Rechnung auswirkt. Da die Reihenfolge der Zeilen in der Systemmatrix für die Lösung irrelevant ist, bringt man nun in jedem Schritt durch Zeilenvertauschung jene Gleichung in die k-te Zeile, bei der a_{nk} am größten ist.

Man kann zeigen, dass diese Spaltenpivotsuche essentiell für die Stabilität des Eliminationsverfahrens ist und mit ihr oftmals erhebliche Genauigkeitsverbesserungen der Lösung zu erwarten sind. Bei der Pivotsuche mit Skalierung werden die in Frage kommenden Pivotelemente a_{jk} mit der Betragssumme aller Koeffizienten der j-ten Zeile gewichtet.

CODE   **MATLAB-Beispiel 10.4**

Experimentelle Analyse von Eliminationsalgorithmen: Mit der MATLAB-Funktion *vergleich* ist ein numerischer Vergleich der Resultate der Gauß-Elimination mit oder ohne Spaltenpivotsuche oder mit Pivotsuche und Skalierung unter Verwendung von Testmatrizen möglich. Der Funktion wird der Funktionszeiger einer MATLAB-Funktion (oder deren Name als *char*-Datenobjekt) übergeben, die eine $n \times n$-Testmatrix liefert; *vergleich* konstruiert ein Gleichungssystem mit einer so erzeugten Systemmatrix und dem Vektor $(1, \ldots, 1)^T$ als Lösungsvektor. Daraufhin wird das Gleichungssystem gelöst und der absolute Fehler, d. h., die Abweichung der numerischen Lösung vom Vektor $(1, \ldots, 1)^T$ bestimmt.

Folgende Testmatrizen wurden der Matrix-Computation-Toolbox von Higham[1] entnommen (jeder Befehl generiert eine $n \times n$-Matrix):

- *dingdong*: symmetrische Hankel-Matrix mit den Elementen $a_{k\ell} = 0.5/(n - k - \ell + 1.5)$.

- *chebvand*: $a_{k,l} = T_{k-1}(\ell/n)$, wobei T_{k-1} das Tschebyscheffpolynom vom Grad $k - 1$ bezeichnet.

---

[1] http://www.ma.man.ac.uk/~higham/mctoolbox/. Teile der Matrix-Toolbox sind bereits in MATLAB integriert; nähere Informationen erhält man mit dem Befehl *help gallery*.

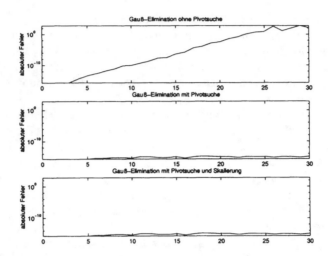

Abbildung 10.4: Vergleich verschiedener Eliminationsverfahren anhand der Hankel-Matrizen mit den Elementen $a_{k\ell} = 0.5/(n - k - \ell + 1.5)$.

- *tfrank*: transponierte Frank-Matrix (obere Hessenberg-Matrix mit Determinante 1).

- *buch*: $a_{k\ell} = 1$ falls $k > \ell$, $a_{k\ell} = 10^{17}$ für $k < \ell$ und $a_{kk} = 1$.

Wie aus Abb. 10.4 – die durch die Eingabe von *vergleich('dingdong')* erzeugt wurde – zu erkennen ist, bringt die Verwendung der Pivotsuche im Fall der Matrix *dingdong* eine signifikante Genauigkeitsverbesserung; die Skalierung bringt jedoch keinen weiteren Vorteil. In bestimmten Fällen verringert jedoch auch die Verwendung von Pivotstrategien den absoluten Fehler kaum.

10.1.12   Selbstadjungierte, positiv definite Matrizen

Für selbstadjungierte (symmetrische) positiv definite Matrizen gibt es eine spezielle Form des Eliminationsalgorithmus zur Berechnung der *Cholesky-Zerlegung* (*Cholesky-Faktorisierung*)

$$A = L\overline{L}^{\mathsf{T}}$$

mit einer unteren Dreiecksmatrix L oder

$$A = LD\overline{L}^{\mathsf{T}} \tag{10.7}$$

mit einer unteren Dreiecksmatrix mit $\ell_{ii} = 1$ und einer positiven Diagonalmatrix D. Man kann bei diesem Algorithmus auf eine Pivotsuche verzichten, ohne dass die Stabilität gefährdet wäre. Der Rechenaufwand reduziert sich gegenüber der LU-Zerlegung auf die Hälfte.

Die guten Stabilitätseigenschaften des Cholesky-Algorithmus für selbstadjungierte, positiv definite Systeme haben nichts mit der Kondition der Koeffizientenmatrizen zu tun. Positiv definite Matrizen können auch sehr schlecht konditioniert sein, wie das Beispiel der Hilbert-Matrizen zeigt (siehe Beispiel 10.2).

10.1.13   Bandmatrizen

Für den praktisch äußerst wichtigen Fall von sehr großen Systemen, bei denen in jeder Gleichung nur wenige Unbekannte vorkommen, also die meisten Koeffizienten Null sind, die Anordnung dieser Nullen aber unregelmäßig ist, gibt es in MATLAB eine Reihe spezieller Lösungsmethoden (siehe Abschnitt 10.1.15).

Zu signifikanten Effizienzsteigerungen führt die Berücksichtigung der Struktur, wenn A eine Bandmatrix ist, also sehr viele *symmetrisch angeordnete Nullen* enthält.

Die Anzahl non-null(A) der nicht als verschwindend anzunehmenden Elemente einer Bandmatrix A ist bei kleinen Werten von k_ℓ und k_u (Anzahl der unteren und oberen Nebendiagonalen mit nichttrivialen Einträgen)

$$\text{non-null}(A) \approx n \cdot (1 + k_u + k_\ell).$$

Für $k_u, k_\ell \ll n$ tritt also eine beträchtliche Reduktion der Menge signifikanter Daten ein. Dies kann bei der Durchführung des Eliminationsalgorithmus geeignet berücksichtigt werden: So müssen z. B. die Schleifen im Eliminationsalgorithmus nur über die von 0 verschiedenen Elemente laufen. Bei festem $k_u, k_\ell \ll n$ ist die Anzahl der für die Gleichungsauflösung notwendigen arithmetischen Operationen lediglich proportional zu n (anstelle n^3).

Der extremste (nichttriviale) Spezialfall einer Bandmatrix, der aber große praktische Bedeutung hat, ist der einer *Tridiagonalmatrix*, bei der außer der Hauptdiagonale nur die beiden Nebendiagonalen besetzt sind:

$$k_u = k_\ell = 1.$$

Bei Systemen mit Tridiagonalmatrix tritt oft auch Symmetrie und positive Definitheit auf. Die Auflösung solcher Gleichungssysteme erfordert nur ca. $5n$ arithmetische Operationen, ist also wesentlich rascher zu vollziehen als die Auflösung eines vollbesetzten Gleichungssystems derselben Größe.

Auf keinen Fall darf man bei Bandmatrizen das Gleichungssystem $Ax = b$ durch Berechnung von A^{-1} mit Hilfe von *inv* und Multiplikation $A^{-1}b$ lösen. Die schwache Besetztheit von Bandmatrizen überträgt sich nämlich *nicht* auf deren Inverse.

MATLAB-Beispiel 10.5

Die 5×5-Tridiagonalmatrix

$$\begin{pmatrix} 1 & -1 & & & 0 \\ -1 & 2 & -1 & & \\ & -1 & 2 & -1 & \\ & & -1 & 2 & -1 \\ 0 & & & -1 & 2 \end{pmatrix}$$

hat eine vollbesetzte Inverse.

```
>> A = diag([1 2 2 2 2]) +...
   diag([-1 -1 -1 -1],1) +...
   diag([-1 -1 -1 -1],-1);
>> inv(A)
ans =
   5 4 3 2 1
   4 4 3 2 1
   3 3 3 2 1
   2 2 2 2 1
   1 1 1 1 1
```

Wenn man lineare Gleichungssysteme mit Bandmatrizen in der Form $x = A \backslash b$ löst, dann wird automatisch ein effizienter LAPACK-Lösungsalgorithmus verwendet (siehe Abb. 10.1).

10.1.14 Iterative Lösung linearer Gleichungssysteme

Wenn man ein schwach besetztes lineares Gleichungssystem mit konventionellen Verfahren wie etwa dem Eliminationsverfahren (mit Spaltenpivotstrategie) löst, so vergrößert sich der Besetztheitsgrad (Anzahl der Nichtnullelemente) der Koeffizientenmatrix oft schon nach wenigen Schritten, womit eine Vergrößerung des Speicherbedarfs und des Rechenaufwands verbunden ist.

Iterative Verfahren dienen der effizienten (näherungsweisen) Lösung von schwach besetzten Gleichungssystemen. Eine hinreichende Voraussetzung für die Lösbarkeit linearer Gleichungssysteme durch iterative Verfahren ist z. B. die Diagonaldominanz der Koeffizientenmatrix (siehe Überhuber [68]).

Um ein Gleichungssystem iterativ lösen zu können, muss es zunächst in eine äquivalente Fixpunktform $x = T(x)$ gebracht werden. Dann wählt man einen Startvektor $x^{(0)} \in \mathbb{K}^n$ und setzt die jeweils letzte Näherung in $T(\cdot)$ ein:

$$x^{(k)} = T(x^{(k-1)}), \qquad k = 1, 2, 3, \ldots .$$

Iterationsverfahren zur Lösung linearer Gleichungssysteme sind von der Bauart

$$x^{(k)} = Bx^{(k-1)} + c, \qquad k = 1, 2, 3, \ldots, \qquad (10.8)$$

(ausgehend von einem Startvektor $x^{(0)}$), wobei in *stationären* Verfahren $B \in \mathbb{K}^{n \times n}$ und $c \in \mathbb{K}^n$ von k unabhängig sind. Ein durch (10.8) gegebenes Iterationsverfahren konvergiert genau dann gegen einen eindeutigen Fixpunkt, wenn der Spektralradius (d. h., der Betrag des betragsgrößten Eigenwerts) der Matrix B kleiner als 1 ist.

Ein lineares Gleichungssystem der konventionellen Form $Ax = b$ kann man etwa durch Aufspalten der Koeffizientenmatrix $A = L + D + U$ (in eine untere Dreiecksmatrix L, eine Diagonalmatrix D und eine obere Dreiecksmatrix U) und weitere Umformungen in eine äquivalente Fixpunktform bringen.

Jacobi-Verfahren (Gesamtschrittverfahren): Bei diesem Verfahren löst man unter der Annahme, dass die Werte $x_1, \ldots, x_{i-1}$ und $x_{i+1}, \ldots, x_n$ gegeben sind, nur die i-te Gleichung des Systems $Ax = b$, nach x_i, der i-ten Komponente von x, auf. Auf diese Weise erhält man

$$x_i^{(k)} = \left(b_i - \sum_{j \neq i} a_{ij} x_j^{(k-1)}\right)/a_{ii},$$

sofern $a_{ii} \neq 0$ gilt. Dies führt zu einem iterativen Verfahren, welches in Matrixschreibweise folgende Gestalt hat:

$$x^{(k)} = -D^{-1}(L + U)x^{(k-1)} + D^{-1}b, \quad k = 1, 2, 3, \ldots$$

D, L und U sind dabei die Diagonale, die obere und die untere Teil-Dreiecksmatrix von A.

Gauß-Seidel-Verfahren (Einzelschrittverfahren): Bei diesem Verfahren werden die einzelnen Gleichungen des Systems $Ax = b$ so aufgelöst, dass bereits berechnete Werte sofort im nächsten Rechenschritt verwendet werden. Die x_i werden sequentiell nach folgender Iterationsvorschrift ermittelt:

$$x_i^{(k)} = \left(b_i - \sum_{j=1}^{i-1} a_{ij} x_j^{(k)} - \sum_{j=i+1}^{n} a_{ij} x_j^{(k-1)}\right)/a_{ii}, \qquad i = 1, 2, \ldots, n.$$

Das Gauß-Seidel-Verfahren stellt sich in Matrixschreibweise wie folgt dar:

$$x^{(k)} = -(D + L)^{-1}Ux^{(k-1)} + (D + L)^{-1}b, \quad k = 1, 2, 3, \ldots$$

In einigen Spezialfällen konvergiert das Gauß-Seidel-Verfahren schneller als das Jacobi-Verfahren, jedoch gibt es Fälle, in denen das Jacobi-Verfahren konvergiert, das Gauß-Seidel-Verfahren jedoch divergiert, also versagt.

CODE   **MATLAB-Beispiel 10.6**

Iterative Verfahren zur Lösung linearer Gleichungen: Das MATLAB-Skript *gs* erzeugt eine Matrix mit wählbarer Dimension und Besetztheitsgrad sowie einen Vektor (rechte Seite) und löst dieses Gleichungssystem mit dem Gauß-Seidel-Verfahren. Die eigentliche Berechnung der Gauß-Seidel-Iteration wird dabei mit

der Funktion *gseid* durchgeführt. Analog erzeugt das Skript *jv* eine Matrix mit
wählbarer Dimension und Besetztheitsgrad sowie einen Vektor und löst dieses
Gleichungssystem nach dem Jacobi-Verfahren.

10.1.15   Vordefinierte iterative Verfahren

Bei Verfahren der numerischen Linearen Algebra wie *lu*, *chol* etc. verwendet MAT-
LAB im Fall schwach besetzter Matrizen speziell optimierte Algorithmen. MAT-
LAB enthält auch einige Verfahren, die nur bei schwach besetzten Matrizen zur
Anwendung kommen: so berechnet etwa *luinc* eine näherungsweise LU-Zerlegung
oder *cholinc* eine näherungsweise Cholesky-Zerlegung.

Weiters bietet MATLAB eine Vielzahl an Methoden an, um Gleichungssysteme mit schwach besetzten Matrizen iterativ zu lösen. Die Ergebnisse dieser iterativen Methoden besitzen i. Allg. eine geringere Genauigkeit als jene direkter
Verfahren. Diese Eigenschaft darf man aber nicht als Nachteil sehen, da das Abbrechen iterativer Verfahren beim Erreichen einer gewünschten Genauigkeit ein
wirksames Mittel zur Aufwandsreduktion und somit zur Rechenzeitverkürzung
ist. Dabei ist allerdings einzuschränken, dass die Eliminationsverfahren in MAT-
LAB aus LAPACK eingebunden werden, während die iterativen Verfahren in Form
von M-Dateien vorliegen – selbst wenn der Aufwand i. Allg. geringer ist, führt
dies zu längeren Laufzeiten der iterativen Verfahren.

Folgende Verfahren sind in MATLAB implementiert:

Konjugiertes Gradientenverfahren (CG): Dieses Verfahren ist nur für symmetrische, positiv definite Systeme anwendbar. Sein Konvergenzverhalten
ist von der Konditionszahl und von der Verteilung der Eigenwerte abhängig;
in Spezialfällen tritt sogar überlineares Konvergenzverhalten auf.

Bikonjugiertes Gradientenverfahren (BiCG): Dieses Verfahren ist auch
auf nichtsymmetrische Matrizen anwendbar.

Quadriertes CG-Verfahren (CGS): Auch dieses Verfahren ist für nichtsymmetrische Matrizen geeignet. Es konvergiert (oder divergiert) charakteristi-
scherweise doppelt so schnell wie BiCG-Verfahren. Die Konvergenz ist oft
ziemlich unregelmäßig und das Verfahren neigt zur Divergenz für Startwerte
nahe der Lösung. Der Rechenaufwand ist ähnlich wie beim BiCG-Verfahren.

Bikonjugiertes stabilisiertes Gradientenverfahren (Bi-CGSTAB):
Auch dieses Verfahren ist auf nichtsymmetrische Matrizen anwendbar.
Es erfordert einen ähnlichen Rechenaufwand wie das BiCG- und das

CGS-Verfahren. Es „glättet" die Konvergenz des CGS-Verfahrens unter Erhaltung nahezu gleicher Konvergenzgeschwindigkeit.

Quasi-Minimalresiduum-Verfahren (QMR): Dieses Verfahren wurde für nichtsymmetrische Matrizen entworfen, um die unregelmäßige Konvergenz des BiCG-Verfahrens zu verbessern; es schließt einen der beiden Versagensfälle des BiCG-Verfahrens aus.

Verallgemeinertes Minimalresiduen-Verfahren (GMRES): Dies ist eines der effizientesten Verfahren für nichtsymmetrische Matrizen. Das kleinste Residuum wird in einer festen Anzahl von Schritten erreicht, die Iterationsschritte werden aber immer aufwändiger.

Alle diese Verfahren sind in MATLAB verfügbar: so verwendet etwa *bicg* das bikonjugierte Gradientenverfahren und *cgs* das konjugierte Gradientenverfahren zur Lösung schwach besetzter Systeme. Eine Kurzbeschreibung der Syntax dieser Befehle kann dem Abschnitt 12.7 entnommen werden, für weitere Informationen wird auf die *help*-Funktion und auf einschlägige Literatur (z. B. Saad [61], Überhuber [68]) verwiesen.

10.1.16   Beurteilung der erzielten Genauigkeit

Die Eliminationsverfahren in ihren verschiedenen Versionen führen unmittelbar zu arithmetischen Algorithmen, ohne dass Iterationen oder ähnliche parameterabhängige Algorithmenteile auftreten. Aus diesem Grund tritt auch kein Verfahrensfehler auf. Es entsteht also bei den direkten Verfahren (Eliminationsalgorithmen) zur Lösung linearer Gleichungssysteme nur der Rechenfehler auf Grund der Durchführung in einer Gleitpunktarithmetik. Die große Anzahl der Operationen verhindert allerdings eine direkte Abschätzung der Rechenfehlereffekte – sie würde viel zu pessimistisch ausfallen.

Andererseits ist es extrem wichtig, die Größenordnung des Fehlers beurteilen zu können, der im Ergebnis enthalten ist, welches von einer Bibliotheksprozedur für die Lösung eines linearen Gleichungssystems geliefert wird. Es soll ja nach dem Prinzip der hierarchischen Abstufung der Fehler die Größe des während der Gleitpunkt-Auflösung des Gleichungssystems neu erzeugten Fehlers nicht größer sein als die Auswirkung der in den Daten des Gleichungssystems enthaltenen Ungenauigkeiten auf das Ergebnis. Man muss also sowohl diesen Datenfehlereffekt als auch den Gesamtrechenfehlereffekt größenordnungsmäßig erfassen können.

Konditionsschätzung

Zur Beurteilung des *Datenfehlereffekts* ist es nur notwendig, die Größenordnung der *Konditionszahl* des Gleichungssystems zu kennen. Nach (10.6) benötigt man dazu noch die Größenordnung von $\|A^{-1}\|$, da ja nur $\|A\|$ unmittelbar zugänglich ist. Wenn man mit Hilfe der Formel

$$\|A^{-1}\| = \max_{b \neq 0} \frac{\|A^{-1}b\|}{\|b\|}.$$

die Größenordnung von $\|A^{-1}\|$ erhalten will, muss man zu dem gegebenen Gleichungssystem eine rechte Seite b mit $\|b\| = 1$ konstruieren, für die sich eine möglichst „große Lösung" $x = A^{-1}b$ ergibt.

MATLAB-Beispiel 10.7

Die Kondition der Hilbert-Matrizen H_n (siehe Beispiel 10.2) soll durch Berechnung von $\|H_n\|\|H_n^{-1}\|$ und durch Schätzung ermittelt werden.

In MATLAB kann man sowohl die Konditionszahl (bezüglich der euklidischen Matrixnorm) als auch eine Schätzung dieser Konditionszahl mit Hilfe der vordefinierten Funktionen *cond* bzw. *condest* erhalten. Bei großen Matrizen ist die Berechnung der Konditionszahl erheblich rechenaufwändiger als die Ermittlung einer Konditionsschätzung. Die Ergebnisse sind in Abb. 10.5 dargestellt.

```
nmax = 20;
H = hilb(nmax);

for n = 2:nmax
  cond_h(n) = cond(H(1:n,1:n));
  condest_h(n) = condest(H(1:n,1:n));
end

semilogy(2:n, cond_h(2:n), ...
  2:n, condest_h(2:n), ':')
xlabel('Dimension')
ylabel('Kondition')
legend('berechnet', 'geschätzt', 2)
```

Experimentelle Konditionsuntersuchung

Hat man genauere Information über die Störungen der rechten Seite und/oder der Systemmatrix, als dies durch die stark vereinfachenden skalaren Größen

$$\rho_b = \frac{\|\Delta b\|}{\|b\|} \quad \text{und} \quad \rho_A = \frac{\|\Delta A\|}{\|A\|}$$

zum Ausdruck gebracht wird, so kann man die Störungsempfindlichkeit der Lösung des linearen Gleichungssystems in einer Monte-Carlo-Studie untersuchen. Man simuliert dabei die Störeinflüsse durch Zufallszahlengeneratoren, die der bekannten Art der Störungen Δb und/oder ΔA angepasst werden.

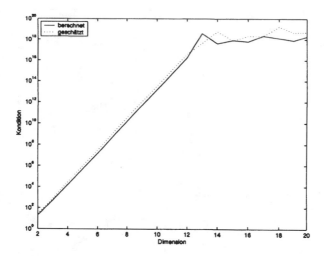

Abbildung 10.5: Berechnete und geschätzte Konditionszahl von $H_2, H_3, \ldots, H_{20}$.

MATLAB-Beispiel 10.8

Die nebenstehenden Anweisungen erzeugen $n \times n$-Hilbert-Matrizen H_n mit der MATLAB-Funktion *hilb*. Es wird das Gleichungssystem $H_n x = b$ gelöst, dessen exakte Lösung der Vektor $(1, 1, \ldots, 1)^\top$ ist. Danach wird zur Matrix H_n eine Zufallsmatrix addiert, deren Elemente von der Größenordnung eines elementaren Rundungsfehlers *eps* sind. Das Gleichungssystem $\widetilde{H}_n x = b$ mit der zufallsgestörten Matrix $\widetilde{H}_n$ wird gelöst und die Differenz wird als Fehlerschätzung verwendet (siehe Abb. 10.6).

```
nmax = 20;
for n = 2:nmax
  H = hilb(n);
  b = sum(H,2);
  x = H\b;
  fehler(n) = max(abs(x - 1));
  H_s = H + (rand(n) - 0.5)*eps;
  x_s = H_s\b;
  fehler_s(n) = max(abs(x_s - x));
end

semilogy(2:nmax, fehler(2:nmax), ...
  2:nmax, fehler_s(2:nmax), ':')
xlabel('Dimension')
ylabel('Fehler')
legend('Fehler', 'Fehlerschätzung')
```

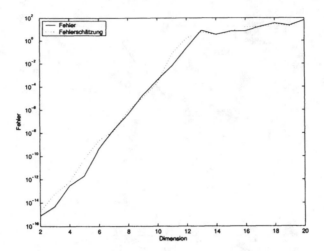

Abbildung 10.6: Absoluter Fehler und experimentelle Fehlerschätzung für $H_n x = b$.

10.1.17 Verfahren für Ausgleichsprobleme

Die nächstliegende Art, ℓ_2-Ausgleichsprobleme zu lösen, besteht im Aufstellen und Lösen der Normalgleichungen (siehe Abschnitt 10.1.1)

$$\overline{A}^\top A x = \overline{A}^\top b \tag{10.9}$$

mit dem Cholesky-Verfahren. Der Übergang zum Problem (10.9) ist bezüglich des Rechenaufwands sehr vorteilhaft. Der große Nachteil besteht allerdings in der starken Verschlechterung der Kondition des neuen Problems gegenüber dem ursprünglichen Problem:

$$\text{cond}(\overline{A}^\top A) = [\text{cond}(A)]^2.$$

Eine wesentlich weniger störungsanfällige Methode zur Lösung von ℓ_2-Ausgleichsproblemen beruht auf der sogenannten QR-Faktorisierung von A, wird also auf die Daten des ursprünglichen Problems angewendet.

Jede Matrix $A \in \mathbb{K}^{m \times n}$ mit $m \geq n$ kann in der Form

$$A = Q \begin{pmatrix} R \\ 0 \end{pmatrix} \tag{10.10}$$

$(0 \in \mathbb{K}^{(m-n) \times n})$ faktorisiert werden, wobei R eine obere $n \times n$-Dreiecksmatrix und Q eine orthogonale $m \times m$-Matrix ist.

Wenn die Matrix A vollen Rang n hat, so ist die Dreiecksmatrix R nichtsingulär und die QR-Faktorisierung (10.10) kann zur Lösung des ℓ_2-Ausgleichsproblems verwendet werden, da

$$\|Ax - b\|_2 = \left\| \begin{pmatrix} Rx - q_1 \\ q_2 \end{pmatrix} \right\|_2 \quad \text{mit} \quad q := \begin{pmatrix} q_1 \\ q_2 \end{pmatrix} = \overline{Q}^\top b$$

gilt und x daher Lösung des Gleichungssystems $Rx = q_1$ ist. Es gilt

$$\|Ax - b\|_2 = \|q_2\|_2.$$

MATLAB-Beispiel 10.9

Äquivalent zu (10.10) kann man die QR-Faktorisierung von A auch in der Form $A = QR$ schreiben, wobei die Spalten der Matrix $Q \in \mathbb{K}^{m \times n}$ orthonormal sind und $R \in \mathbb{K}^{n \times n}$ eine obere Dreiecksmatrix ist.

Der MATLAB-Befehl $[Q,R] = qr(A)$ faktorisiert die Matrix A in eine obere Dreiecksmatrix R und eine orthogonale Matrix Q, sodass $A = QR$ gilt. Das überbestimmte Gleichungssystem $Ax = b$ mit

$$A = \begin{pmatrix} 1 & 2 & 3 \\ 4 & 5 & 6 \\ 7 & 8 & 9 \\ 10 & 11 & 12 \end{pmatrix} \qquad b = \begin{pmatrix} 1 \\ 3 \\ 5 \\ 7 \end{pmatrix}$$

soll im Sinne des linearen Ausgleichs mit Hilfe des QR-Algorithmus gelöst werden. Durch Verwendung von $[Q,R] = qr(A)$ erhält man

$$Q = \begin{pmatrix} -0.08 & -0.83 & 0.55 & -0.05 \\ -0.31 & -0.45 & -0.69 & 0.47 \\ -0.54 & -0.07 & -0.25 & -0.80 \\ -0.78 & 0.31 & 0.40 & 0.37 \end{pmatrix}, \quad R = \begin{pmatrix} -12.88 & -14.59 & -16.30 \\ 0 & -1.04 & -2.08 \\ 0 & 0 & -0.00 \\ 0 & 0 & 0 \end{pmatrix}.$$

Die Lösung von $Ax = b$ erhält man durch

$$x = R\backslash(\overline{Q}^\top b) = \begin{pmatrix} 0.50 \\ 0 \\ 0.17 \end{pmatrix}.$$

Man hätte das Problem auch direkt mit dem \-Operator lösen können, da MATLAB automatisch erkennt, dass es sich um ein überbestimmtes lineares Gleichungssystem handelt:

$$x = A\backslash b = \begin{pmatrix} 0.50 \\ 0 \\ 0.17 \end{pmatrix}.$$

Wenn A nicht vollen Rang hat oder der Rang von A nicht bekannt ist, kann man eine Singulärwertzerlegung durchführen oder eine *QR-Faktorisierung mit Spaltenpivotstrategie* durchführen. Letztere ergibt im Fall $m \geq n$

$$A = Q \begin{pmatrix} R \\ 0 \end{pmatrix} P^{\mathsf{T}},$$

wobei P eine Permutationsmatrix ist, die so gewählt ist, dass R die Form

$$R = \begin{pmatrix} R_{11} & R_{12} \\ 0 & 0 \end{pmatrix}$$

hat, wobei R_{11} eine quadratische nichtsinguläre Dreiecksmatrix ist. Die sogenannte Basislösung des linearen Ausgleichsproblems erhält man durch QR-Faktorisierung mit Pivotstrategie. Durch Anwendung orthogonaler (unitärer) Transformationen kann R_{12} eliminiert werden, und man erhält die *vollständige orthogonale Faktorisierung*, aus der man die Lösung mit minimaler Norm gewinnt (Golub, Van Loan [29]).

10.2   Nichtlineare Gleichungen

Fast alle realen Abhängigkeiten sind *nichtlinear*. Bei einem beträchtlichen Teil praktischer Problemstellungen kann man die zu untersuchenden nichtlinearen Zusammenhänge *lokal* (in einem mehr oder weniger stark eingeschränkten Anwendungsbereich) durch lineare Modelle ausreichend genau beschreiben. Andererseits kann man eine Reihe wichtiger Phänomene (wie z. B. Sättigungserscheinungen, Lösungsverzweigungen, Chaos) *nur* durch nichtlineare Modelle beschreiben.

Nichtlineare Modelle führen bei der Auswertung – gegebenenfalls nach Diskretisierung eines entsprechenden Differentialgleichungsmodells – in der Regel auf nichtlineare Gleichungen. Von einfachen Spezialfällen abgesehen lassen sich nichtlineare Gleichungen (n Gleichungen in n Unbekannten, wobei auch der eindimensionale Fall $n = 1$ schon nichttrivial ist) nicht in geschlossener Form lösen. Lösungen können i. Allg. auch nicht in endlich vielen Schritten gefunden werden. Die Lösung nichtlinearer Gleichungen erfolgt daher ausschließlich *numerisch*, und zwar durch *Iterationsverfahren*.

Im Allgemeinen ist es nicht möglich, das Verhalten eines stark nichtlinearen Gleichungssystems global zu überblicken. Man muss deshalb, um eine relevante Näherungslösung zu bestimmen, von einem Startpunkt ausgehen, der schon „hinreichend nahe" an der gesuchten Lösung liegt. Die Ermittlung eines solchen Startpunktes kann aufwändig sein und erhebliche Überlegungen sowie die Anwendung spezieller Techniken (Monte-Carlo-Suche, Homotopieverfahren) erfordern.

10.2.1 Vordefinierte MATLAB-Funktionen

Um Nullstellen einer nichtlinearen Funktion $f : \mathbb{R} \to \mathbb{R}$ zu berechnen, also Stellen x^* des Definitionsbereichs von f mit $f(x^*) = 0$ zu ermitteln, stellt MATLAB die Funktion *fzero* zur Verfügung.

Die MATLAB-Funktionen zum Lösen skalarer nichtlinearer Gleichungen erfordern, dass die betreffenden Funktionen als MATLAB-Unterprogramme implementiert werden. Derartige Funktionen haben einen Eingangsparameter x und müssen als Resultat $f(x)$ zurückliefern.

Nullstellenbestimmung: Um die Nullstellen einer Funktion f mit Hilfe von *fzero* zu berechnen, müssen als Parameter neben dem Funktionszeiger der Funktion f (oder deren Namen) auch Intervallgrenzen angegeben werden, zwischen denen sicher eine Nullstelle enthalten ist (das Vorzeichen des Funktionswerts an der linken Intervallgrenze muss ungleich dem Vorzeichen des Funktionswerts an der rechten Intervallgrenze sein):

$$x = fzero\,(@f, [a\ b])$$

Anstelle des Intervalls $[a, b]$ kann auch ein skalarer Startwert für die Nullstellensuche angegeben werden,

$$x = fzero\,(@f, x\_start)$$

und *fzero* sucht dann nach einer Nullstelle von f nahe diesem Wert.

In MATLAB sind keine Funktionen vordefiniert, mit denen man die Nullstellen mehrdimensionaler Funktionen (mehrerer Funktionen von mehreren Veränderlichen) ermitteln kann. Allerdings stellt die separat erhältliche *Optimization Toolbox* diese Funktionalität zur Verfügung.

Minimierung: Ein Minimum der Funktion $f : \mathbb{R} \to \mathbb{R}$ im Intervall $[a, b]$ kann mittels

$$xmin = fminbnd\,(@f, a, b)$$

ermittelt werden. Soll das lokale Minimum einer Funktion $f : \mathbb{R}^n \to \mathbb{R}$ mehrerer Variablen gefunden werden, kann

$$xmin = fminsearch\,(@f, x\_start)$$

verwendet werden. Dabei ist $x\_start \in \mathbb{R}^n$ der Startwert für die Minimierung.

MATLAB-Beispiel 10.10

Im Folgenden wird beispielhaft eine Funktion mit drei (unterschiedlich stark ausgeprägten) „Spitzen" herangezogen (siehe Abb. 10.7).

Ein MATLAB-Programm zur Berechnung der Funktionswerte
wird in *peaks3.m* implementiert. Man beachte, dass auch
Vektoren als Eingangsparameter
möglich sein müssen.

Nebenstehende Anweisung sucht
nach einer Nullstelle der Funktion *peaks3* im Intervall [0, 1].

fzero liefert in manchen Fällen
falsche Resultate, wenn z. B.
Polstellen fälschlich als Nullstellen identifiziert werden.

Ein lokales Minimum der Funktion *peaks3* im Intervall [0, 1]
liegt bei $x = 1$.

In Abb. 10.7 sieht man, dass
das globale Minimum im Intervall [0,1] an der Stelle $x = 0.54$
liegt. Dieses Minimum wird von
fminbnd nicht gefunden.

```
function y = peaks3(x);
y = 0.8 - x ...
  - 1./(cosh(10.*(x-0.2))).^2 ...
  - 5./(cosh(100.*(x-0.4))).^4 ...
  - 10./(cosh(1000.*(x-0.54))).^6;
```

```
≫ fzero(@peaks3, [0 1])
ans =
   0.8000
```

```
≫ fzero(@tan, [1 2])
ans =
   1.5708
```

```
≫ fminbnd(@peaks3, 0, 1)
ans =
   0.9999
```

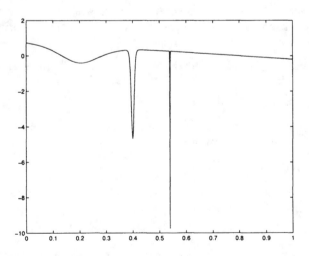

Abbildung 10.7: Grafische Darstellung der Funktion *peaks3*.

10.2.2 Nullstellenbestimmung nichtlinearer Gleichungen

Zur Nullstellenbestimmung nichtlinearer skalarer Gleichungen existieren verschiedene Methoden, wie z. B. die Bisektionsmethode, das Newton- und das Sekantenverfahren sowie das Müllerverfahren.

Beim Start des *Bisektionsverfahren* wird ein Intervall $[a, b]$ benötigt, in dem sicher eine Nullstelle enthalten ist. Es werden Intervall-Halbierungen so lange durchgeführt, bis jenes Intervall, von dem man sicher weiß, dass es eine Nullstelle enthält, so klein wie gewünscht ist. Da die Intervalllänge nach k Halbierungen $(b - a)/2^k$ ist, kann man die Anzahl der erforderlichen Schritte a priori festlegen.

Das Newton-Verfahren

Beim *Newton-Verfahren* wird die nichtlineare Funktion f sukzessive durch lineare Modellfunktionen

$$\ell_k(x) = a_k + b_k x$$

ersetzt, deren Nullstellen $x_k^* = -a_k/b_k$ als Näherungen für die Nullstelle x^* verwendet werden. Aus der Taylor-Entwicklung von f um die Stelle $x^{(k)}$ erhält man etwa $a_k = f(x^{(k)}) - x^{(k)} f'(x^{(k)})$ und $b_k = f'(x^{(k)})$. Daraus folgt

$$x_k^* = x^{(k)} - \frac{f(x^{(k)})}{f'(x^{(k)})}.$$

Unter der Annahme, dass x_k^* eine bessere Näherung für x^* ist, definiert man durch

$$x^{(k+1)} = x^{(k)} - \frac{f(x^{(k)})}{f'(x^{(k)})}, \quad k = 0, 1, 2, \ldots$$

eine Folge von Näherungswerten $\{x^{(k)}\}$, die unter bestimmten Voraussetzungen gegen x^* konvergiert.

Das Newton-Verfahren erfordert die explizite Kenntnis der ersten Ableitung f'. In vielen praktisch relevanten Fällen ist jedoch f' entweder nicht explizit verfügbar oder nur sehr aufwändig (und damit oft auch fehlerbehaftet) zu erhalten. In diesem Fall kann man f' durch einen Differenzenquotienten approximieren:

$$f_k'(x^{(k)}) \approx \frac{f(x^{(k)} + h_k) - f(x^{(k)})}{h_k} =: d_k.$$

Wählt man als Schrittweite h_k die Differenz der beiden vorherigen Näherungswerte $x^{(k-1)} - x^{(k)}$, so erhält man das *Sekantenverfahren*.

Das Müller-Verfahren

Das *Müller-Verfahren* ist eine Verallgemeinerung des Sekanten-Verfahrens. Es wird dabei statt eines linearen Modells für f eine quadratische Parabel durch die drei Punkte

$$(x^{(k)}, f(x^{(k)})), (x^{(k-1)}, f(x^{(k-1)})) \text{ und } (x^{(k-2)}, f(x^{(k-2)}))$$

gelegt und mit der x-Achse zum Schnitt gebracht. Von den beiden Schnittpunkten wird jener als $x^{(k+1)}$ gewählt, der näher bei $x^{(k)}$ liegt.

Eine Eigenschaft des Müller-Verfahrens, die es vom Newton- und Sekanten-Verfahren unterscheidet, ist seine Möglichkeit bei Verwendung *reeller* Startwerte auch *komplexe* Nullstellen zu ermitteln. Sofern nur reelle Nullstellen von f gesucht werden, muss diese Möglichkeit algorithmisch unterdrückt werden.

Falls jedoch komplexe Nullstellen gesucht werden, z. B. bei der Nullstellenbestimmung von Polynomen, hat das Müller-Verfahren Vorteile gegenüber anderen Algorithmen: Man kann mit reellen Startwerten beginnen und, falls erforderlich, den Algorithmus mit komplexen Näherungen fortsetzen. Das Müller-Verfahren konvergiert schneller als das Sekanten-Verfahren.

Zu Test- und Studienzwecken wurden in MATLAB das Sekanten-Verfahren, das Newton- und das Müller-Verfahren sowie die Bisektionsmethode (in den M-Dateien *sekant, newton, mueller* und *bisekt*) implementiert.

CODE   **MATLAB-Beispiel 10.11**

Vergleich von Nullstellen-Methoden: Ein Vergleich der Methoden zur Lösung skalarer nichtlinearer Gleichungen ist mittels der Skripts *test_bisekt*, *test_newton, test_mueller* und *test_sekant* möglich. Alle finden jeweils eine Lösung der Gleichungen $f(x) = x^3 - 17x^2 + 36x - 90 = 0$ und $g(x) = \log(x) + x/40 = 0$ und stellen den relativen Fehler nach jedem Iterationsschritt grafisch dar; daraus lässt sich die Konvergenzgeschwindigkeit der einzelnen Verfahren erkennen.

Abb. 10.8 zeigt den absoluten Fehler der einzelnen Näherungswerte des Newton-Verfahrens für verschiedene Startwerte. Jede einzelne Grafik ist mit der Funktion (f oder g) und dem verwendeten Startwert beschriftet.

CODE   **MATLAB-Beispiel 10.12**

Komplexe Nullstellen: Ist f eine komplexe Funktion und f' deren Ableitung, so kann man mit dem Newton-Verfahren auch komplexe Nullstellen finden. Man

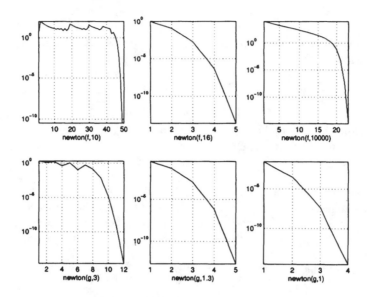

Abbildung 10.8: Konvergenzverlauf (absoluter Fehler nach jedem Iterationsschritt) des Newton-Verfahrens (bei Verwendung der Startwerte $10, 16, 10^4, 3, 1.3$ und 1).

muss allerdings mit einem komplexen Startwert $x^{(0)} \in \mathbb{C}$ beginnen und führt dann die Newton-Iteration

$$x^{(k+1)} = x^{(k)} - \frac{f(x^{(k)})}{f'(x^{(k)})}, \qquad k = 0, 1, 2, \ldots \qquad (10.11)$$

durch.

Falls $x^{(0)}$ im Einzugsbereich einer komplexen Nullstelle x^* liegt, konvergiert die Folge (10.11) gegen x^*. Als Beispiel sei das Polynom $f(x) = x^3 - 17x^2 + 36x - 90$ gegeben, das die Nullstellen $x_1^* = 15$ und $x_{2,3}^* = 1 \pm \sqrt{5}i$ hat; die Funktion $f(x)$ wurde in $f.m$ und deren Ableitung in $f\_abl.m$ implementiert.

Gibt man einen reellen Startwert an, so findet *newton* nur die reelle Nullstelle ...

```
≫ newton(@f,0,@f_abl)
ans =
    15
```

... unabhängig vom Startwert.

```
≫ newton(@f,100000,@f_abl)
ans =
    15
```

Startet man z. B. mit den komplexen Werten i und $-i$, so findet *newton* die beiden konjugiert
komplexen Nullstellen.

```
» newton(@f,i,@f_abl)
ans =
   1.0000 + 2.2361i

» newton(@f,-i,@f_abl)
ans =
   1.0000 - 2.2361i
```

Der komplexe Startwert $11 + i$
liegt jedoch im Einzugsbereich
der reellen Nullstelle $x^* = 15$.

```
» newton(@f,11+i,@f_abl)
ans =
   15.0000 - 0.0000i
```

Das Newton-Verfahren kann also komplexe Nullstellen finden, sofern komplexe
Startwerte angegeben werden. Ein komplexer Startwert kann aber auch im Ein-
zugsbereich einer reellen Nullstelle liegen. Im Gegensatz dazu kann das Müller-
Verfahren direkt (bei reellen Startwerten) komplexe Nullstellen ermitteln.

Übergibt man *mueller* die reellen Startwerte 0, 0.2 und 1, so
findet der Algorithmus eine der
komplexen Nullstellen.

```
» mueller(@f, 0, 0.2, 1)
ans =
   1.0000 - 2.2361i
```

Analog kann auch die reelle
Nullstelle gefunden werden.

```
» mueller(@f, 10, 11, 13)
ans =
   15.0000
```

Bei vielen nichtlinearen Gleichungen tritt Konvergenz eines Iterationsverfahrens
nur dann ein, wenn der Startwert aus einer kleinen Teilmenge des Definitionsbereichs (dem *Einzugsbereich*) gewählt wird. Ausreichend rasche Konvergenz tritt
meist nur bei Wahl eines Startwertes in der Nähe der gesuchten Lösung auf.
Eine der größten Schwierigkeiten bei der praktischen Lösung von nichtlinearen
Gleichungen und Gleichungssystemen besteht daher in der Wahl eines geeigneten
Startwertes (siehe Überhuber [68]).

CODE   **MATLAB-Beispiel 10.13**

Einzugsbereich des Newton-Verfahrens: Ein Eindruck vom Einzugsbereich
des Newton-Verfahrens kann durch die Verwendung des Skripts *newton_einzug* gewonnen werden: in einer Grafik wird die Anzahl der benötigten Iterationsschritte
zur Lösung der Gleichung $x^3 - 17x^2 + 36x - 90 = 0$ in Abhängigkeit eines komplexen Startwertes dargestellt. Die x- und y-Koordinaten entsprechen den Real-
und Imaginärteilen der Startwerte; in Richtung der z-Achse wird die Zahl der

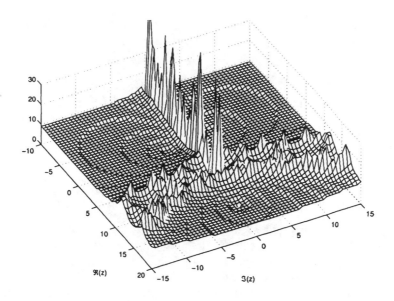

Abbildung 10.9: Einzugsbereich des Newton-Verfahrens.

benötigten Iterationsschritte aufgetragen (siehe Abb. 10.9).

In der Nähe der gesuchten Nullstellen konvergiert das Newton-Verfahren sehr rasch; es gibt jedoch Startwerte, bei denen sehr viele Iterationen durchgeführt werden müssen, um ein akzeptables Ergebnis zu erzielen (in einigen Fällen divergiert das Verfahren sogar).

10.3   Interpolation

Das wissenschaftliche Rechnen erfordert oft die Arbeit mit *nicht*-elementaren Funktionen. Da solche Funktionen nicht durch endlich viele Parameter charakterisierbar sind, werden sie meist zunächst durch Interpolation auf Funktionen aus endlichdimensionalen Räumen (z. B. auf Polynome mit vorgegebenem Maximalgrad) abgebildet. Danach wird die erhaltene Interpolationsfunktion als „Ersatz" für die meist nicht explizit bekannte (bzw. nicht effizient repräsentierbare) Funktion f in weiteren Berechnungen verwendet.

Der Interpolation liegen als Daten k Punkte $x_1, x_2, \ldots, x_k \in \mathbb{R}^n$ – die sogenannten *Interpolationsknoten* oder *Stützstellen* – sowie k zugehörige Werte $y_1, y_2, \ldots, y_k \in \mathbb{K}$ zugrunde. Die Stützstellen können entweder fest vorgegeben oder wählbar sein. Fallweise kann auch noch ergänzende Information vorliegen, aus der spezielle Eigenschaften der Interpolationsfunktion abgeleitet werden, z. B. Monotonie, Konvexität, spezielles asymptotisches Verhalten.

10.3.1   Interpolationsprobleme

Eine *Interpolationsaufgabe* besteht i. Allg. aus drei Teilaufgaben:

1. Eine geeignete Funktionenklasse ist zu wählen.

2. Die Parameter eines passenden Repräsentanten aus dieser Funktionenmenge sind zu ermitteln.

3. An der gefundenen Interpolationsfunktion sind die gewünschten Operationen (Auswertung, Ableitung, Integration etc.) auszuführen.

Die Eigenschaften (Datenfehlerempfindlichkeit etc.) und der algorithmische Aufwand müssen für die zwei rechnerischen Teilaufgaben der Interpolation – Parameterbestimmung und Manipulation (Auswertung) – getrennt untersucht werden.

Der Aufwand für die *Parameterbestimmung* hängt z. B. ganz wesentlich von der Funktionenklasse ab – insbesondere davon, ob es sich (bzgl. der Parameter) um ein lineares oder nichtlineares Interpolationsproblem handelt. Der *Gesamtaufwand* für eine Interpolationsaufgabe hängt nicht nur von der Wahl der Funktionenklasse ab, sondern wird auch von den speziellen Erfordernissen des Problems bestimmt: von der Anzahl der benötigten Interpolationsfunktionen (und ihren gegebenenfalls vorhandenen Abhängigkeiten), von Anzahl und Aufwand der durchzuführenden Operationen (z. B. wieviele Werte der Interpolationsfunktion benötigt werden) etc.

Wahl einer Funktionenklasse

Dem geplanten Verwendungszweck entsprechend ist eine geeignete Klasse $\mathcal{G}_k$ von Modell- bzw. Approximationsfunktionen auszuwählen. Jede Funktion g aus der Funktionenmenge $\mathcal{G}_k$ muss durch k Parameter festgelegt werden können:

$$\mathcal{G}_k = \{g(x; c_1, c_2, \ldots, c_k) \mid g : B \subset \mathbb{R}^n \to \mathbb{K}, \ c_1, c_2, \ldots, c_k \in \mathbb{K}\}.$$

Die Wichtigkeit der Auswahl einer geeigneten Klasse von Modellfunktionen illustriert Abb. 10.10. Alle dort dargestellten Funktionen erfüllen das Kriterium der Interpolation, das nur die Übereinstimmung an vorgegebenen Punkten fordert. Trotzdem wird nicht jede dieser Interpolationsfunktionen für jeden Anwendungszweck gleich gut geeignet sein. Erst durch die zusätzliche Forderung bestimmter Eigenschaften der Funktionen aus $\mathcal{G}_k$ (wie z. B. Stetigkeit, Glattheit, Monotonie, Konvexität) können unerwünschte Fälle (wie z. B. Sprungstellen, Polstellen) ausgeschlossen werden.

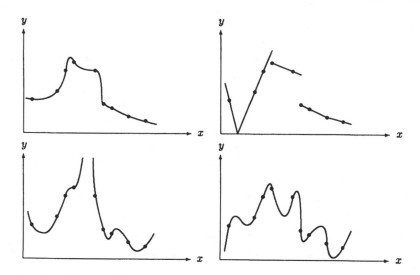

Abbildung 10.10: Vier verschiedene Funktionen, die alle durch dieselben Datenpunkte (•) gehen.

Bestimmung der Parameter einer Interpolationsfunktion

Sobald eine Menge $\mathcal{G}_k$ von in Frage kommenden Funktionen festgelegt ist, muss aus $\mathcal{G}_k$ *eine* Funktion g ausgewählt werden, die an den k Stützstellen $x_1, x_2, \ldots, x_k$ die vorgegebenen Werte $y_1, y_2, \ldots, y_k$ annimmt.

Von der gesuchten Funktion g, die durch ihre Parameterwerte $c_1, c_2, \ldots, c_k$ charakterisiert wird, ist – dem Interpolationsprinzip entsprechend – zu fordern, dass sie durch die Datenpunkte $(x_1, y_1), (x_2, y_2), \ldots, (x_k, y_k)$ „durchgeht"; d. h., g muss folgendes System von k Gleichungen erfüllen:

$$
\begin{aligned}
g(x_1; c_1, c_2, \ldots, c_k) &= y_1, \\
g(x_2; c_1, c_2, \ldots, c_k) &= y_2, \\
\vdots \qquad\qquad\quad &\quad \vdots \\
g(x_k; c_1, c_2, \ldots, c_k) &= y_k.
\end{aligned}
\tag{10.12}
$$

Dieses Gleichungssystem kann linear oder nichtlinear sein, je nachdem, ob g bezüglich der gesuchten Parameter $c_1, c_2, \ldots, c_k$ eine lineare oder nichtlineare Funktion ist.

10.3.2 Univariate Polynom-Interpolation

Die Interpolation durch univariate Polynome mit dem Approximationskriterium der Wertübereinstimmung ist in der Numerik von größter Wichtigkeit. Sie ist nicht nur die Grundlage vieler numerischer Verfahren zur Integration, Differentiation, Extremwertbestimmung, Lösung von Differentialgleichungen etc., sondern bildet auch die Basis anderer (stückweiser) univariater und multivariater Interpolationsmethoden, die z. B. bei der Visualisierung zum Einsatz gelangen.

Univariate Polynome

Funktionen, die durch Formeln definiert sind, in denen nur endlich viele algebraische Operationen mit der unabhängigen Variablen vorkommen, bezeichnet man als *algebraische elementare Funktionen*. Diese sind als Approximationsfunktionen (Modellfunktionen) am Computer besonders gut geeignet. Vor allem die Polynome in einer unabhängigen Variablen – die *univariaten Polynome* – spielen dabei eine zentrale Rolle.

Eine Funktion $P_d : \mathbb{K} \to \mathbb{K}$ mit

$$P_d(x; a_0, \ldots, a_d) := a_0 + a_1 x + a_2 x^2 + \cdots + a_d x^d \qquad (10.13)$$

ist ein (reell- oder komplexwertiges) Polynom in einer unabhängigen (reellen) Variablen. $a_0, a_1, \ldots, a_d \in \mathbb{K}$ sind die Koeffizienten des Polynoms, a_0 dessen absolutes Glied. Falls $a_d \neq 0$ ist, heißt d Grad des Polynoms und a_d Anfangs- oder höchster Koeffizient. Ist $a_d = 0$, so heißt d formaler Grad von P_d. Polynome vom Grad $d = 1, 2, 3$ nennt man linear, quadratisch bzw. kubisch.

Der Funktionenraum $\mathbb{P}$ *aller* Polynome (beliebigen Grades) besitzt z. B. die Basis der Monome $B = \{1, x, x^2, x^3, \ldots\}$ und ist daher *unendlich*-dimensional; der Raum $\mathbb{P}_d$ aller Polynome vom Maximalgrad d besitzt z. B. die Basis

$$B_d = \{1, x, x^2, x^3, \ldots, x^d\} \qquad (10.14)$$

und ist $(d+1)$-dimensional (über $\mathbb{K}$). Die Monombasis (10.14) ist nur eine von unendlich vielen Basen des Vektorraums $\mathbb{P}_d$. Weitere, speziell für numerisch-algorithmische Anwendungen wichtige Basen bilden die Lagrange-, die Bernstein- und vor allem die Tschebyscheff-Polynome (Überhuber [67]).

In MATLAB können die Funktionen *polyfit* und *polyval* zur Polynom-Interpolation verwendet werden. Ihre Syntax lautet:

$$p = polyfit(x, y, d) \quad \text{bzw.} \quad yi = polyval(p, xi)$$

Dabei enthält x die Stützstellen $x_1, x_2, \ldots, x_k$ und y die zugehörigen Werte $y_1, y_2, \ldots, y_k$. d gibt den Grad des Interpolationspolynoms P_d an. Für $d \geq k$ ist P_d nicht eindeutig bestimmt, für $d = k - 1$ gilt $P_d(x_i) = y_i$, $i = 1, 2, \ldots, k$. Wenn $d < k - 1$ ist, dann wird nicht interpoliert, sondern ein Polynom ermittelt, das den geringsten Abstand (im Sinne der Methode der kleinsten Fehlerquadrate) zu den Datenpunkten besitzt. *polyfit* ermittelt die Koeffizienten $a_d, a_{d-1}, \ldots, a_1$ von P_d und speichert sie im Vektor p ab. Mit der Funktion *polyval* kann das Polynom P_d an beliebigen Stellen xi ausgewertet werden.

MATLAB-Beispiel 10.14

Spezifikation der Daten und Erzeugen der x-Werte für die Auswertung.

```
>> x = [.08 .25 .38 .54 .63 .79 .92];
>> y = [.43 .50 .86 .79 .36 .21 .14];
>> xi = linspace(0,1,1000);
```

Die Daten werden mit Polynomen der Grade 6, 5 und 4 interpoliert bzw. approximiert.

```
>> p6 = polyfit(x,y,6);
>> y6 = polyval(p6,xi);
>> p5 = polyfit(x,y,5);
>> y5 = polyval(p5,xi);
>> p4 = polyfit(x,y,4);
>> y4 = polyval(p4,xi);
```

Zum Schluss werden die Ergebnisse gezeichnet (Abb. 10.11).

```
>> plot(x,Y,'ko',xi,y6,'b-',...
   xi,y5,'g:',xi,y4,'r-');
>> legend('Daten','Grad 6',...
   'Grad 5', 'Grad 4');
>> axis([0 1 0 1]);
```

Zu gegebenen Knoten $x_0, \ldots, x_d$ und Werten $y_0, \ldots, y_d$ berechnet *polyfit*, die in MATLAB implementierte Funktion zur Polynominterpolation die Koeffizienten des Interpolationspolynoms

$$p(x) = a_0 + a_1 x + \cdots + a_d x^d$$

bezüglich der Monom-Basis (10.14) durch Lösung des Vandermonde-Systems

$$\begin{pmatrix} 1 & x_0 & x_0^2 & \ldots & x_0^d \\ 1 & x_1 & x_1^2 & \ldots & x_1^d \\ \vdots & & & & \vdots \\ 1 & x_k & x_k^2 & \ldots & x_k^d \end{pmatrix} \begin{pmatrix} a_0 \\ a_1 \\ \vdots \\ a_d \end{pmatrix} = \begin{pmatrix} y_0 \\ y_1 \\ \vdots \\ y_d \end{pmatrix}.$$

Es ist ein Nachteil dieses Vorgehens, dass dieses Gleichungssystem für hohe Polynomgrade oder eng beieinander liegende Stützstellen schlecht konditioniert ist und für seine numerische Lösung $O(k^3)$ Operationen erforderlich sind.

In der Regel wird nur die punktweise Auswertung von p benötigt. Dafür gibt es stabilere Verfahren wie das Neville-Verfahren oder die Verwendung dividierter Differenzen, die für gegebenes x den Funktionswert $p(x)$ in $O(k^2)$ Operationen berechnen. Beide Verfahren sind jedoch in MATLAB *nicht* implementiert.

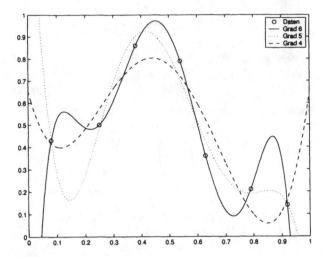

Abbildung 10.11: Polynom-Interpolation bzw. -Approximation mit *polyfit* und *polyval*.

CODE   **MATLAB-Beispiel 10.15**

Polynom-Interpolation an Tschebyscheff-Knoten und an äquidistanten Knoten: Das MATLAB-Skript *int_comp* ermöglicht einen Vergleich der Polynom-Interpolation an den Tschebyscheff-Knoten mit der Polynom-Interpolation an äquidistanten Knoten. Dabei wird $f(x) = 1/(1 + 25x^2)$, die sogenannte Runge-Funktion, als Beispiel verwendet. Das Skript stellt jeweils das Interpolationspolynom vom Grad 10 dar. Man erkennt, dass bei der Interpolation mit äquidistanten Abtastpunkten am Rand störendes Überschwingen auftritt (siehe Abb. 10.12).

Mit den MATLAB-Funktionen *tscheb* und *tschebsym* können beliebige Funktionen durch Polynome approximiert werden:

   $tscheb\,(fkt,\ a,\ b,\ anz)$

   $tschebsym\,(expr,\ a,\ b,\ anz)$

Dabei erwartet *tscheb* die zu interpolierende Funktion als Unterprogramm, dessen Funktionszeiger *fkt* (oder Name als *char*-Datenobjekt) übergeben wird; *tschebsym* dagegen erwartet einen MATLAB-Ausdruck (z. B. *'sin(x)+cos(x)'*) als Zeichenkette. Die Parameter a und b geben das Intervall $[a, b]$ an, in dem die Funktionen *fkt* und *expr* sowohl unter Verwendung von Tschebyscheff-Knoten als auch mit äquidistanten Knoten interpoliert werden sollen; dabei ist die Zahl der Abtastpunkte durch *anz* angegeben. Das Resultat wird grafisch dargestellt (siehe Abb. 10.12).

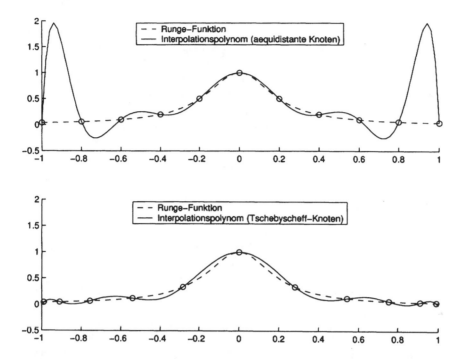

Abbildung 10.12: Interpolation der Runge-Funktion mit Polynomen vom Grad 10 an äquidistanten Knoten und an den Tschebyscheff-Knoten.

10.3.3   Univariate stückweise Polynom-Interpolation

Eine Alternative zur Verwendung *eines* durchgehenden, einheitlich definierten Interpolationspolynoms $P_d \in \mathbb{P}_d$ ist die Approximation durch *stückweise* Polynomfunktionen auf dem gewünschten Intervall $[a, b]$:

$$g(x) := \begin{cases} P_{d_1}^1(x), & x \in [a, x_1) \\ P_{d_2}^2(x), & x \in [x_1, x_2) \\ \quad \vdots \\ P_{d_k}^k(x), & x \in [x_{k-1}, b]. \end{cases} \tag{10.15}$$

Sofern man nicht – wie im Fall der Spline-Interpolation oder der Hermite-Interpolation (siehe unten) – Koppelungsbedingungen für die einzelnen Teilpolynome vorschreibt, handelt es sich um ein *lokales* Interpolationsverfahren: die Datenpunkte eines Intervalls $[x_{i-1}, x_i)$ haben keinen Einfluss auf das Interpolationspolynom $P_{d_j}^j$ eines anderen Intervalls $[x_{j-1}, x_j)$.

CODE   **MATLAB-Beispiel 10.16**

Stückweise Interpolation: Die Funktion *pieceint*(*x*,*y*,*degree*) ermöglicht die stückweise Interpolation von Datenpunkten durch Polynome. Dabei sind *x* und *y* eindimensionale Felder, die die Koordinaten der zu interpolierenden Datenpunkte $(x_1, y_1), (x_2, y_2), \ldots$ angegeben. Der Grad der Interpolationspolynome wird durch *degree* bestimmt.

pieceint interpoliert die Daten auf folgende Weise: jeweils *degree* + 1 aufeinanderfolgende Datenpunkte werden durch ein Polynom vom Grad *degree* verbunden.

Mit der MATLAB-Funktion *interp1* kann die stückweise univariate Polynom-Interpolation mit mehreren Methoden durchgeführt werden:

$$yi = interp1\,(x,y,xi\,\langle,methode\,\rangle)$$

Dabei enthält *x* die (reellen) Stützstellen $x_1, x_2, \ldots, x_k$ und der Vektor *y* die zugehörigen (reellen oder komplexen) Werte $y_1, y_2, \ldots, y_k$. *interp1* ermittelt die Interpolationsfunktion und liefert den Vektor der Werte *yi* an den Stellen *xi*.

Mit dem optionalen Parameter *methode* kann man eine der folgenden Interpolationsmethoden auswählen:

linear: Je zwei aufeinanderfolgende Datenpunkte werden linear interpoliert (also durch eine Gerade verbunden). *linear* ist die Standardeinstellung, falls keine Methode angegeben wird.

spline: Die Daten werden durch eine kubische Splinefunktion interpoliert.

pchip oder **cubic:** Stückweise kubische Hermite-Interpolation.

nearest: Der Vektor *yi* enthält jene Werte des Datenvektors *y*, die jeweils den Werten aus *xi* am nächsten liegen (*Nearest-neighbor*-Interpolation). Diese Methode liefert eine Interpolationsfunktion, die in der Mitte zwischen zwei Stückstellen eine Sprungstelle hat (siehe Abb. 10.13 auf Seite 238).

Liegt ein *x*-Wert, an dem die interpolierende Funktion ausgewertet werden soll, außerhalb des durch die x_j beschriebenen Intervalls, gilt also $x < \min x_j$ oder $x > \max x_j$ (in diesem Fall spricht man von *Extrapolation*), so liefert *interp1* den Wert *NaN* (*not a number*).

Kubische Spline-Interpolation (SPLINE-Methode)

Splinefunktionen sind stückweise auf Intervallen definierte Polynom-Funktionen, deren Teile an den Intervallgrenzen stetig oder ein- bzw. mehrmals stetig differenzierbar aneinanderstoßen. Unter allen Polynom-Splines spielen die kubischen Splines eine besonders wichtige Rolle als Interpolationsfunktionen, weil sie hinsichtlich ihrer Differenzierbarkeitseigenschaften, ihrer Empfindlichkeit bezüglich Datenschwankungen (Messfehler etc.) und des erforderlichen Rechenaufwands besonders robust sind.

Kubische Splinefunktionen sind stückweise Polynome dritten Grades,

$$s(x) := \begin{cases} P_3^1(x), & x \in [x_0, x_1) \\ P_3^2(x), & x \in [x_1, x_2) \\ \quad \vdots \\ P_3^k(x), & x \in [x_{k-1}, x_k], \end{cases} \tag{10.16}$$

für die an den inneren Knoten $x_1, x_2 \ldots, x_{k-1}$ Funktionswert sowie erste und zweite Ableitung übereinstimmen:

$$\begin{aligned} s(x_i-) &= s(x_i+), \\ s'(x_i-) &= s'(x_i+), \\ s''(x_i-) &= s''(x_i+), \qquad i = 1, 2, \ldots, k-1. \end{aligned}$$

Die $4k$ Parameter einer kubischen Splinefunktion sind durch $k+1$ Funktionswerte

$$y_0, y_1, \ldots, y_k \qquad \text{an den Stellen} \qquad x_0, x_1, \ldots, x_k$$

und durch die $3(k-1)$ Stetigkeits- bzw. Differenzierbarkeitsforderungen an den inneren Knoten $x_1, x_2, \ldots, x_{k-1}$ *nicht* eindeutig bestimmt, da es sich dabei insgesamt nur um $4k-2$ Bestimmungsstücke bzw. definierende Bedingungen handelt. Zur eindeutigen Festlegung kubischer Splinefunktionen sind daher noch zwei zusätzliche, geeignet gewählte Bedingungen – *Randbedingungen*[2] – erforderlich.

Randbedingungen

MATLAB verwendet standardmäßig die *Not-a-knot-Randbedingungen* (*Einheitlichkeitsbedingungen*):

$$s^{(3)}(x_1-) = s^{(3)}(x_1+) \qquad \text{und} \qquad s^{(3)}(x_{k-1}-) = s^{(3)}(x_{k-1}+).$$

---

[2]Die zwei Bedingungen müssen nicht unbedingt am Rand des Interpolationsintervalls festgesetzt werden; aus Gründen der numerischen Stabilität ist dies jedoch am günstigsten.

Durch diese Bedingungen wird erreicht, dass die Polynome P_3^1 und P_3^2 auf den ersten beiden Intervallen zu einem einzigen, einheitlich durch vier Koeffizienten definierten kubischen Polynom $P_3 := P_3^1 \equiv P_3^2$ werden. Auch P_3^{k-1} und P_3^k werden durch eine analoge Forderung zu *einem* einheitlich definierten Polynom.

Wenn man über die (exakten) Werte $f'(a)$, $f'(b)$ verfügt, dann kann man die *Hermite-Randbedingungen* verwenden:

$$s'(a) = f'(a)$$
$$s'(b) = f'(b)$$

In MATLAB wird diese Randbedingung verwendet, wenn y um zwei Einträge mehr als x besitzt. Dann wird der erste bzw. der letzte Eintrag von y für $s'(a)$ bzw. $s'(b)$ verwendet.

Die kubischen Hermite-Randbedingungen und die *Not-a-knot*-Bedingungen sind bezüglich ihrer (theoretischen) Approximationseigenschaften gleichwertig. Eine Auswahl zwischen diesen beiden Randbedingungen hängt daher von der praktischen Erprobung ab.

CODE **MATLAB-Beispiel 10.17**

Spline-Interpolation: Das Skript *interpol* interpoliert Daten der Sprungfunktion ($f(x) = 1$, falls $x \geq 0$, sonst $f(x) = 0$) durch ein durchgehendes Polynom und eine kubische Splinefunktion. Man kann nun interaktiv mit der Maus einen Knotenpunkt verschieben; das Skript berechnet danach wiederum die Interpolierende auf beide Arten. Man erkennt, dass die Splinefunktion wesentlich unempfindlicher (d. h., durch weniger Überschwingen) reagiert.

Kubische Hermite-Interpolation (PCHIP-Methode)

Die kubische Hermite-Interpolationsfunktion $s(x)$ besteht wie eine kubische Splinefunktion (10.16) stückweise aus Polynomen dritten Grades, mit dem Unterschied, dass die Anstiege s_i' in jedem Punkt $x_1, x_2, \ldots, x_k$ vorgegeben werden. In jedem Intervall $[x_{i-1}, x_i]$ ist daher durch die Bedingungen

$$P_3(x_{i-1}) = y_{i-1} \qquad P_3(x_i) = y_i$$
$$P_3'(x_{i-1}) = s_{i-1}' \qquad P_3'(x_i) = s_i' \tag{10.17}$$

ein Hermite-Interpolationsproblem gegeben, das ein kubisches Polynom

$$P_3^i(x) = a_0 + a_1(x - x_{i-1}) + a_2(x - x_{i-1})^2 + a_3(x - x_{i-1})^3$$

mit den Koeffizienten

$$
\begin{aligned}
a_0 &= y_{i-1} \\
a_1 &= s'_{i-1} \\
a_2 &= \frac{3}{h^2}(y_i - y_{i-1}) - \frac{1}{h}(s'_i + 2s'_{i-1}) \\
a_3 &= \frac{2}{h^3}(y_i - y_{i-1}) + \frac{1}{h^2}(s'_i + s'_{i-1})
\end{aligned}
$$

($h := x_i - x_{i-1}$) als eindeutige Lösung besitzt.

MATLAB wählt die Ableitungswerte s'_i selbst, und zwar so, dass die entstehende Interpolationsfunktion die Form der Daten und deren Monotonie erhält. Das bedeutet, dass auf Intervallen, in denen die Daten monoton sind, auch $P_3^i(x)$ monoton ist und dort, wo die Daten ein Minimum oder Maximum haben, auch $P_3^i(x)$ ein Minimum oder Maximum hat.

Vergleich der Methoden SPLINE und PCHIP

Die *spline*-Methode konstruiert das Interpolationspolynom in fast derselben Weise wie die *pchip*-Methode. Der Unterschied besteht darin, dass *spline* die Anstiege s'_i so wählt, dass die zweite Ableitung s''_i stetig ist. Das hat folgende Auswirkungen:

- *spline* erzeugt ein (mathematisch) glatteres Resultat (s'' ist stetig),

- *spline* erzeugt ein genaueres Resultat, wenn die Daten einer (mathematisch) glatten Funktion angehören,

- *pchip* hat weniger Oszillationen, wenn der Datenverlauf nicht glatt ist,

- *pchip* ist weniger aufwändig beim Berechnen der Interpolationsfunktion, und

- beide Methoden sind gleich aufwändig bei der Auswertung der Interpolationsfunktion.

MATLAB-Beispiel 10.18

Spezifikation der Daten und Erzeugen des Vektors xi.

Die Daten werden mit den vier in *interp1* vorhandenen Methoden interpoliert.

```
>> x = [.08 .25 .38 .54 .63 .79 .92];
>> y = [.43 .50 .86 .79 .36 .21 .14];
>> xi = linspace(0,1,100000);
>> yi_n = interp1(x,y,xi,'nearest');
>> yi_l = interp1(x,y,xi,'linear');
>> yi_s = interp1(x,y,xi,'spline');
```

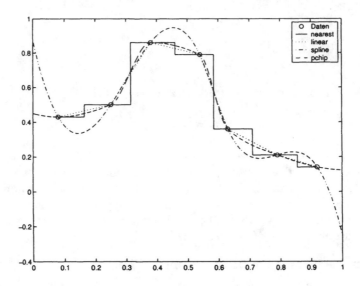

Abbildung 10.13: Verschiedene Interpolationsmethoden von *interp1*.

Die Ergebnisse der Interpolation
sind in Abb. 10.13 dargestellt.

```
>> yi_p = interp1(x,y,xi,'pchip');
>> plot(x,Y,'ko',xi,yi_n,'b-',...
    xi,yi_l,'g:',xi,yi_s,'r-.',...
    xi,yi_p,'y--.');
>> legend('Daten','nearest',...
    'linear','spline','pchip');
>> axis([0 1 0 1]);
```

Von H. Akima stammt eine Interpolationsmethode, die auf (einmal) stetig differenzierbare, stückweise aus kubischen Polynomen zusammengesetzte Funktionen führt. Ähnlich wie beim manuellen Zeichnen einer Kurve werden bei dieser Interpolationsmethode jeweils nur die nächstgelegenen Datenpunkte für den Kurvenverlauf an einer bestimmten Stelle berücksichtigt; es handelt sich also um ein *lokales* Interpolationsverfahren (Überhuber [67]).

CODE   **MATLAB-Beispiel 10.19**

Akima-Interpolation: Die Funktionen *akima* und *peri_akima* ermitteln die Akima-Interpolierende von Datenpunkten, deren Koordinaten als eindimensiona-

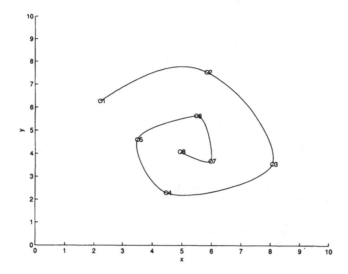

Abbildung 10.14: Ebene Kurve: Parametrisierte Akima-Interpolation.

le Felder x und y gegeben sind; dabei nimmt *peri_akima* an, dass die übergebenen Daten periodisch sind:

$$yi = akima\,(x, y, xi)$$
$$yi = peri\_akima\,(x, y, xi)$$

xi ist ein (eindimensionales) Feld von Stellen, an denen die Interpolierende ausgewertet werden soll; die Funktionen liefern die Funktionswerte der Interpolierenden an diesen Stellen als Vektor zurück. Weiters werden die Datenpunkte (samt der interpolierenden Funktion) grafisch dargestellt.

Parametrisierte Akima-Interpolation: Die Funktion *param_akima*(x, y) errechnet die parametrisierte Akima-Interpolierende für vorgegebene Datenpunkte. Die Funktion fasst die Elemente der Vektoren x und y als Koordinaten von Datenpunkten einer ebenen Kurve auf (es kann daher z. B. zu einer Stelle auch mehrere y-Koordinaten geben). Das Resultat wird grafisch dargestellt.

Diese Funktion kann mit dem Skript *akima_demo* getestet werden: In einem Grafikfenster können mit der Maus Punkte eingezeichnet werden, die MATLAB danach mit der (parametrisierten) Akima-Interpolierenden verbindet und als ebene Kurve darstellt (siehe Abb. 10.14).

10.3.4   Multivariate Interpolation

Bisher wurden nur univariate Interpolationsfunktionen $g : B \subset \mathbb{R} \to \mathbb{K}$ für Stützstellen $x_1, \ldots, x_k \in \mathbb{R}$ behandelt. Sofern mehrdimensionale Daten

$$(x_1, y_1),\ (x_2, y_2),\ \ldots,\ (x_k, y_k) \in \mathbb{R}^n \times \mathbb{K}$$

interpoliert werden sollen, benötigt man *multivariate* Interpolationsfunktionen

$$g : B \subset \mathbb{R}^n \to \mathbb{K}.$$

Hinsichtlich der Lage der Stützstellen $x_1, \ldots, x_k \in \mathbb{R}^n$ ist folgende Fallunterscheidung zweckmäßig:

Gitterförmig angeordnete Daten beruhen auf einer regulär angeordneten Stützstellenmenge (siehe Abb. 10.15).

Nicht-gitterförmig angeordnete Daten sind entweder auf einer systematisch oder einer unsystematisch von der Gitterstruktur abweichenden Stützstellenmenge vorgegeben (siehe Abb. 10.16).

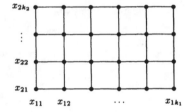 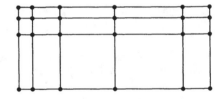

Abbildung 10.15: Zweidimensionale Gitter: äquidistant und nicht-äquidistant.

Abbildung 10.16: Nicht-gitterförmig angeordnete Punkte: systematisch und unsystematisch.

Tensorprodukt-Interpolation

Bei gitterförmig angeordneten Daten kann man eine multivariate Interpolationsfunktion durch einen Produktansatz

$$g(x_1, \ldots, x_n) := g_1(x_1) \cdot g_2(x_2) \cdot \cdots \cdot g_n(x_n) \tag{10.18}$$

mit Hilfe von n univariaten Interpolationsfunktionen

$$g_i : B_i \subseteq \mathbb{R} \to \mathbb{K}, \quad i = 1, 2, \ldots, n, \qquad (10.19)$$

erhalten.

Wenn die univariaten Interpolationsfunktionen (10.19) durch die Daten eindeutig bestimmt sind, dann ist es auch deren Produktfunktion (10.18). So eignen sich z. B. univariate Polynome oder Splinefunktionen zur Tensorprodukt-Interpolation.

Wegen der Gefahr zu starken Oszillierens sollten bei Polynomen auf äquidistanten Gittern keine zu hohen Grade verwendet werden, sondern es sollte eher stückweise Interpolation zum Einsatz kommen.

Analog zur eindimensionalen Interpolation steht für die multidimensionale Tensorprodukt-Interpolation in MATLAB die Funktion *interpn* zur Verfügung:

$$vi = interpn\,(x1, x2, \ldots, xn, v, y1, y2, \ldots, yn\,\langle, methode\,\rangle)$$

v ist ein Vektor der gleichen Länge wie $x1, x2, \ldots, xn$, die jeweils eine Komponente der Stützstelle enthalten. vi sind die interpolierten Werte an jenen Punkten, deren Komponenten durch $y1, y2, \ldots, yn$ spezifiziert sind. Die Methoden *linear* (Standard), *cubic, spline* und *nearest* stehen zur Auswahl. Für die zwei- und dreidimensionale Interpolation stehen die speziellen Funktionen *interp2* und *interp3* zur Verfügung.

MATLAB-Beispiel 10.20

In diesem Beispiel werden die verschiedenen Interpolationsmethoden von *interpn* verglichen. Zuerst wird die Funktion *peaks* mit einer niedrigen Auflösung erzeugt.

```
>> [x,y] = meshgrid(-3:1:3);
>> z = peaks(x,y);
```

Ein feineres Gitter wird erzeugt.

```
>> [xi,yi] = meshgrid(-3:0.25:3);
```

Die Daten werden nun mit den vier verschiedenen Methoden interpoliert.

```
>> zi1 = interp2(x,y,z,xi,yi)
>> zi2 = interp2(x,y,z,xi,yi,...
   'nearest');
>> zi3 = interp2(x,y,z,xi,yi,...
   'cubic');
>> zi4 = interp2(x,y,z,xi,yi,...
   'spline');
```

Zum Schluss werden die Resultate gezeichnet (siehe Abb. 10.17).

```
>> subplot(2,2,1); surf(xi,yi,zi1);
>> subplot(2,2,2); surf(xi,yi,zi2);
>> subplot(2,2,3); surf(xi,yi,zi3);
>> subplot(2,2,4); surf(xi,yi,zi4);
```

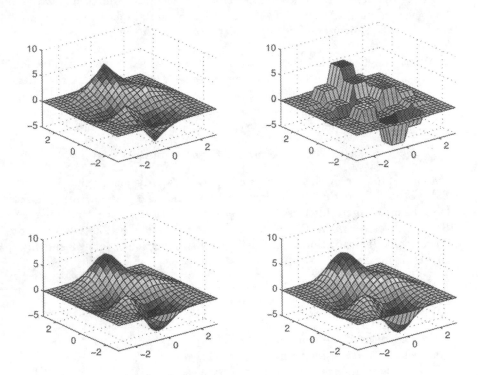

Abbildung 10.17: Vergleich der zweidimensionalen Interpolationsmethoden *linear, nearest, spline* und *cubic* von *interp2* (von links oben im Uhrzeigersinn).

Es ist zu beachten, dass die schrägen Flächen der *nearest*-Methode in Abb. 10.17 dadurch entstehen, dass MATLAB bei der Darstellung die Datenpunkte durch Geraden verbindet. Tatsächlich ist diese Funktion eine (unstetige) Treppenfunktion.

Triangulierung

Bei nicht-gitterförmig angeordneten Datenpunkten wird oft eine Zerlegung des Definitionsgebiets vorgenommen, bei der die gegebenen Stützstellen die Eckpunkte der Teilbereiche bilden.

Im zweidimensionalen Fall verbindet man oft benachbarte Stützstellen so miteinander, dass ein *Dreiecksnetz (Dreiecksgitter)* entsteht. Die entstehende *Triangulierung* ist nicht eindeutig – sie kann aber nach bestimmten Kriterien „optimiert" werden. So ist es z. B. für viele Anwendungen sinnvoll, darauf zu achten, dass die Winkel der Dreiecke nicht „zu spitz" werden.

MATLAB verwendet zur Triangulierung den Delaunay-Algorithmus, bei dem für alle erzeugten Dreiecke gilt, dass ihr jeweiliger Umkreis keine weiteren Datenpunkte enthält:

$$tri = delaunay\,(x,y)$$

Dabei sind x und y Vektoren, die die x- und y-Koordinaten der Datenpunkte (Stützstellen) enthalten und *tri* ist eine $m \times 3$-Matrix, bei der jede Zeile ein Dreieck definiert.

Zur Visualisierung können die MATLAB-Funktionen *triplot*, *trisurf* oder *trimesh* verwendet werden. *triplot (tri,x,y)* zeichnet die Triangulierung zweidimensional, während *trisurf (tri,x,y,z)* und *trimesh (tri,x,y,z)* durch Angabe zusätzlicher z-Koordinaten eine dreidimensionale Darstellung ermöglichen.

Die zweidimensionale Interpolation wird in MATLAB mit der Funktion *griddata* durchgeführt. Sie verwendet intern die *delaunay*-Funktion zur Triangulicrung. Ihre Syntax lautet:

$$zi = griddata\,(x,y,z,xi,yi\,\langle,methode\rangle)$$

Dabei sind x und y Vektoren, die die x- und y-Koordinaten der Datenpunkte (Stützstellen) enthalten. Die Werte selbst werden im Vektor z angegeben. *griddata* ermittelt die Interpolationsfunktion und liefert ihre Werte an jenen Stellen zurück, die durch die Vektoren xi und yi spezifiziert sind. Die Methoden *linear*, *cubic* und *nearest* stehen zur Auswahl. Wenn keine Methode ausgewählt wird, verwendet MATLAB standardmäßig *linear*.

MATLAB-Beispiel 10.21

Die Funktion $z = xe^{-x^2-y^2}$ wird an 100 zufälligen Punkten mit den Koordinaten x und y zwischen $(-2,-2)$ und $(2,2)$ abgetastet.

```
>> rand('seed',0)
>> x = rand(100,1)*4 - 2;
>> y = rand(100,1)*4 - 2;
>> z = x.*exp(-x.^2-y.^2);
```

Es wird ein regelmäßiges Gitter erzeugt und die Daten werden auf dem Gitter interpoliert.

```
>> ti = -2:.25:2;
>> [xi,yi] = meshgrid(ti,ti);
>> zi = griddata(x,y,z,xi,yi);
```

Die interpolierten und die ursprünglichen Daten werden dargestellt (siehe Abb. 10.18).

```
>> mesh(xi,yi,zi), hold on
>> plot3(x,y,z,'o'), hold off
```

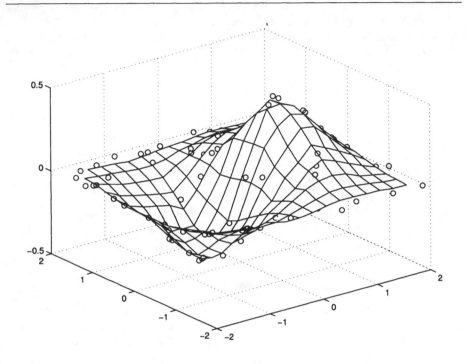

Abbildung 10.18: Interpolation von unregelmäßigen Daten mittels *griddata*.

10.4   Numerische Integration

Oft ist es in Anwendungen (z. B. bei Flächen- oder Volumenbestimmungen) erforderlich, den Wert If des bestimmten Integrals einer Funktion f über einen
Bereich B zu ermitteln, d. h.,

$$\mathrm{I}f := \int_B f(x)\,dx \tag{10.20}$$

für eine gegebene Integrandenfunktion

$$f : B \subseteq \mathbb{R}^n \to \mathbb{K}$$

zu berechnen.

Wenn der Integrand in geschlossener Form analytisch (als Formel) gegeben ist, kann man Computer-Algebrasysteme (z. B. die MATLAB-Toolbox für Symbolische Mathematik) zur symbolischen Integration verwenden. Dabei gelten beinahe dieselben Einschränkungen wie bei der manuellen Integration:

1. Es existieren für viele Funktionen keine elementar darstellbaren Stammfunktionen. Diese Fälle werden allerdings von Computer-Algebrasystemen (sehr oft) automatisch erkannt.

2. Computer-Algebrasysteme liefern manchmal die Stammfunktion in einer Form, die auf dem Integrationsbereich unnötige Unstetigkeiten aufweist.

3. Selbst wenn durch ein Programm zur Symbolmanipulation das unbestimmte Integral korrekt bestimmt wird, treten oft bei der Auswertung der Stammfunktion numerische Schwierigkeiten auf (z. B. katastrophale Auslöschungseffekte, Divisionen durch Null).

4. Die symbolische Ermittlung der Stammfunktion F und die nachfolgende Auswertung von F an den Endpunkten des Integrationsintervalls sind in vielen Fällen wesentlich aufwändiger als die Berechnung des entsprechenden bestimmten Integrals durch numerische Methoden.

Aus all diesen Gründen ist es oft zweckmäßig oder unvermeidbar, eine Lösung Qf des *numerischen Problems*

$$\text{Input-Daten:} \quad f, B, \varepsilon$$
$$\text{Output-Daten:} \quad Qf \quad \text{mit} \quad |Qf - If| \leq \varepsilon \qquad (10.21)$$

zu berechnen, anstatt das mathematische Problem (10.20) durch analytische oder symbolische Methoden – z. B. mit Computer-Algebrasystemen – zu lösen.

10.4.1 Eindimensionale Integration

Mit den MATLAB-Funktionen *quad* und *quadl* kann eine gegebene Funktion f numerisch auf dem Bereich $B = [a, b] \subset \mathbb{R}$ integriert werden.

quad(f, a, b) und *quadl*(f, a, b) ermitteln einen Näherungswert für das bestimmte Integral

$$I(f, a, b) = \int\limits_a^b f(x)\, dx.$$

Die Funktion *quad* verwendet eine adaptive Simpson-Quadratur, um das bestimmte Integral mit der (standardmäßig vorgegebenen) absoluten Genauigkeit von $\varepsilon = 10^{-6}$ zu ermitteln. Die Funktion *quadl* verwendet eine adaptive Lobatto-Quadratur (Gander, Gautschi [26], Krommer, Überhuber [44]).

MATLAB-Beispiel 10.22

Der Wert des Integrals der Funktion *peaks3* wird numerisch auf $B = [0, 1]$ berechnet.

```
>> quad(@peaks3, 0, 1)
ans =
    0.0369
```

Wie man der Abb. 10.7 (siehe Seite 222) entnehmen kann, ist die „Spitze" bei $x = 0.54$ sehr schmal. Numerische Integrationsalgorithmen, die alle auf dem Abtastprinzip beruhen (siehe Krommer, Überhuber [44]), finden diese „Spitze" nur, wenn die Genauigkeitsvorgabe verhältnismäßig klein gewählt wird. Der von MATLAB gelieferte Näherungswert 0.0369 weicht auch deutlich vom korrekten Wert 0.0262639 ab.

Mit einem zusätzlichen Parameter (siehe *help quad*) kann man die gewünschte Genauigkeit vorgeben. Für $\varepsilon \leq 10^{-8}$ verbessert sich das Ergebnis deutlich.

```
>> quad(@peaks3, 0, 1, 1e-8)
ans =
    0.0263
```

Numerische Integration kann etwa dazu verwendet werden, um die Bogenlänge einer Kurve zu bestimmen.

MATLAB-Beispiel 10.23

Es ist der (durch elementare Formeln *nicht* darstellbare) Umfang einer Ellipse zu bestimmen, die in Parameterdarstellung $x = a\cos(t)$, $y = b\sin(t)$ gegeben ist. Da die Bogenlänge einer Kurve (für Parameterwerte $t \in [t_0, t_1]$) allgemein durch

$$\int_{t_0}^{t_1} \sqrt{[x'(t)]^2 + [y'(t)]^2} \, dt$$

berechnet werden kann, führt dies auf die Auswertung des bestimmten Integrals

$$4 \int_0^{\pi/2} \sqrt{a^2 \sin^2(t) + b^2 \cos^2(t)} \, dt. \tag{10.22}$$

Um die Integration in MATLAB durchführen zu können, wird der Integrand als Funktion mit drei Parametern implementiert.

```
function y = ell_integrand(t,a,b);
    y = sqrt((a^2.*sin(t).^2 + ...
             b^2.*cos(t).^2));
```

Mittels *quad* wird nun das Integral (10.22) für die Parameter $a = 30$ und $b = 20$ ausgewertet.

```
≫ 4*quad(@ell_integrand,0,pi/2,...
          1e-6,0,30,20)
  ans =
       158.6544
```

Der fünfte Parameter der Funktion *quad* gibt an, ob dem Benutzer Informationen über die Konvergenz des Verfahrens geliefert werden sollen.

Wenn man *quad* mit mehr als fünf Parametern aufruft, so werden die Parameter P_6, P_7, ... an die Integrandenfunktion direkt weitergegeben.

10.4.2   Mehrdimensionale Integration

In MATLAB kann man auch Integrale auf Rechtecken $[x_{min}, x_{max}] \times [y_{min}, y_{max}]$ und Quadern $[x_{min}, x_{max}] \times [y_{min}, y_{max}] \times [z_{min}, z_{max}]$ mit Hilfe der Funktionen *dblquad* und *triplequad* berechnen:

$$int = dblquad\,(fct, xmin, xmax, ymin, ymax)$$
$$int = triplequad\,(fct, xmin, xmax, ymin, ymax, zmin, zmax)$$

dblquad und *triplequad* berechnen numerisch die (iterierten) Integrale

$$\int_{y_{min}}^{y_{max}} \int_{x_{min}}^{x_{max}} f(x,y)\, dx\, dy \quad \text{und} \quad \int_{z_{min}}^{z_{max}} \int_{y_{min}}^{y_{max}} \int_{x_{min}}^{x_{max}} f(x,y,z)\, dx\, dy\, dz.$$

Ist das Integrationsgebiet B kein Rechteck bzw. Quader, so kann dies realisiert werden, indem man das Integrationsgebiet in ein Rechteck bzw. einen Quader einbettet und den Integranden durch Null fortsetzt, d. h., man integriert $F := f\,\chi_B$ auf einem rechteckigen bzw. quaderförmigen Bereich B, wobei χ_B die charakteristische Funktion von B bezeichnet, d. h., χ_B ist konstant 1 auf B und 0 außerhalb.

MATLAB-Beispiel 10.24

Wenn das Integrationsgebiet $B \subset \mathbb{R}^2$ das Dreieck mit den Ecken $(0,0)$, $(1,0)$ und $(0,1)$ ist, so lässt sich die numerische Integration der Funktion $f(x,y) = y\sin(x)$ wie folgt realisieren:

Die *if*-Abfrage klärt, ob der Auswertungspunkt (x,y) im Integrationsgebiet liegt. Die Syntax von *dblquad* erfordert, dass die Funktion mit vektorwertigem x und skalarem y aufgerufen werden kann.

```
function out = f(x,y)
out = zeros(size(x));
for j = 1:length(x)
  if x(j) <= 1 - y
    out(j) = y*sin(x);
  end
end
```

Die *for*-Schleife kann man in diesem Fall auch vektorisiert schreiben.

```
function out = f(x,y)
out = y*sin(x) .* (x <= (1-y));
```

Der nebenstehende MATLAB-
Befehl berechnet das Integral
von *f* über *B*. Der exakte Wert
ist $\cos(1) - 1/2$, und der absolute Fehler des numerischen Resultats ist von der Größenordnung
10^{-6}.

```
» dblquad(@f, 0, 1, 0, 1)
ans =
   0.0403
```

ACHTUNG: *dblquad* und *triplequad* eignen sich *nicht* zur Berechnung schwach-
singulärer Integrale wie z.B.

$$I = \int_0^1 \int_0^1 \log |x - y| \, dy \, dx, \tag{10.23}$$

da die numerische Integration durch geschachtelte Anwendung von *quad* (oder
optional *quadl*) durchgeführt wird.

MATLAB-Beispiel 10.25

Die nebenstehende Funktion
realisiert den Integranden von
(10.23).

```
function out = f(x,y)
    out = zeros(size(x));
    for j = 1:length(x)
        out(j) = log(abs(x(j) - y));
    end
```

Die numerische Integration von
f mittels *dblquad* liefert *NaN*,
obwohl das Doppelintegral existiert und analytisch berechnet
werden kann ($I = -1.5$).

```
» dblquad(@f,0,1,0,1)
ans =
   NaN
```

Iterierte Integration mit *quadl*
(anstelle von *quad*) versagt ebenfalls. Auch eine Verkleinerung
der Genauigkeitsschranke (Parameter 6) des Verfahrens führt zu
keinen brauchbaren Resultaten.

```
» dblquad(@f,0,1,0,1,1e-6,@quadl)
ans =
   -Inf
```

10.5 Gewöhnliche Differentialgleichungen

Viele physikalische Phänomene lassen sich in Form von Differentialgleichungen mathematisch formulieren. Eine gewöhnliche Differentialgleichung (*ordinary differential equation, ODE*) ist im allgemeinsten Fall eine Gleichung der Form

$$F(t, y(t), y'(t), \ldots, y^{(n)}(t)) = 0 \qquad \text{für } t \in [a, b], \tag{10.24}$$

wobei $[a, b]$ ein reelles Intervall, y die gesuchte (skalar- oder vektorwertige) Lösungsfunktion und $y^{(j)}$ die j-te Ableitung von y bezeichnet.

Im Falle vektorwertiger Funktionen $y, y', \ldots$ spricht man auch von *Systemen gewöhnlicher Differentialgleichungen*. Die Ordnung n der höchsten Ableitung bezeichnet man als *Ordnung der Differentialgleichung*.

In der Regel wird in (10.24) die Abhängigkeit der Funktion y (und ihrer Ableitungen) von der Veränderlichen t nicht explizit geschrieben, sondern die Notation $F(t, y, y', \ldots, y^{(n)}) = 0$ verwendet.[3]

Die Differentialgleichung (10.24) nennt man *explizit*, wenn sie nach $y^{(n)}$ aufgelöst ist, d. h., wenn sie in der Form

$$y^{(n)} = f(t, y, y', \ldots, y^{(n-1)}) \tag{10.25}$$

gegeben ist. Um aus der Lösungsschar von (10.24) bzw. (10.25) eine bestimmte Lösung auszuwählen, werden an y noch zusätzliche Nebenbedingungen in Form von Anfangs- oder Randbedingungen gestellt.

Eine gewöhnliche Differentialgleichung n-ter Ordnung kann mittels Substitution in ein Differentialgleichungssystem erster Ordnung reduziert werden: Ist die gesuchte Funktion y skalarwertig, so definiert man eine vektorwertige Funktion u komponentenweise durch $u_j := y^{(j-1)}$. Die erste Komponente u_1 ist dann die gesuchte Lösung y. So ist z. B. die Van-der-Pol-Gleichung zweiter Ordnung

$$y'' - \mu\Big((1 - y^2)y' - y\Big) = 0, \tag{10.26}$$

mit $u_1 := y$ und $u_2 := y'$ äquivalent zu

$$F(t, u, u') = 0 \quad \text{mit} \quad F(t, u, u') = u' - \begin{pmatrix} u_2 \\ \mu((1 - u_1^2)u_2 - u_1) \end{pmatrix}. \tag{10.27}$$

Für die wenigsten Differentialgleichungen lassen sich die Lösungen analytisch (in Gestalt von Formeln) ermitteln. Man benötigt daher numerische Verfahren, die statt der exakten Lösung y eine diskrete (approximative) Lösung y_h ermitteln.

---

[3]Ist y eine Funktion von mehreren Veränderlichen, so spricht man von *partiellen Differentialgleichungen* (*partial differential equations, PDEs*, siehe Abschnitt 10.6).

Der Index h entspricht der Schrittweite (oder dem Schrittweitenvektor), mit deren Hilfe die Näherungslösung y_h berechnet wird.

Man bezeichnet das Lösen von Differentialgleichungen auch als *Integration* und die numerischen Löser als *numerische Integratoren*: Hängt die rechte Seite f nicht von y ab, d. h., löst man $y' = f(t)$, so entspricht dies der Bestimmung eines *bestimmten Integrals* (der Quadratur) der Funktion f.

Das einfachste Beispiel eines numerischen Verfahrens zum Lösen einer gewöhnlichen Differentialgleichung ist das *explizite Euler-Verfahren* für Anfangswertprobleme folgender Gestalt: Gegeben ist eine Funktion $f : [a, b] \times \mathbb{K} \to \mathbb{K}$ sowie ein Anfangswert $y_0 \in \mathbb{K}$, und gesucht wird jene Funktion $y : [a, b] \to \mathbb{K}$ mit

$$y(a) = y_0 \quad \text{und} \quad y'(t) = f(t, y(t)) \quad \text{für alle } t \in [a, b].$$

Das explizite Euler-Verfahren ersetzt $y'(t)$ an den Stützstellen $a = t_0 < t_1 < \cdots < t_k = b$ durch den Differenzenquotienten

$$\frac{y(t_j) - y(t_{j-1})}{t_j - t_{j-1}}, \quad j = 1, 2, \ldots, k.$$

Man erhält auf diese Weise die Näherungswerte

$$y(t_j) \approx y_j := y_{j-1} + (t_j - t_{j-1})\, f(t_{j-1}, y_{j-1}) = y_{j-1} + h_{j-1} f(t_{j-1}, y_{j-1}).$$

Aus den sukzessive berechneten Werten $y_1, y_2, \ldots, y_k$ kann man durch Interpolation eine (stückweise definierte) Approximation von y erhalten (siehe z. B. Abschnitt 10.3.3).

10.5.1   Anfangswertprobleme

Bei einem Anfangswertproblem wird aus der Lösungsschar von (10.24) bzw. (10.25) eine bestimmte Lösung durch das Festlegen einer Anfangsbedingung $y(a) = y_0$ ausgewählt. In MATLAB sind zahlreiche numerische Verfahren zum Lösen von Anfangswertproblemen (in Form von M-Dateien) vorimplementiert.

Explizite und linear-implizite Differentialgleichungen

Tabelle 10.1 gibt einen Überblick über die MATLAB-Funktionen zum numerischen Lösen von Anfangswertproblemen, bei denen die (skalare oder vektorwertige) Differentialgleichung erster Ordnung in der *linear-impliziten Form*

$$M(t, y)\, y' = f(t, y) \tag{10.28}$$

vorliegt, wobei $M(t, y)$ eine Matrix ist. Für $M(t, y) \equiv I$ handelt es sich um den Spezialfall des *expliziten* Systems $y' = f(t, y)$. Für $M(t, y) \neq I$ ist die Differentialgleichung *implizit* aber linear in y'.

Differentialgleichungen höherer Ordnung müssen vom MATLAB-Anwender in ein System erster Ordnung umformuliert werden, vgl. (10.26) und (10.27).

Numerische Verfahren

Effiziente numerische Verfahren, wie sie in MATLAB implementiert sind, passen die Wahl der Schrittweiten h automatisch den Eigenschaften (der „Glattheit") der Lösung an. In Bereichen, wo die Lösungsfunktion y „weniger glatt" ist (wo y steil oder stark gekrümmt ist), werden kleinere Schrittweiten verwendet als in Bereichen, wo die Lösungsfunktion „glatt" ist (siehe z. B. Abb. 10.20).

Explizite Verfahren mit automatischer Schrittweitensteuerung können bei bestimmten Eigenschaften der Differentialgleichung zu einem unnötigen „Oversampling" führen, d. h., die Abstände der Stützstellen sind wesentlich kleiner als es die „Glattheit" der Lösung erfordern würde. In solchen Fällen spricht man von *steifen Differentialgleichungen*.

Eine wichtige Eigenschaft numerischer Integratoren ist deren *Konvergenzordnung*. Je größer dieser Wert ist, desto rascher konvergiert mit kleiner werdenden Schrittweiten die Abweichung zwischen numerischer und exakter Lösung gegen 0. Beispielsweise löst *ode45* nicht-steife Anfangswertprobleme der Gestalt

$$y(a) = y_0 \quad \text{und} \quad y' = f(t, y) \quad \text{in } [a, b]$$

mit einem Runge-Kutta-Formelpaar der Konvergenzordnungen 4 und 5.

Funktion	$M(t, y)$	Problemklasse	Methode
ode45	regulär	nicht-steif	Runge-Kutta (4,5)
ode23	regulär	nicht-steif	Runge-Kutta (2,3)
ode113	regulär	nicht-steif	Adams-Bashforth-Moulton
ode15s	regulär / singulär	steif	NDFs (BDFs)
ode23s	konstant, regulär	steif	Rosenbrock
ode23t	regulär / singulär	moderat-steif	Trapezregel
ode23tb	regulär	steif	Trapezregel-BDF2

Tabelle 10.1: MATLAB-Funktionen zur numerischen Lösung von Anfangswertproblemen expliziter oder linear-impliziter steifer/nicht-steifer Systeme gewöhnlicher Differentialgleichungen. Die (Funktionszeiger der) Funktionen $M(t, y)$ und $f(t, y)$ werden den MATLAB-Integratoren getrennt übergeben.

Als Eingangsparameter muss den Integratoren u. a. die Funktion $f(t, y)$ übergeben werden. Dabei sind die Parameter t und y für f obligatorisch, auch wenn es sich um eine autonome Differentialgleichung handelt, bei der f – wie im Fall der Van-der-Pol-Gleichung (10.26) – nicht von t abhängt.

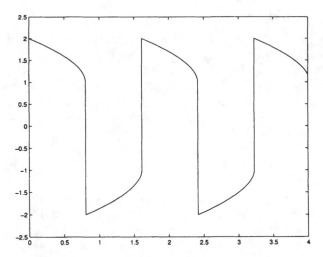

Abbildung 10.19: Die auf dem Intervall $[0, 4]$ mittels *ode15s* berechnete Lösung der Van-der-Pol-Gleichung (10.26) mit $\mu = 10^6$ und den Anfangswerten $u_1(0) = 2$, $u_2(0) = -2/3$.

MATLAB-Beispiel 10.26

Die Funktion *vdp* realisiert die rechte Seite $f(t, u)$ für die Van-der-Pol-Gleichung (10.26) als System $u' = f(t, u)$ mit $\mu = 10^6$.

```
function dudt = vdp(t,u)
  mu = 1e6;
  dudt = [u(2); ...
          mu*((1-u(1)^2)*u(2)-u(1))];
```

Die Van-der-Pol-Gleichung wird auf dem Intervall $[0, 4]$ mit dem Anfangswert $u(0) = (2, -2/3)^\top$ gelöst. Als Ergebnis erhält man den Vektor t der Stützwerte sowie die dazugehörigen (approximativen) Funktionswerte u.

```
[t,u] = ode15s(@vdp, [0 4], ...
        [2; -2/3]);
```

Die numerische Lösung wird mit Hilfe von *plot* visualisiert (siehe Abb. 10.19).

```
plot(t, u(:,1));
```

Abb. 10.20 zeigt die von der Schrittweitensteuerung automatisch gewählten Schrittweiten.

```
semilogy(t(1:end - 1), diff(t));
```

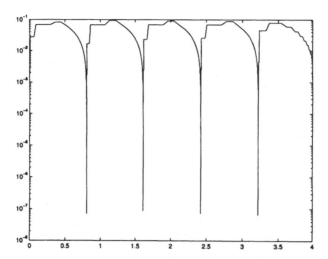

Abbildung 10.20: Die automatische Schrittweitensteuerung von *ode15s* wählt an jenen Stellen, wo die Lösung sehr steil verläuft (z. B. bei $t = 0.8, 1.6, 2.4, \ldots$), eine um Größenordnungen kleinere Schrittweite als in den „glatten" Abschnitten der Lösung.

Als zweiter Parameter wird den MATLAB-Integratoren ein Vektor der Länge 2 mit den Integrationsgrenzen t_0 und t_N übergeben. Dabei ist sowohl $t_0 < t_N$ (d. h., Integration vorwärts in der Zeit) als auch $t_0 > t_N$ (d. h., Integration rückwärts in der Zeit) zugelassen.

Soll die numerische Lösung nur zu bestimmten Zeitpunkten t_j ausgewertet werden, so können diese explizit angegeben werden: Anstelle des Vektors $[t_0, t_N]$ wird dem Integrator der Vektor der Zeitpunkte $[t_0, t_1, \ldots, t_N]$ übergeben. Die Angabe von Auswertungspunkten ist insbesondere bei hochdimensionalen Systemen von Differentialgleichungen sinnvoll: Wird nur das Intervall $[t_0, t_N]$ vorgegeben, so werden die berechneten y-Werte für *alle* (automatisch generierten) Zeitpunkte t_j gespeichert, was zu hohen Laufzeiten und großem Speicherbedarf führt.

Wenn die Matrix $M(t, y)$ in (10.28) *nicht* konstant die Einheitsmatrix ist, d. h., wenn die Differentialgleichung linear-implizit ist, muss dies dem MATLAB-Integrator über optionale Parameter mitgeteilt werden.

Optionale Parameter werden in Form einer Struktur übergeben, die durch die MATLAB-Funktion *odeset* erzeugt wird. In dieser Struktur können auch eine Genauigkeitsforderung und Abbruchkriterien für die numerischen Integratoren festgelegt werden. Eine genaue Beschreibung der Funktion *odeset* liefert die Online-Hilfe unter *help odeset*.

Wird nur ein Ausgabeparameter gefordert, so liefern die MATLAB-Integratoren eine Struktur zurück, in der weitere Eigenschaften der numerischen Lösung gespeichert werden, z. B.

$loesung = ode45(@vdp, [0\ 4], [2;\ -2/3]);$

Mit Hilfe von $y = deval(loesung,\ t)$ oder $[y,\ yprime] = deval(loesung,\ t)$ kann die numerische Lösung y (sowie deren Ableitung y') an beliebigen Punkten t des Lösungsintervalls $[t_0, t_N]$ ausgewertet werden.

Nicht-steife Differentialgleichungen

Für nicht-steife Differentialgleichungen stellt MATLAB die folgenden drei numerischen Integratoren zur Verfügung.

ode45 ist der MATLAB-Standard-Integrator für Anfangswertprobleme gewöhnlicher Differentialgleichungen. Er beruht auf einem Paar expliziter Runge-Kutta-Formeln (dem Dormand-Prince-Formelpaar) mit den mittleren Konvergenzordnungen 4 und 5. *ode45* ist – wie alle Runge-Kutta-Verfahren – ein Einschrittverfahren, d. h., die Berechnung von $y(t_n)$ beruht nur auf dem unmittelbar vorhergehenden Wert $y(t_{n-1})$.

Falls *ode45* abbricht oder zu ineffizient ist (wie dies im Beispiel 10.26 der Fall ist), sollte *ode15s* – der Standard-Integrator für steife Probleme – (jedenfalls versuchsweise) verwendet werden.

ode23 basiert auf einem expliziten Runge-Kutta-Formelpaar (dem Bogacki-Shampine-Formelpaar) mit den niedrigen Konvergenzordnungen 2 und 3. *ode23* ist auch ein Einschrittverfahren und bei geringen Genauigkeitsanforderungen und leichter Steifheit in der Regel effizienter als *ode45*.

ode113 implementiert ein Adams-Bashforth-Moulton-Mehrschrittverfahren mit variabler Konvergenzordnung (zwischen 1 und 13). *ode113* ist im Falle höherer Genauigkeitsanforderungen effizienter als *ode45*. Auch in Fällen wo die Auswertung der Funktion $f(t, y)$ einen höheren Rechenaufwand erfordert, sollte *ode113* verwendet werden. Der Nachteil dieses Verfahrens ist der hohe Aufwand, mit dem die Stabilität der Methode überwacht und die Ordnung gesteuert wird.

Steife Differentialgleichungen

Nicht alle auftretenden Differentialgleichungen sind steif, aber alle steifen Probleme sind für Integratoren schwer zu handhaben, wenn diese nicht speziell für steife Probleme konzipiert sind. Dies zeigt sich in (unnötig) großen Laufzeiten oder im vorzeitigen Abbruch des numerischen Integrators. Beispielsweise führen ortsdiskretisierte (d. h., semidiskrete) parabolische partielle Differentialgleichungen oft auf steife Differentialgleichungssysteme.

Für steife Differentialgleichungen sind folgende Integratoren vorgesehen:

ode15s ist der MATLAB-Standard-Integrator für steife Differentialgleichungen. *ode15s* ist insbesondere bei höheren Genauigkeitsanforderungen die beste Wahl. *ode15s* verwendet ein Mehrschrittverfahren, das auf NDFs (*numerical differentiation formulas*) oder wahlweise auf BDFs (*backward differentiation formulas*) beruht.

ode23s beruht auf einem Rosenbrock-Verfahren mit der Konvergenzordnung 2. *ode23s* ist ein Einschrittverfahren und bei geringen Genauigkeitsanforderungen effizienter als *ode15s*.

ode23t ist ein auf der Trapezregel basierender Integrator für moderat steife Probleme. Er wird bei Problemen verwendet, bei denen numerische Dämpfung unerwünscht ist. Für hohe Genauigkeitsanforderungen ist *ode23t* weniger gut geeignet.

ode23tb ist eine Implementierung des TR-BDF2 Verfahrens, das auch als implizites Runge-Kutta-Verfahren gedeutet werden kann. Bei geringen Genauigkeitsanforderungen ist *ode23tb* häufig effizienter als *ode15s*. Für hohe Genauigkeitsanforderungen ist dieser Integrator weniger gut geeignet.

Weitere Informationen und Literatur-Hinweise zu den ODE-Verfahren können der Online-Hilfe entnommen werden. MATLAB-Beispiele können durch Eingabe von *odeexamples('ode')* abgerufen werden.

Implizite Differentialgleichungen

Seit Version 7 gibt es in MATLAB den Integrator *ode15i* für implizite Anfangswertprobleme

$$f(t, y, y') = 0 \quad \text{in } [a, b] \quad \text{und} \quad y(a) = y_0, \ y'(a) = yp_0. \tag{10.29}$$

Dabei müssen die Anfangswerte *konsistent* sein, d. h., es muss

$$f(a, y_0, yp_0) = 0$$

gelten. Mit Hilfe der MATLAB-Funktion *decic* kann man konsistente Anfangswerte ermitteln (siehe Beispiel 10.27). Die MATLAB-Realisierung der Funktion f muss, aufgerufen mit einem Skalar t und Spaltenvektoren y und yp, als Ausgabeparameter einen Spaltenvektor liefern. *ode15i* wird dann in der Form

$$[t \ y] = ode15i(@f, \ [a \ b], \ y0, \ yp0)$$

aufgerufen. Wird nur ein Ausgabeparameter gefordert, so liefert *ode15i* wie die anderen Integratoren eine Lösungsstruktur, die mit Hilfe von *deval* ausgewertet werden kann. Optionale Parameter können mit *odeset* generiert werden.

MATLAB-Beispiel 10.27

Mit *decic* kann man konsistente Anfangswerte für die Weissinger-Gleichung

$$f(t, y, z) = ty^2 z^3 - y^3 z^2 + t(t^2 + 1)z - t^2 y$$

numerisch ermitteln.

Zu dem gegebenen y-Anfangs-
wert $y_0 = \sqrt{3/2}$ wird ein kon-
sistenter y'-Anfangswert y_0' berechnet.

```
>> t0 = 1;
>> y0 = sqrt(3/2);
>> yp0 = 0;
>> [y0,yp0] = decic(@weissinger,...
              t0, y0, 1, yp0, 0);
```

Die nebenstehenden Zeilen
lösen auf $[1, 10]$ die Weissinger-
Gleichung mit den berechneten
Anfangswerten und stellen die
numerische und die (in diesem
Fall bekannte) exakte Lösung
grafisch dar.

```
>> [t,y] = ode15i(@weissinger,...
              [1 10], y0, yp0);
>> yexact = sqrt(t.^2 + 1/2);
>> plot(t,y,t,yexact,'o');
```

Algebro-Differentialgleichungen

Das Lösen von Differentialgleichungen (10.28) mit nicht-regulären Matrizen $M(t, y)$ führt auf die numerische Integration von Algebro-Differentialgleichungen (*differential algebraic equations, DAEs*).

Die MATLAB-Funktionen *ode15s*, *ode23t* und *ode15i* sind als Integratoren von Algebro-Differentialgleichungen vom Index 1 geeignet. Zwei Beispiele sind durch Eingabe von *odeexamples('dae')* abrufbar.

10.5.2   Zwei-Punkt-Randwertprobleme

Die MATLAB-Funktion *bvp4c* löst explizite Randwertprobleme (*boundary value problems, BVPs*) der Gestalt

$$u' = f(t, u) \quad \text{auf } [a, b] \quad \text{mit } g(u(a), u(b)) = 0, \tag{10.30}$$

d. h., Zwei-Punkt-Randwertprobleme erster Ordnung, wobei u vektorwertig ist.

Bei Zwei-Punkt-Randwertproblemen erfüllt die Lösung u also einen durch g spezifizierten Zusammenhang zwischen $u(a)$ und $u(b)$ (anstelle der Spezifikation von $u(t_0)$ bei Anfangswertproblemen). Die Existenz und Eindeutigkeit der Lösungen von (10.30) hängt in diesem Fall also nicht nur von f, sondern auch von der Randbedingung g ab. Abhängig von g kann ein Randwertproblem keine, eine eindeutige, endlich viele oder unendlich viele Lösungen besitzen.

Kollokation

Eine Möglichkeit zur numerischen Lösung von Randwertproblemen ist die *Kollokationsmethode*. Dabei wählt man zunächst Gitterpunkte

$$a = t_0 < t_1 < \cdots < t_N = b$$

im Intervall $[a, b]$. In jedem Teilintervall $[t_j, t_{j+1}]$ fixiert man Kollokationspunkte $\tau_{1,j}, \ldots, \tau_{p,j}$ (plus zusätzliche lokale Randbedingungen). Die numerische Lösung u ermittelt man dann als stückweise Polynom-Funktion (siehe Abschnitt 10.3.3), die neben den (globalen und lokalen) Randbedingungen die Gleichung

$$u'(\tau_{i,j}) = f(\tau_{i,j}, u(\tau_{i,j})) \quad \text{für alle Kollokationspunkte } \tau_{i,j} \qquad (10.31)$$

erfüllt. Die Gleichung (10.30) wird von der stückweisen Polynomfunktion *nicht* für *alle* $t \in [a, b]$ erfüllt, sondern nur an den Kollokationspunkten.

Die MATLAB-Funktion *bvp4c* basiert auf einer Kollokationsmethode der Konvergenzordnung 4 und liefert als Ergebnis eine stetig differenzierbare, stückweise Polynom-Funktion. Der Aufruf erfolgt durch

$loesung = bvp4c\,(@f,\ @g,\ u0),$

wobei der Startwert *u0* eine erste Näherung der Lösung ist, die mit Hilfe von *bvpinit* erzeugt werden muss. Als Ausgabeparameter von *bvp4c* erhält man eine Struktur *loesung*, die dann mit *deval* punktweise ausgewertet werden kann.

MATLAB-Beispiel 10.28

Das (skalarwertige) Zwei-Punkt-Randwertproblem zweiter Ordnung

$$y'' + |y| = 0, \quad y(0) = 0, \ y(4) = -2 \qquad (10.32)$$

hat genau zwei Lösungen. Um diese mit Hilfe von *bvp4c* zu berechnen, muss die Differentialgleichung in (10.32) zunächst in ein System von zwei Differentialgleichungen erster Ordnung umgeformt werden. Mit $u_1 = y$ und $u_2 = y'$ ist (10.32) äquivalent zu

$$u' = \begin{pmatrix} u_2 \\ -|u_1| \end{pmatrix}, \quad \begin{pmatrix} u_1(0) \\ u_1(4) + 2 \end{pmatrix} = \begin{pmatrix} 0 \\ 0 \end{pmatrix}. \qquad (10.33)$$

Der nebenstehende Code realisiert die Funktionen f und g für
das Randwertproblem (10.32) in
Form des Systems erster Ordnung (10.33).

```
function dudt = f(t,u)
dudt = [u(2); -abs(u(1))];
```

Als erste Approximation wird
die Funktion gewählt, die kon-
stant $(1,0)^\mathsf{T}$ ist. Als Startgitter
wird ein äquidistantes Netz mit
5 Stützstellen in $[0,4]$ gewählt.

```
function bc = g(ua,ub)
bc = [ua(1); ub(1)+2];

» t_mesh = linspace(0,4,5);
» u0 = bvpinit(t_mesh, [1 0]);
```

Das Randwertproblem wird mit
bvp4c gelöst und anschließend
visualisiert.

```
» lsg1 = bvp4c(@f, @g, u0);
» t = linspace(0,4,100);
» u = deval(lsg1, t);
» plot(t, u(1,:));
```

Man erhält die andere Lösung
von (10.32), wenn man einen
geeigneten anderen Startwert
wählt.

```
» t_mesh = linspace(0,4,5);
» u0 = bvpinit(t_mesh, [-1 0]);
» lsg2 = bvp4c(@f, @g, u0);
```

ANMERKUNG: *bvp4c* unterstützt auch Mehrpunkt-Randbedingungen. Dabei ist
die Randbedingungs-Funktion g nicht nur von $u(a)$ und $u(b)$, sondern auch von
Werten der Lösungsfunktion u an weiteren Auswertungspunkten aus dem Intervall $[a, b]$ abhängig.

bvp4c erlaubt auch die Lösung von Randwertproblemen mit unbestimmten
Parametern p:

$$u' = f(t, u, p) \quad \text{in } [a, b] \quad \text{und} \quad g(u(a), u(b), p) = 0,$$

In diesem Fall hängen f und g von einem weiteren Parameter p ab, dessen Wert
von *bvp4c* im Verlauf der Rechnung bestimmt wird.

10.6 Partielle Differentialgleichungen

Eine partielle Differentialgleichung ist eine Gleichung (oder ein Gleichungssystem)
für eine unbekannte Funktion u, die von mindestens zwei Variablen abhängt. Die
allgemeine Form einer partiellen Differentialgleichung für eine Funktion u, die von
zwei Variablen x und y abhängt, lautet

$$F(x, y, u, \partial u/\partial x, \partial u/\partial y, \partial^2 u/\partial x^2, \partial^2 u/(\partial x \partial y), \partial^2 u/\partial y^2, \ldots) = 0. \qquad (10.34)$$

MATLAB eignet sich sehr gut zur Entwicklung und Implementierung neuer und eigener Lösungsverfahren für partielle Differentialgleichungen. In jüngster Zeit sind auf diesem Gebiet zahlreiche frei verfügbare M-Dateien in wissenschaftlichen Fachzeitschriften veröffentlicht worden (siehe z. B. [1, 2, 14]).

Beispielhaft soll die Implementierung einer Finite-Elemente-Methode (FEM) für das zweidimensionale *Laplace-Problem* sowie die numerische Lösung der *Wärmeleitungsgleichung* vorgestellt werden [39]. Die Darstellung folgt im Wesentlichen der Publikation Alberty, Carstensen, Funken [1][4] und Ideen aus [11].

10.6.1   Elliptische Differentialgleichungen

Die Laplace-Gleichung (Potential-Gleichung) ist eine wichtige elliptische Differentialgleichung der mathematischen Physik. Sie modelliert zum Beispiel eine in einem Rahmen $\partial\Omega$ eingespannte Membran, die mit einer Kraft f ausgelenkt wird.

Die Laplacesche Differentialgleichung mit homogener Dirichlet-Randbedingung lautet

$$-\Delta u = f \text{ in } \Omega \quad \text{und} \quad u|_{\partial\Omega} = 0 \quad \text{auf dem Rand } \partial\Omega. \tag{10.35}$$

$\Delta = \partial^2/\partial x^2 + \partial^2/\partial y^2$ bezeichnet den Laplace-Operator und $\Omega \subset \mathbb{R}^2$ eine beschränkte zusammenhängende Menge mit polygonalem Rand. Um Randwerte $u|_{\partial\Omega}$ als Spuren von Funktionen eindeutig festlegen zu können, muss gefordert werden, dass Ω nur auf einer Seite seines Randes liegt, d. h., Ω darf kein Schlitzgebiet sein.

FEM-Diskretisierung des zweidimensionalen Laplace-Problems

Für die Finite-Elemente-Methode bringt man die sogenannte *starke Form* (10.35) der Laplaceschen Differentialgleichung durch partielle Integration in die *schwache Form* und reduziert damit den höchsten Ableitungsterm um eine Ordnung. Dazu wird Gleichung (10.35) mit einer stetig differenzierbaren Funktion $v \in \mathcal{C}_0^1(\bar{\Omega})$ mit homogenen Randdaten (d. h., $v|_{\partial\Omega} = 0$) multipliziert und die entstehende Gleichung über dem Gebiet Ω partiell integriert[5]:

$$\int_\Omega \nabla u \cdot \nabla v \, dx = \int_\Omega f v \, dx \quad \text{für alle } v \in \mathcal{C}_0^1(\bar{\Omega}). \tag{10.36}$$

---

[4]Die Publikation [1] behandelt die FEM für das zwei- und dreidimensionale Laplace-Problem mit Neumann- und inhomogenen Dirichlet-Randbedingungen sowie die FEM für die nichtlineare Ginzburg-Landau-Gleichung $\varepsilon \Delta u = u^3 - u$ mit homogenen Dirichlet-Randbedingungen.

[5]Die schwache Form mit $u, v \in \mathcal{C}_0^1(\bar{\Omega})$ ist nicht sachgemäß gestellt (*well posed*). Um dies zu erreichen, muss man $\mathcal{C}_0^1(\bar{\Omega})$ bezüglich des Skalarprodukts $\langle u, v \rangle = \int_\Omega \nabla u \cdot \nabla v \, dx$ vervollständigen, was auf den Sobolev-Raum $H_0^1(\Omega)$ führt. Details sind jedem einführenden Buch über partielle Differentialgleichungen zu entnehmen.

Für die numerische Diskretisierung der in u und v linearen Gleichung (10.36) trianguliert man zunächst das Gebiet Ω und speichert die Daten der Triangulierung $\mathcal{T}$ in den Matrizen *coordinates* und *element*: Der Spaltenvektor *coordinates*$(:,j)$ enthält die Koordinaten des j-ten Knotens, der Spaltenvektor *element*$(:,k)$ enthält die Nummern der Knoten zum k-ten Element (im mathematisch positiven Sinn, also gegen den Uhrzeigersinn).

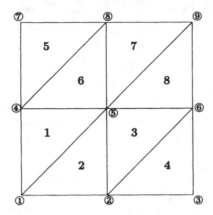

Abbildung 10.21: Triangulierung des Einheitsquadrats $[0,1] \times [0,1]$ mit 8 Elementen und 9 Knoten.

MATLAB-Beispiel 10.29

Die Triangulierung des Einheitsquadrats $[0,1] \times [0,1]$ in Abb. 10.21 wird durch die folgenden beiden Felder beschrieben:

```
coordinates = [ 0.0 0.5 1.0 0.0 0.5 1.0 0.0 0.5 1.0 ; ...
                0.0 0.0 0.0 0.5 0.5 0.5 1.0 1.0 1.0 ];

element = [ 1 1 2 2 4 4 5 5 ; ...
            5 2 6 3 8 5 9 6 ; ...
            4 5 5 6 7 8 8 9 ];
```

Im nächsten Schritt werden die Funktionen $u, v \in \mathcal{C}_0^1(\bar{\Omega})$ in (10.36) durch diskrete Funktionen u_h und v_h ersetzt. Bei der $P1$-Finite-Elemente-Methode sind u_h und v_h auf allen Elementen der Triangulierung affin und global stetig auf $\bar{\Omega}$. Der zugehörige Vektorraum wird mit $\mathcal{S}^1(\mathcal{T})$ bezeichnet.

Mit der Bezeichnung $\mathcal{N}$ für die Menge der Knoten kann man sich dann leicht überlegen, dass die diskreten „*Hutfunktionen*" $\phi_z \in \mathcal{S}^1(\mathcal{T})$ (siehe Abb. 10.22)

$$\phi_z(\zeta) = \begin{cases} 0 & \zeta \in \mathcal{N}\backslash\{z\} \\ 1 & z = \zeta \end{cases}$$

eine Basis des Vektorraums $\mathcal{S}^1(\mathcal{T})$ (die sogenannte *Knotenbasis*) bilden.

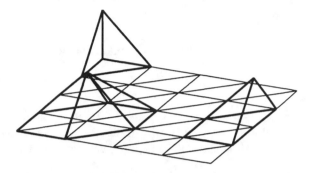

Abbildung 10.22: Drei Beispiele für Basisfunktionen ϕ_z, wobei der zugehörige Knoten z in zwei Fällen auf dem Rand $\partial\Omega$ liegt und bei der Hutfunktion links unten ein freier Knoten ist.

Man stellt nun u_h und v_h bezüglich dieser Basis dar. Es seien $\overline{x}, \overline{y} \in \mathbb{R}^{|\mathcal{N}|}$ Koeffizientenvektoren mit

$$u_h = \sum_{z\in\mathcal{N}} \overline{x}_z \phi_z, \quad \text{und} \quad v_h = \sum_{z\in\mathcal{N}} \overline{y}_z \phi_z.$$

Für alle Knoten $z \in \mathcal{N}$ gilt nach Wahl der Basis $u_h(z) = \overline{x}_z$ und $v_h(z) = \overline{y}_z$. Damit u_h und v_h (so wie u und v) auf dem Rand $\partial\Omega$ verschwinden, muss man fordern, dass für alle Knoten $z \in \mathcal{N} \cap \partial\Omega$ die entsprechenden Koeffizienten verschwinden, d. h., $\overline{x}_z = 0$ und $\overline{y}_z = 0$ gilt.

Die Knoten $\mathcal{K} := \mathcal{N}\backslash\partial\Omega$, die im Inneren von Ω liegen, bezeichnet man als *freie Knoten*. Den Teilraum der durch die Hutfunktionen zu den freien Knoten aufgespannt wird, bezeichnet man mit $\mathcal{S}_0^1(\mathcal{T})$. Damit erhält man die *diskrete (schwache) Form* der Laplace-Gleichung:

$$\int_\Omega \nabla u_h \cdot \nabla v_h \, dx = \int_\Omega f v_h \, dx \quad \text{für alle } v_h \in \mathcal{S}_0^1(\mathcal{T}). \tag{10.37}$$

Nummeriert man die freien Knoten $\mathcal{K} = \{1, 2, \dots, n\}$ und definiert die Elemente der *Steifigkeitsmatrix* A durch $a_{jk} = \int_\Omega \nabla\phi_j \cdot \nabla\phi_k \, dx$ sowie die Elemente des Vektors b durch $b_j = \int_\Omega f\phi_j \, dx$, so wird (10.37) zu einem linearen Gleichungssystem $A\overline{x} = b$ mit symmetrischer und positiv definiter Matrix A, das den eindeutigen Lösungsvektor $\overline{x}$ besitzt. Die Existenz einer eindeutigen diskreten Lösung u_h von (10.36) ist daher sichergestellt.

MATLAB-Beispiel 10.30

Mit den Indizes der Matrix *coordinates* sind alle Knoten $\mathcal{N}$ der Triangulierung nummeriert. In MATLAB bewährt es sich, in einem separaten Vektor *dirichlet* die Knoten $\mathcal{N} \cap \partial\Omega$ zu speichern. Bei der Triangulierung in Abb. 10.21 gilt

```
dirichlet = [1 2 3 4 6 7 8 9];
```

d. h., alle Knoten mit Ausnahme des Mittelpunkts ⑤ sind *nicht* frei.

Man erhält die freien Knoten als Mengendifferenz.

```
n = size(coordinates,2);
free = setdiff([1:n], dirichlet);
```

Anders als oben dargestellt, werden die Steifigkeitsmatrix A und der Vektor b für *alle* Knoten $\mathcal{N}$ berechnet und nicht nur für die freien Knoten $\mathcal{K}$, da MATLAB die Möglichkeit bietet, auch Teilsysteme linearer Gleichungen zu lösen.

Die nebenstehenden Zeilen berechnen den Koeffizientenvektor $\overline{x}$ bezüglich der Knotenbasis von $\mathcal{S}^1(\mathcal{T})$, wobei $\overline{x}_j = 0$ gilt, wenn der j-te Knoten nicht frei ist.

```
x = zeros(n,1);
x(free) = A(free,free) \ b(free);
```

Berechnung der Steifigkeitsmatrix

Eine naive Realisierung der Steifigkeitsmatrix benötigt zwei geschachtelte Schleifen über die Knotennummern. Der Rechenaufwand steigt daher mit der Knotenanzahl quadratisch an. Weil die Matrix A aber schwach besetzt (*sparse*) ist, kann man die Berechnung der Steifigkeitsmatrix so realisieren, dass der Aufwand nur linear wächst, indem man die lokalen Beiträge zusammenfasst.

Für Hutfunktionen ϕ_j, ϕ_k gilt

$$\int_\Omega \nabla\phi_j \cdot \nabla\phi_k \, dx = \sum_{T\in\mathcal{T}} \int_T \nabla\phi_j \cdot \nabla\phi_k \, dx.$$

Das Integral über ein Element T verschwindet, wenn j oder k keine Knoten des Dreiecks T sind, d. h., die Summe hat höchstens drei nicht-verschwindende Summanden, wohingegen alle Summanden verschwinden, wenn die Knoten j und k nicht Knoten *desselben* Elements sind. Dies reduziert das Problem darauf, die 3×3-Matrix $(A_T)_{jk} = \int_T \nabla\phi_j \cdot \nabla\phi_k \, dx$ (*lokale Steifigkeitsmatrix*) zu berechnen, wobei j und k Knoten des Dreiecks T sind.

MATLAB-Beispiel 10.31

Die lokalen Steifigkeitsmatrizen A_T sollen explizit berechnet werden. Ist T ein Dreieck mit den Eckpunkten (x_1, y_1), (x_2, y_2) und (x_3, y_3) (im mathematisch positiven Sinn), so erhält man mit den Hilfsmatrizen

$$M = \begin{pmatrix} 1 & 1 & 1 \\ x_1 & x_2 & x_3 \\ y_1 & y_2 & y_3 \end{pmatrix} \in \mathbb{R}^{3\times3} \quad \text{und} \quad B = M^{-1} \begin{pmatrix} 0 & 0 \\ 1 & 0 \\ 0 & 1 \end{pmatrix} \in \mathbb{R}^{3\times2}$$

die Darstellung

$$A_T = \frac{\det(M)}{2} BB^\top \in \mathbb{R}^{3\times3},$$

wobei $\det(M)/2$ die Fläche des Dreiecks T ist.

Der Aufruf von *stima* mit $xy = $ *coordinates*$(:, element(:, j))$ liefert die Matrix A_{T_j} für das j-te Element.

```
function A = stima(xy)
B = [1 1 1; xy] \ [0 0; eye(2)];
A = det([1 1 1; xy])*B*B'/2;
```

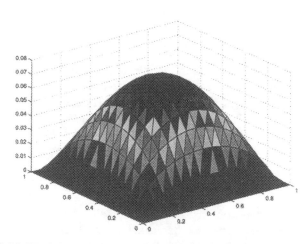

Abbildung 10.23: Die diskrete Lösung der Laplace-Gleichung (10.35) auf $[0,1] \times [0,1]$ mit konstanter rechter Seite $f \equiv 1$ zu einer Triangulierung mit $N = 512$ Dreiecken (64 von 289 Knoten sind *nicht* frei). Die Berechnung dieser Lösung auf einem PC dauerte lediglich 14 Sekunden.

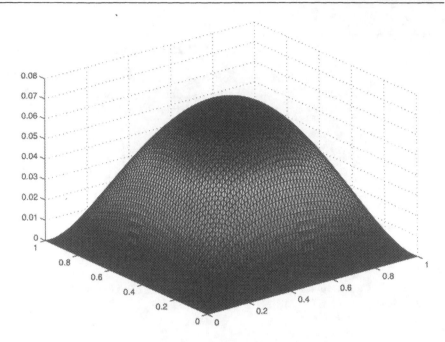

Abbildung 10.24: Die diskrete Lösung der Laplace-Gleichung (10.35) auf $[0,1] \times [0,1]$ mit konstanter rechter Seite $f \equiv 1$ zu einer Triangulierung mit $N = 8192$ Dreiecken (256 von 4225 Knoten sind *nicht* frei). Die Berechnung dieser Lösung auf einem PC dauerte 223 Sekunden.

Berechnung der rechten Seite

Auch die rechte Seite b kann als Summe lokaler Anteile geschrieben werden. Um die dabei auftretenden Integrale der Gestalt $\int_T f\phi_j \, dx$ zu berechnen, lässt sich eine Transformation anwenden: Zunächst wird das Referenzdreieck T_{ref} mit den Ecken $(0,0)$, $(1,0)$ und $(0,1)$ mit einer affinen Abbildung Φ auf das Dreieck T abgebildet. Anschließend wird die *Duffy-Transformation* $\Psi(s,t) = (s,(1-s)t)$ angewendet, die $[0,1] \times [0,1]$ auf T_{ref} abbildet. Es gilt dann

$$\int_T f\phi_j \, dx = \int_{[0,1]^2} (f\phi_j)\big(\Phi \circ \Psi(s,t)\big) \, |\det D(\Phi \circ \Psi)(s,t)| \, d(s,t), \qquad (10.38)$$

und das Integral auf der rechten Seite von (10.38) kann mit der MATLAB-Integrationsfunktion *dblquad* numerisch berechnet werden. Mit der affinen Abbildung $\Phi(x) = Mx + c$ und einer geeigneten Matrix $M \in \mathbb{R}^{2 \times 2}$ erhält man die dabei auftretende Funktionaldeterminante

$$\det D(\Phi \circ \Psi)(s,t) = (1-s)\det(M).$$

MATLAB-Beispiel 10.32

Die Funktion *rhs* realisiert den Integranden der rechten Seite von (10.38). Die Matrix M ist der lineare Anteil der Abbildung Φ. Der Vektor w entspricht dem Integranden bis auf die Multiplikation mit den Hutfunktionen. Der Eingabe-Parameter f ist der Funktionszeiger der Funktion f aus (10.38).

```
function val = rhs(s,t,f,xy)

M = xy*[-1 -1; eye(2)];
xT = M(1,1)*s+M(1,2)*(1-s).*t+xy(1,1);
yT = M(2,1)*s+M(2,2)*(1-s).*t+xy(2,1);
w = feval(f,[xT;yT]')' ...
        .*abs(det(M)*(1-s));
val = [w.*(1-s).*(1-t) ...
        w.*s w.*(1-s).*t];
```

Inhomogene Dirichlet-Randbedingungen

Mit einigen Modifikationen der bisher diskutierten Vorgangsweise kann man auch das Laplace-Problem mit inhomogenen Dirichlet-Randbedingungen, d. h.,

$$-\Delta u = f \text{ in } \Omega \quad \text{und} \quad u|_{\partial\Omega} = g \quad \text{auf dem Rand } \partial\Omega \qquad (10.39)$$

numerisch lösen. Die schwache Form von (10.39) lautet wieder wie in (10.36) mit den Testfunktionen $v \in \mathcal{C}_0^1(\bar{\Omega})$ und der gesuchten Lösung $u \in \mathcal{C}^1(\Omega)$, die jetzt $u|_{\partial\Omega} = g$ erfüllt. Zunächst sind die Dirichlet-Daten g zu diskretisieren:

$$g_h := \sum_{z \in \mathcal{N} \cap \partial\Omega} g(z)\phi_z, \qquad (10.40)$$

d. h., es gilt $g_h(z) = g(z)$ für alle Knoten $z \in \mathcal{N}$, die auf dem Rand $\partial\Omega$ liegen.

Die diskrete schwache Form von (10.39) lautet wie folgt: Gesucht ist die diskrete Form $u_h \in \mathcal{S}^1(\mathcal{T})$, wobei $u_h|_{\partial\Omega} = g_h$ und (10.37) erfüllt sein müssen. Es erfüllt daher $\tilde{u}_h := u_h - g_h \in \mathcal{S}_0^1(\mathcal{T})$ die schwache Form

$$\int_\Omega \nabla \tilde{u}_h(x) \cdot \nabla v_h \, dx = \int_\Omega f v_h \, dx - \int_\Omega \nabla g_h \cdot \nabla v_h \, dx \quad \text{für alle } v_h \in \mathcal{S}_0^1(\mathcal{T}).$$
$$(10.41)$$

Wenn man (10.41) mit (10.37) vergleicht, so unterscheidet sich lediglich die rechte Seite der schwachen Formulierung von jener des Laplace-Problems mit homogener Dirichlet-Randbedingung. Mit Gleichung (10.41) berechnet man den Koeffizientenvektor $\tilde{x}$ von $\tilde{u}_h$ bezüglich der Knotenbasis in $\mathcal{S}^1(\mathcal{T})$. Ist $\bar{x}_D$ der Koeffizientenvektor von g_h bezüglich derselben Basis, so folgt schließlich $\bar{x} = \tilde{\tilde{x}} + \bar{x}_D$.

MATLAB-Beispiel 10.33

Falls A die Steifigkeitsmatrix für *alle* Knoten (und nicht nur für die freien Knoten) bezeichnet und b die rechte Seite für das Laplace-Problem mit homogener Dirichlet-Randbedingung ist (vgl. Beispiel 10.30), so kann die Berechnung von $\overline{x}$ wie folgt formuliert werden:

```
x = zeros(n,1);
x(dirichlet) = feval(g,coordinates(:,dirichlet)');
b = b - A*x;
x(free) = A(free,free)\b(free);
```

Man beachte dabei, dass die Nichtnull-Einträge von $\overline{x}_D$ den Null-Einträgen von $\widetilde{x}$ entsprechen und umgekehrt, so dass die formale Addition $\overline{x} = \widetilde{x} + \overline{x}_D$ in der obigen Realisierung entfällt.

FEM-Implementierung des Laplace-Problems in 25 MATLAB-Zeilen

Zu gegebenen Daten *element*, *coordinates* und *dirichlet* lässt sich die numerische Lösung der inhomogenen Laplace-Gleichung (10.39) mittels P1-FEM sehr kompakt formulieren. Dabei müssen sowohl die rechte Seite $f(x)$ als auch die Dirichlet-Daten $g(x)$ als MATLAB-Funktion realisiert werden:

$$function\ y = f(x) \qquad und \qquad function\ y = g(x),$$

wobei $x \in \mathbb{R}^{n \times 2}$ eine Matrix von x-Werten und $y \in \mathbb{R}^n$ der zugehörige Spaltenvektor der Funktionswerte ist. Der gesamte MATLAB-Code hat (inklusive der Funktionen *stima* und *rhs*) eine Länge von nur 25 Zeilen!

MATLAB-Beispiel 10.34

```
function x = laplace(f,g,coordinates,element,dirichlet)

n = size(coordinates,2);
free = setdiff([1:n], dirichlet);
A = sparse(n,n);
b = zeros(n,1);
x = zeros(n,1);
x(dirichlet) = feval(g,coordinates(:,dirichlet)');
```

```
for j = 1:size(element,2)
  nodes = element(:,j);
  xy = coordinates(:,nodes);
  A(nodes,nodes) = A(nodes,nodes) + stima(xy);
  b(nodes) = b(nodes) + ...
             dblquad(@rhs, 0,1, 0,1, [], [], f, xy);
end
b = b - A*x;
x(free) = A(free,free) \ b(free);
```

Nebenstehende Befehle lösen das Laplace-Problem mit konstanter rechter Seite $f \equiv 1$ und homogener Dirichlet-Randbedingung. Zum @-Operator siehe Seite 130.

```
f = @(x) ones(size(x,1),1);
g = @(x) zeros(size(x,1),1);
x = laplace(f,g,coordinates, ...
             element,dirichlet);
```

Die berechnete Lösung kann mit dem einfachen MATLAB-Befehl

trisurf (element', coordinates(1,:), coordinates(2,:), x);

visualisiert werden. Abb. 10.23 und Abb. 10.24 zeigen die diskreten Lösungen auf Netzen mit $N = 512$ und $N = 8192$ Elementen.

10.6.2 Parabolische Differentialgleichungen

Neben der in Abschnitt 10.6.1 behandelten Laplaceschen Differentialgleichung ist die Wärmeleitungsgleichung

$$\dot{u}(x,t) - \Delta u(x,t) = f(x,t) \quad \text{für } x \in \Omega \text{ und } t \in [0,T] \tag{10.42}$$

eine weitere wichtige partielle Differentialgleichung der mathematischen Physik: $u(x,t)$ bezeichnet die Wärme in einem Körper $\Omega \subseteq \mathbb{R}^2$ zum Zeitpunkt t an der Stelle x. $\Delta = \partial^2/\partial x^2 + \partial^2/\partial y^2$ ist der Laplace-Operator bezüglich der Ortsvariablen und $\dot{u} = \partial u/\partial t$ die Ableitung von u nach der Zeit.

Die rechte Seite $f(x,t)$ modelliert eine Wärmequelle. Zusätzlich werden eine anfängliche Wärmeverteilung $u_0(x) = u(x,0)$ zum Zeitpunkt $t = 0$ sowie Randbedingungen $u(\cdot,t)$ auf $\partial\Omega$ für $t \in [0,T]$ vorgegeben.

FEM-Semidiskretisierung der Wärmeleitungsgleichung

Bei der Diskretisierung von (10.42) wird in der Regel zunächst die Ortsvariable x (z. B. mit der Finite-Elemente-Methode aus Abschnitt 10.6.1) diskretisiert. Auf

diese Weise erhält man ein System gewöhnlicher Differentialgleichungen erster
Ordnung, das mit Hilfe eines numerischen Integrators gelöst werden kann.

Im folgenden Modellbeispiel mit $\Omega \subset \mathbb{R}^2$ wird vorausgesetzt, dass die gesuchte
Lösung u in jedem Zeitpunkt homogene Randbedingungen $u(\cdot, t) = 0$ auf $\partial\Omega$
erfüllt. Ziel ist also die numerische Lösung der Differentialgleichung

$$
\begin{aligned}
\dot{u}(x,t) - \Delta u(x,t) &= f(x,t) && \text{für } x \in \Omega, && t \in [0,T], \\
u(x,t) &= 0 && \text{für } x \in \partial\Omega, && t \in [0,T], \\
u(x,0) &= u_0(x) && \text{für } x \in \Omega.
\end{aligned}
\tag{10.43}
$$

Insbesondere muss also $u_0(x) = 0$ für $x \in \partial\Omega$ gelten. Partielle Integration
von (10.43) im Ort liefert die *schwache Form*

$$
\int_\Omega \dot{u}(x,t) v(x)\, dx + \int_\Omega \nabla u(x,t) \cdot \nabla v(x)\, dx = \int_\Omega f(x,t) v(x)\, dx
\tag{10.44}
$$

für alle $v \in \mathcal{C}_0^1(\bar{\Omega})$ und alle Zeitpunkte $t \in [0,T]$. In dieser Formulierung sind die
Randbedingungen bereits berücksichtigt. Die Anfangsbedingung lautet in schwa-
cher Form

$$
\int_\Omega u(x,0) v(x)\, dx = \int_\Omega u_0(x) v(x)\, dx \quad \text{für alle } v \in \mathcal{C}_0^1(\bar{\Omega}).
\tag{10.45}
$$

Man diskretisiert nun die Funktionen u und v im Ort mit $P1$-Funktionen aus
$\mathcal{S}_0^1(\mathcal{T})$, d. h., man betrachtet

$$
u_h(x,t) = \sum_{z \in \mathcal{N}} \bar{x}_z(t) \phi_z(x) \quad \text{und} \quad v_h(x) = \sum_{z \in \mathcal{N}} \bar{y}_z \phi_z(x)
$$

mit Koeffizientenvektoren $\bar{x}(t)$, $\bar{y} \in \mathbb{R}^{|\mathcal{N}|}$: Die *semidiskrete (schwache) Form* lau-
tet dann

$$
\begin{aligned}
\int_\Omega \dot{u}_h(x,t) v_h(x)\, dx + \int_\Omega \nabla u_h(x,t) \cdot \nabla v_h(x)\, dx &= \int_\Omega f(x,t) v_h(x)\, dx, \\
\int_\Omega u_h(x,0) v_h(x)\, dx &= \int_\Omega u_0(x) v_h(x)\, dx
\end{aligned}
\tag{10.46}
$$

für alle $v_h \in \mathcal{S}_0^1(\mathcal{T})$ und *alle* Zeitpunkte $t \in [0,T]$.[6]

Nummeriert man die freien Knoten $\mathcal{K} = \{1, 2, \ldots, n\}$ und definiert man die Elemente der Steifigkeitsmatrix $a_{jk} = \int_\Omega \nabla\phi_j \cdot \nabla\phi_k\, dx$, die Elemente der Massenmatrix $m_{jk} = \int_\Omega \phi_j \phi_k\, dx$ und $b_j(t) = \int_\Omega f\phi_j\, dx$ sowie $c_j := \int_\Omega u_0\phi_j\, dx$, so ist die

---

[6]Alternativ könnte man $u_h(x,0)$ auch durch Knoteninterpolation $u_0(x)$ erhalten, d. h., als
die eindeutige Funktion $u_h(\cdot, 0) \in \mathcal{S}^1(\mathcal{T})$, die $u_h(z,0) = u_0(z)$ für alle Knoten $z \in \mathcal{N}$ erfüllt.

schwache Form (10.46) äquivalent zu einem System gewöhnlicher Differentialgleichungen erster Ordnung:

$$M\dot{\bar{x}}(t) + A\bar{x}(t) = b(t) \quad \text{für } t \in [0, T],$$
$$M\bar{x}(0) = c. \tag{10.47}$$

(10.47) ist ein linear-implizites Anfangswertproblem mit regulärer Massenmatrix M. In (10.47) hängen die Matrizen A und M weder von t noch von $\bar{x}$ ab, sondern nur von der Ortsdiskretisierung. Beide Matrizen sind symmetrisch und positiv definit (also auch regulär) und außerdem schwach besetzt (*sparse*).

MATLAB-Beispiel 10.35

Die Berechnung der Steifigkeitsmatrix A und des Vektors $b(t)$ wurde schon auf den Seiten 262 und 264 behandelt. Die Massenmatrix M wird analog zur Steifigkeitsmatrix aufgebaut. Für ein Dreieck T muss man dazu die lokale 3×3-Massenmatrix $(M_T)_{jk} = \int_T \phi_j \phi_k \, dx$ berechnen, wobei $j = 1, 2, 3$ die Nummern der Knoten von T sind.

Auf dem Referenzdreieck T_{ref} mit den Eckpunkten $(0,0)$, $(1,0)$ und $(0,1)$ sind die Hutfunktionen durch $\phi_1^{\text{ref}}(s,t) = 1 - s - t$, $\phi_2^{\text{ref}}(s,t) = s$ und $\phi_3^{\text{ref}}(s,t) = t$ gegeben. Nach dem Transformationssatz gilt

$$\int_T \phi_j \phi_k \, dx = |T| \int_{T_{\text{ref}}} \phi_j^{\text{ref}} \phi_k^{\text{ref}} \, dx,$$

wobei das Integral der rechten Seite elementar berechnet werden kann. Es folgt

$$M_T = \frac{|T|}{12} \begin{pmatrix} 2 & 1 & 1 \\ 1 & 2 & 1 \\ 1 & 1 & 2 \end{pmatrix}.$$

Aufruf der Funktion *mama* mit dem Parameter $xy = coordinates(:, element(:,j))$ liefert die Matrix M_{T_j} für das j-te Element.

```
function M = mama(xy)
M = det([1 1 1; xy]) / 24 ...
     * [2 1 1 ; 1 2 1 ; 1 1 2];
```

Zeitdiskretisierung der semidiskreten FEM-Formulierung

Für die Zeitdiskretisierung des linear-impliziten Anfangswertproblems (10.47) kann ein MATLAB-Integrator verwendet werden. Da die Semidiskretisierung parabolischer Differentialgleichungen in der Regel auf steife Anfangswertprobleme führt, wird im folgenden Beispiel der MATLAB-Integrator *ode15s* verwendet.

MATLAB-Beispiel 10.36

Die rechte Seite für die Integratoren zur Lösung von (10.47) ist die Funktion

$$F(t, \overline{x}) = b(t) - A\overline{x}.$$

Die Matrix A wird einmal aufgebaut und dann als zusätzlicher Parameter an die Funktion F übergeben. Die Berechnung von $b(t)$ erfordert als zusätzliche Parameter die Felder *element* und *coordinates* sowie die rechte Seite f der Wärmeleitungsgleichung (10.42).

Für einen festen Zeitpunkt t können die Integrale $\int_T f(t, x)\phi_j(x)\,dx$ mit der Funktion *rhs* aus Beispiel 10.32 berechnet werden. Dazu wird intern die Funktion $ft(x) := f(t, x)$ definiert, die nur von x abhängt.

Wie bei der Laplace-Gleichung bewährt es sich, den Vektor $b(t)$ für *alle* Knoten aufzubauen und sich danach auf die Bearbeitung der Einträge für die freien Knoten zu beschränken.

```
function M_dxfree_dt = heateqnF(t,xfree,element,coordinates, ...
                        free,Afree,f)
ft = @(x) feval(f,t,x);
b = zeros(size(coordinates,2),1);
for j = 1:size(element,2)
   nodes = element(:,j);
   xy = coordinates(:,nodes);
   b(nodes) = b(nodes) + dblquad(@rhs, 0,1, 0,1, [], [], ft, xy);
end
M_dxfree_dt = b(free) - Afree*xfree;
```

MATLAB-Beispiel 10.37

Die Funktion *heateqn* realisiert die beschriebene Lösungsstrategie in einigen Zeilen MATLAB-Code:

```
function [t,x] = heateqn(f,u0,element,coordinates, ...
                        dirichlet,tspan)
n = size(coordinates,2);
```

```
free = setdiff([1:n], dirichlet);
A = sparse(n,n);
M = sparse(n,n);
c = zeros(n,1);
for j = 1:size(element,2)
    nodes = element(:,j);
    xy = coordinates(:,nodes);
    A(nodes,nodes) = A(nodes,nodes) + stima(xy);
    M(nodes,nodes) = M(nodes,nodes) + mama(xy);
    c(nodes) = c(nodes) + ...
              dblquad(@rhs, 0,1, 0,1, [], [], u0, xy);
end
options = odeset('Mass',M(free,free));
xfree0 = M(free,free)\c(free);
[t,xfree] = ode15s(@heateqnF, tspan, xfree0, options, ...
              element, coordinates, free, A(free,free), f);
x = zeros(length(t),n);
x(:,free) = xfree;
```

Die MATLAB-Funktion PDEPE

Mit der MATLAB-Funktion *pdepe* können parabolische partielle Differentialgleichungen in einer Raum- und Zeitdimension numerisch gelöst werden. Die allgemeine Form der zugelassenen Gleichungen ist

$$C(x,t,u,u')\dot{u} = x^{-m}(x^m f(x,t,u,u'))' + s(x,t,u,u') \qquad (10.48)$$

für $x \in [a,b]$ und $t \geq 0$, wobei die Lösung u auch vektorwertig sein darf. Die Ableitung nach dem Ort wird mit $u' = \partial u/\partial x$ bezeichnet, die Ableitung nach der Zeit mit $\dot{u} = \partial u/\partial t$. Zusätzlich zur Anfangsbedingung $u(x,0)$ für $x \in [a,b]$ müssen Randbedingungen für $x = a$ und $x = b$ in der Form

$$p(x,t,u) + q(x,t)\,f(x,t,u,u') = 0 \quad \text{für } t \in [0,T] \text{ und } x = a,\ x = b$$

spezifiziert werden.

Die Gleichung (10.48) wird zunächst im Ort mit einem Verfahren der Konvergenzordnung 2 diskretisiert. Die resultierende semidiskrete Formulierung wird dann in der Zeit mit *ode15s* integriert.

Als Eingabe-Parameter müssen an *pdepe* die Vektoren *xmesh* und *tspan* übergeben werden, in denen die Gitterpunkte x_j und Zeitpunkte t_k gespeichert sind,

an denen die Lösung $u(x_j, t_k)$ berechnet werden soll. *pdepe* liefert als Rückgabewert ein 3-dimensionales Feld *loesung*: Die i-te Komponente u_i der Lösung,
ausgewertet an einer Stelle (x_j, t_k), erhält man in *loesung* (j, k, i).

Einige Beispiele für die Verwendung von *pdepe* stehen unter *odeexamples('pde')*
zur Verfügung.

Die PDE-Toolbox und FEMLAB

Die COMSOL AG entwickelte 1995 die *PDE-Toolbox* als ihr erstes Produkt, das
auf partiellen Differentialgleichungen basiert. Diese hat sich inzwischen zum festen
Bestandteil im MATLAB-Toolbox-Programm etabliert.

Die PDE-Toolbox dient der numerischen Lösung partieller Differentialgleichungen auf zweidimensionalen Gebieten. Dabei können lineare Differentialgleichungen der Form

$$-\nabla \cdot (c\nabla u) + au = f$$

sowie

$$d\frac{\partial u}{\partial t} - \nabla \cdot (c\nabla u) + au = f$$

und

$$d\frac{\partial^2 u}{\partial t^2} - \nabla \cdot (c\nabla u) + au = f$$

numerisch gelöst werden. Des weiteren können Eigenwertprobleme

$$-\nabla \cdot (c\nabla u) + au = \lambda du$$

sowie *nichtlineare* elliptische Differentialgleichungen

$$-\nabla \cdot (c(u)\nabla u) + a(u)u = f(u)$$

gelöst werden.

FEMLAB ist ein weiterer von COMSOL entwickelter MATLAB-Zusatz, mit dem
man partielle Differentialgleichungen aller Arten berechnen kann. Das Programm
beruht, ähnlich wie die PDE-Toolbox, auf der Finiten-Elemente-Methode (FEM).

FEMLAB 3.0 ist eine Simulationssoftware für die Modellierung physikalischer
Prozesse, die sich mit partiellen Differentialgleichungen beschreiben lassen. Die
FEMLAB-Solver erzielen auch bei sehr komplexen Problemen zufriedenstellende
numerische Lösungen. Die leicht bedienbare Benutzeroberfläche bietet verschiedene Zugangsmöglichkeiten für ein-, zwei- und dreidimensionale Aufgabenstellungen. Mit Hilfe von FEMLAB kann man auch gekoppelte Systeme partieller Differentialgleichungen aus unterschiedlichen Anwendungsbereichen innerhalb eines
Modells lösen.

Kapitel 11

C, Fortran und Java in MATLAB

MATLAB enthält auch eine Schnittstelle zum Einbinden externer Software mit Hilfe der sogenannten *External Interfaces*. Eine ausführliche Anleitung sowie eine Befehlsreferenz bietet der MATLAB-Helpdesk unter *MATLAB / External Interfaces* und *MATLAB / External Interfaces Reference*. Diese Informationen findet man auch online unter

http : //www.mathworks.com/access/helpdesk/help/techdoc/matlab.html,

wo sie auch im pdf-Format (unter *Printable Documentation*) verfügbar sind. Dieser Abschnitt setzt einige elementare Kenntnisse im Umgang mit Datenstrukturen und Pointern in C voraus.

11.1 Die MATLAB-C-Schnittstelle

In diesem Abschnitt wird die Möglichkeit vorgestellt, vorhandenen C-Code nach Definition geeigneter Schnittstellen aus MATLAB heraus direkt verwenden zu können, ohne dass der Benutzer den Unterschied zwischen MATLAB-eigenen Funktionen, M-Code und eingebundenem C-Code bemerkt. Das Einbinden von C-Code kann aus zweierlei Gründen sinnvoll sein: (1) In C (und Fortran) stehen umfangreiche Bibliotheken zur Verfügung, die teilweise den MATLAB-eigenen Routinen überlegen sind. (2) Rechenintensive Aufgaben können dadurch in schnelleren (Fortran- oder) C-Code ausgelagert werden.

Kompilierte C-Programme, die aus MATLAB heraus wie MATLAB-Befehle aufgerufen werden können, bezeichnet man als MEX-Files. Der C-Code eines MEX-Files zeichnet sich dadurch aus, dass er anstelle der Funktion *main* (...) eine Funktion *mexFunction* (...) besitzt. Diese fungiert als Schnittstelle zwischen MATLAB und dem eigentlichen C-Programm.

11.1.1   Die MEX-Schnittstelle

Bei (kompilierten) Mex-Files handelt es sich um dynamische Bibliotheken. Die Dateinamenerweiterung hängt daher vom Betriebssystem ab, z. B. dll auf Windows- und mexglx auf Linux-Rechnern.

Damit C-Programme aus MATLAB heraus aufgerufen werden können, muss zusätzlich eine Schnittstelle zwischen MATLAB und dem C-Code programmiert werden, durch die vor allem die Datenübergabe geregelt wird. MATLAB stellt dazu folgende Bibliotheken zur Verfügung: die MAT-, die MATRIX- und die MEX-Bibliothek:

- Die MAT-Bibliothek enthält Funktionen für den Zugriff auf MATLAB-Datenfiles (mit der Dateiendung .mat).

- In der MATRIX-Bibliothek befinden sich die Definition des MATLAB-Datentyps *mxArray* (siehe unten) sowie Funktionen, um auf diesen Datentyp zuzugreifen (anlegen, löschen, lesen, manipulieren).

- In der MEX-Bibliothek steht die oben erwähnte Datenschnittstelle zur Verfügung.

Die Header-Files zu den Bibliotheken werden im Verzeichnis

⟨*Matlab*⟩*extern**include*

installiert und müssen im C-Code eingebunden werden. Die Zugehörigkeit eines Befehls zu einer der drei genannten Bibliotheken ist aus dem entsprechenden Präfix (mat, mx oder mex) ersichtlich. Eine Liste aller in den Bibliotheken verfügbaren Befehle samt deren Parametern findet man im MATLAB-Helpdesk unter *External Interfaces Reference*.

C-Programme, die die geforderte MATLAB-Schnittstelle enthalten, werden durch Eingabe von *mex file.c* am MATLAB-Prompt kompiliert. Der intern aufgerufene C-Compiler ist im Lieferumfang von MATLAB enthalten.

Der MATLAB-Datentyp MXARRAY

Um aus C- oder Fortran-Code heraus Variablen im MATLAB-Format zu verarbeiten, muss man die MATLAB-interne Art der Speicherung von Variablen berücksichtigen.

MATLAB speichert alle Variablen (Skalare, Vektoren, Matrizen, Strings, cell-Arrays, Strukturen und Objekte) im Datentyp *mxArray*. Dies ist eine Struktur, in der unter anderem der Typ der Variable, die Dimension und der Wert der Variablen abgelegt werden. Um auf die Inhalte der einzelnen Komponenten der

Struktur zuzugreifen, stehen zahlreiche Funktionen in der MATRIX-Bibliothek zur Verfügung. Einige werden im Folgenden exemplarisch vorgestellt.

Skalare, Vektoren, (vollbesetzte) Matrizen: MATLAB unterscheidet bei der Speicherung nicht zwischen Skalaren, Vektoren und Matrizen: Skalare werden als $1{\times}1$-Matrizen gespeichert, Vektoren als $n{\times}1$- bzw. $1{\times}n$-Matrizen. Die Einträge sind standardmäßig vom Typ *double*. Bei komplexwertigen Einträgen werden jeweils Realteil und Imaginärteil getrennt gespeichert. Matrizen werden dabei (wie in Fortran) spaltenweise gespeichert, d. h., die Matrix (in MATLAB-Schreibweise)

$$[1\ 2\ 3\ ;\ 4\ 5\ 6\ ;\ 7\ 8\ 9]$$

wird intern in einem Vektor vom Typ *double*

$$[1\ 4\ 7\ 2\ 5\ 8\ 3\ 6\ 9]$$

gespeichert. Die Pointer auf die Datenfelder erhält man mit Hilfe der MATRIX-Funktionen *mxGetPr* (Realteil) und *mxGetPi* (Imaginärteil). Sind alle Einträge reell, so liefert *mxGetPi* den *Null-Pointer*. Die Dimension einer $m{\times}n$-Matrix erhält man mit Hilfe von *mxGetM* und *mxGetN*. Falls eine Dimension Null ist, handelt es sich um ein leeres Feld. Auf dieselbe Weise wird auch auf Matrizen mit *single*- oder Integer-Einträgen zugegriffen. Der Typ der Einträge einer Matrix (*double*, *single*, ganzzahlig, Pointer) kann mittels *mxClassId* ermittelt und mit *mxIsDouble* etc. überprüft werden.

Schwach besetzte Matrizen werden in MATLAB im Harwell-Boeing-Format (siehe Abschnitt 5.6.1) gespeichert. Neben den Datenfeldern *pr* und *pi* für Realteil und Imaginärteil der Matrixelemente, die man mit *mxGetPi* bzw. *mxGetPr* ansprechen kann, werden für schwach besetzte Matrizen noch ganzzahlige Vektoren *ir* und *jc* in der *mxArray*-Struktur initialisiert, auf denen die Zeilen- und Spaltenindizes der Nicht-Nulleinträge der Matrizen gespeichert werden. Man greift auf diese durch *mxGetIr* und *mxGetJc* zu. Die Länge der Vektoren *pr*, *pi*, *ir*, *jc* ist in der Komponente *nzmax* gespeichert.

Strings sind nach Definition Vektoren vom Typ *char*. Anders als in C wird aber das Ende eines MATLAB-Strings nicht durch das Null-Byte angezeigt. Die Länge muss dem entsprechenden *mxArray*-Eintrag entnommen werden (siehe C-Code zu Beispiel 11.2).

Strukturen und Cell Arrays werden MATLAB-intern über Pointer realisiert: *cell arrays* sind Matrizen mit Einträgen vom Typ *mxArray** (d. h., *Pointer* auf *mxArray*). Strukturen werden als $1 \times N$ *cell arrays* gespeichert.

Erstellen von MEX-Files in C

Um einen C-Code mittels *mex* kompilieren zu können, muss dieser eine MEX-Schnittstelle besitzen. Diese wird als C-Funktion mit dem Namen *mexFunction* realisiert:

$$void\ mexFunction(int\ nlhs,\ mxArray\ *plhs[],$$
$$int\ nrhs,\ const\ mxArray\ *prhs[])$$

Dabei bezeichnen *nlhs* (*number left-hand side*) und *nrhs* (*number right-hand side*) die Anzahl der Eingabe- und Ausgabeparameter der zu erstellenden MATLAB-Funktion, und die Arrays *plhs* und *prhs* (*pointer left-/right-hand side*) sind die Felder der entsprechenden Argumente.

MATLAB-Beispiel 11.1

In diesem Beispiel wird ein neuer MATLAB-Befehl programmiert, der durch Eingabe von $A = createMatrix(m,n)$ am MATLAB-Prompt eine $m \times n$-Matrix A mit den Einträgen $a_{ij} = i + jm$ anlegt.

```
#include "mex.h"
#include "matrix.h"

void mexFunction(int nlhs, mxArray *plhs[],
                 int nrhs, const mxArray *prhs[]) {
  int i, j, m, n;
  double *mpointer, *npointer, *A;

  /* Eingabe- und Ausgabeparameter werden ueberprueft */
  if (nlhs != 1)
    mexErrMsgTxt("Nur ein Ausgabeparameter wird erwartet!");
  else if (nrhs != 2)
    mexErrMsgTxt("Zwei Eingabeparameter werden erwartet!");

  /*** Parameter-Ueberpruefung sollte hier eingefuegt werden ***/

  /* Eingabeparameter werden gelesen */
  mpointer = mxGetPr(prhs[0]);
  npointer = mxGetPr(prhs[1]);
  m = (int) mpointer[0];
  n = (int) npointer[0];

  /* Erstellen der Matrix A */
  plhs[0] = mxCreateDoubleMatrix(m,n,mxREAL);
  A = mxGetPr(plhs[0]);
```

```
    for (i=0; i<m; i++)
      for (j=0; j<n; j++)
        A[i+j*m] = i + j*m;
  }
```

Nach der Kompilierung steht   ≫ mex createMatrix.c
mit *createMatrix* ein neuer   ≫ A = createMatrix(2,3)
MATLAB-Befehl zur Verfügung.   A =

                                        0 2 4
                                        1 3 5

ACHTUNG: Bei der Übergabe der Eingabe-Parameter wurde implizit vorausgesetzt, dass m und n vom Typ *double* sind. Um die Funktion flexibler zu gestalten,
sollten eigentlich Typen und Dimensionen der Eingabe-Parameter (im Parame-
tercheck) überprüft und ggf. konvertiert werden. Bei der derzeitigen Implementierung liefert $A = createMatrix$ (*single (2)*, *single (3)*) einen Fehlerabbruch.

Man beachte, dass auf alle Komponenten in *mxArray*-Strukturen nur mittels der
vordefinierten *mx*-Funktionen zugegriffen werden kann. Ferner sei betont, dass
man *nie* den Inhalt der MATLAB-Variablen zurückerhält, sondern stets den Zeiger
auf das Datenfeld, der dann ggf. dereferenziert werden muss.

Aufruf von MATLAB-Funktionen aus einem MEX-File

Es ist auch möglich, aus einer C- oder Fortran-Funktion heraus MATLAB-Befehle
auszuführen. Das folgende Beispiel illustriert dies.

MATLAB-Beispiel 11.2

Im folgenden Beispiel wird die Fortran-Bibliothek QUADPACK[1] [56] in MATLAB
eingebunden, um zu gegebenen Skalaren $a, b, c \in \mathbb{R}$ und einer Funktion f den
Cauchyschen Integral-Hauptwert

$$\fint_a^b \frac{f(x)}{x-c}\,dx \quad \approx \quad dqawc\,('f',a,b,c) \tag{11.1}$$

numerisch berechnen zu können. In MATLAB steht keine Integrationsroutine zur
Berechnung des Cauchyschen Hauptwertes zur Verfügung. Die Funktion f, deren
Hauptwert auf $[a, b]$ berechnet werden soll, muss entweder in Form eines M-Files

---

[1]Die QUADPACK-Bibliothek ist auf http://www.netlib.org frei verfügbar. Eingabe- und
Ausgabeparameter sind in den Programmlistings vollständig dokumentiert.

f.m vorliegen oder eine vorimplementierte Funktion (z. B. *sin*) sein. Über die
MEX-Schnittstelle werden an die QUADPACK-Routine *dqawc* der Funktionsname
sowie die Integrationsgrenzen übergeben. Es ist daher notwendig, die MATLAB-
Funktion *f* aus einem MEX-File heraus aufzurufen. Dies geschieht mit Hilfe der
MEX-Funktion *mexCallMATLAB*. Zu beachten ist, dass der Name der Funktion
f als String übergeben werden muss, da Funktionszeiger von *mexCallMATLAB*
nicht unterstützt werden.

Für den Aufruf des QUADPACK-Unterprogramms *dqawc* benötigt man eine
Funktion mit C-Signatur *double fctWrapper* (*double *x*), die als Wrapper-Funktion
realisiert ist:

```
/* Definition GLOBALER Variablen */
char *fct;                        /* Funktionen des Integranden */
mxArray *fctin[1], *fctout[1]; /* mxArrays zur Auswertung von fct */

/* Wrapper-Funktion benutzt mexCallMATLAB */
double fctWrapper(double *x) {

  double fx, *fxpointer, *xpointer;

  xpointer = mxGetPr(fctin[0]);
  *xpointer = *x;

  /* Auswertung von 'f' an der Stelle 'x' */
  mexCallMATLAB(1, fctout, 1, fctin, fct);

  /* Funktionswert uebergeben, Ausgabe-Array loeschen */
  fxpointer = mxGetPr(fctout[0]);
  fx = *fxpointer;
  mxDestroyArray(fctout[0]);
  return(fx);
}
```

Eine rudimentäre Implementierung der MEX-Schnittstelle für *dqawc* ist im Folgenden gezeigt. Dabei werden alle optionalen Parameter des Fortran-Programms
explizit gesetzt. Eine „ordentliche" Implementierung würde diese Parameter als
optionale Parameter vom MATLAB-Prompt entgegennehmen, indem die Anzahl
der Ein- und Ausgabeparameter überprüft wird und die Eingabeparameter entsprechend interpretiert werden.

```
void mexFunction(int nlhs, mxArray* plhs[],
                 int nrhs, const mxArray* prhs[])
{
  double *apointer, *bpointer, *cpointer, *resultpointer;
```

```
/* Parameter fuer dqawc_, vgl. http://www.netlib.org */
double epsabs = 1e-6;
double epsrel = 1e-12;
double abserr = 0;
int neval = 0;
int ier = 0;
int limit = 100;
int lenw = 4 * limit;
int last = 0;
int *iwork = mxCalloc(limit, sizeof(int));
double *work = mxCalloc(lenw, sizeof(double));

/*** Parameter-Ueberpruefung sollte hier eingefuegt werden ***/

/* Funktionsnamen im GLOBALEN String 'fct' speichern */
fct = mxCalloc(mxGetN(prhs[0])+1, sizeof(char));
mxGetString(prhs[0], fct, mxGetN(prhs[0])+1);

/* weitere Eingabe-Parameter a, b, c lesen */
apointer = mxGetPr(prhs[1]); /* a */
bpointer = mxGetPr(prhs[2]); /* b */
cpointer = mxGetPr(prhs[3]); /* c */

/* temporaeren Speicher fuer Wrapper-Funktion anlegen */
fctin[0] = mxCreateDoubleMatrix(1,1,mxREAL);

/* Ausgabeparameter erzeugen */
plhs[0] = mxCreateDoubleMatrix(1,1,mxREAL);
resultpointer = mxGetPr(plhs[0]);

/* Cauchy-Integral mittels QUADPACK-Routine dqawc berechnen */
dqawc_(fctWrapper, apointer, bpointer, cpointer,
       &epsabs, &epsrel, resultpointer, &abserr, &neval, &ier,
       &limit, &lenw, &last, iwork, work);

/* temporaeren Speicher freigeben */
mxFree(work);
mxFree(iwork);
mxFree(fct);
mxDestroyArray(fctin[0]);
}
```

Beim Aufruf des Fortran-Programms *dqawc* beachte man, dass in Fortran alle Eingabe-Parameter von Funktionen als *Call by Reference* (d. h., als Pointer) realisiert werden, während in C Skalare durch *Call by Value* und Felder durch *Call by Reference* übergeben werden (d. h., die zugehörigen Pointer werden mit *Call by Value* übergeben).

Das MATLAB-Feld *fctin* enthält jeweils den x-Wert an dem $f(x)$ ausgewertet werden soll. Um unnötiges Allokieren zu vermeiden, wurde die Variable als globale Variable definiert.

Der vollständige C-Code beinhaltet ferner eine Deklaration von *dqawc_*, d. h.,

```
void dqawc_( double (*f)(double *x), double *a, double *b, double *c,
             double* epsabs, double* epsrel, double* result,
             double* abserr, int* neval, int* ier, int* limit,
             int* lenw, int* last, int* iwork, double* work );
```

und bindet den Header der MEX-Bibliothek und der MATRIX-Bibliothek ein. Befindet sich die (dynamische) Bibliothek QUADPACK im Arbeitsverzeichnis, so wird *dqawc.c* durch die Eingabe von *mex dqawc.c −lm −L. −lquadpack* am MATLAB-Prompt kompiliert. Bezüglich der Linker-Optionen $(-L, -l)$ sei auf die entsprechende Literatur verwiesen.

Nach Kompilierung des MEX-Files steht mit *dqawc* eine MATLAB-Funktion zur Berechnung des Cauchyschen Hauptwertes zur Verfügung.

```
» mex dqawc.c -lm -L. -lquadpack
```

Der Cauchy-Hauptwert

```
» dqawc('f',-1,5,0)
ans =
    -0.0899
```

$$\fint_{-1}^{5} \frac{1}{x(5x^3 + 6)}\, dx \;=\;$$

$$= \log(125/631)/18 \;=\;$$

$$= -0.089944\ldots$$

wird mittels *dqawc* berechnet. Die Funktion $f(x) = (5x^3 + 6)^{-1}$ muss als M-Datei vorliegen.

Man beachte, dass in diesem Beispiel der Funktionsname (einer M-Funktion oder einer vorimplementierten MATLAB-Funktion) als String übergeben wird und *nicht* der Funktionszeiger (z. B. *@f*). Dies liegt an den Restriktionen der MEX-Funktion *mexCallMATLAB*.

Um eine Funktion über den zugehörigen Funktionszeiger auszuwerten, muss man die MATLAB-ENGINE benutzen.

11.1.2 Die MATLAB-ENGINE

Zusätzlich zur MEX-, MAT- und MATRIX-Bibliothek ist die sogenannte MATLAB-ENGINE ein Teil der *External Interfaces*. Über diese C-Bibliothek ist es möglich, MATLAB aus eigenständigem C-Code heraus zu starten, Rechnungen in MATLAB durchzuführen und das MATLAB-Ergebnis im C-Programm weiterzuverarbeiten.

Anders als bei MEX-Code, wo das C-Programm eine MATLAB-Funktion liefert, ist es mit der MATLAB-ENGINE möglich, MATLAB und MATLAB-Funktionen als Unterprogramme in einen C-Code einzubinden. Details findet man in der Dokumentation zu den *External Interfaces*.

11.2 Die MATLAB-FORTRAN-Schnittstelle

Die MEX-, MAT- und MATRIX-Bibliotheken sowie die MATLAB-ENGINE werden nicht nur als C-Bibliotheken, sondern auch als Fortran-Bibliotheken mitgeliefert. Da ein Fortran-Compiler (im Gegensatz zum C-Compiler) im Lieferumfang von MATLAB *nicht* enthalten ist, wird hier auf eine weitere Diskussion verzichtet. Details sowie Beispiele für die Programmierung der MATLAB-Fortran-Schnittstelle findet man in der MATLAB-Dokumentation zu den *External Interfaces*.

11.3 Die MATLAB-JAVA-Schnittstelle

Die grafische MATLAB-Oberfläche ist in Java programmiert. Jede MATLAB-Installation beinhaltet daher auch eine *Java Virtual Machine*, so dass der Java-Interpreter von MATLAB aus genutzt werden kann. MATLAB bietet damit die Möglichkeit, auf Java-Objekte und -Methoden zuzugreifen. Für nähere Details sei auf die Dokumentation verwiesen.

Kapitel 12

Vordefinierte Variable und Unterprogramme

Zweck dieses Kapitels ist es, einen Überblick über einige der wichtigsten MAT-LAB-Befehle zu geben. Wegen des großen Befehlsumfanges muss auf eine genaue Beschreibung der einzelnen Befehle verzichtet werden; Kapitel 12 beschränkt sich lediglich darauf, kurz Parameter und Resultate zu beschreiben. Für eine eingehendere Diskussion sei auf die Online-Hilfe, die mittels *help befehlsname* am MAT-LAB-Prompt aufgerufen werden kann, oder auf das MATLAB-Referenzhandbuch [54] verwiesen.

Im Folgenden wird für die Kurzbeschreibungen der Befehlsparameter folgende Notation verwendet: m, n, k bezeichnen ganzzahlige, skalare *double*-Werte, v Vektoren des Typs *double*, A *double*-Matrizen und c Zeichenketten (Objekte vom Typ *char*). Ist es für einen Befehl unerheblich, ob ein (reeller oder komplexer) Skalar oder eine Matrix übergeben wird, so wird dies durch ein x symbolisiert.

12.1 Konstante, Abfragefunktionen

`ans`	letztes Ergebnis einer interaktiven Berechnung, das keiner Variablen explizit zugewiesen wurde
`bitmax`	größte, exakt darstellbare ganze Zahl
`eps`	relative Maschinengenauigkeit (IEEE: 2^{-52})
`i`	komplexe Einheit $i := \sqrt{-1}$
`Inf`	symbolische Konstante für ∞
`intmax`	größte Integerzahl eines gegebenen Typs
`intmin`	kleinste Integerzahl eines gegebenen Typs

282

isa(x,typ)	TRUE, falls x vom Datentyp *typ* ist
isequal(x,y)	TRUE, falls die beiden Felder x und y (wertemäßig) gleich sind
isfloat(x)	TRUE, falls x vom Typ *double* oder *single* ist
isieee	TRUE, falls IEEE-Arithmetik vorliegt
isinf(x)	TRUE, falls die Elemente in x den Wert 'Inf' haben
isinteger(x)	TRUE, falls x von einem Integer-Datentyp ist
islogic(x)	TRUE, falls x vom Typ *logical* ist
isnan(x)	TRUE, falls die Elemente in x gleich 'NaN' sind
isnumeric(x)	TRUE, falls x von einem numerischen Datentyp ist
j	komplexe Einheit $j := \sqrt{-1}$ (identisch mit i)
NaN	symbolische Konstante für „not a number", z. B. 0/0
nargin	Zahl der Eingangsparameter beim Aufruf eines *function*-Unterprogramms (siehe Abschnitt 7.3.6)
nargout	Zahl der Ausgangsparameter beim Aufruf eines *function*-Unterprogramms (siehe Abschnitt 7.3.6)
pi	Wert von $\pi = 3.1415\,92653\,58979\,3\ldots$
realmin	kleinste positive, normalisierte Gleitpunktzahl
realmax	größte Gleitpunktzahl

12.2 Funktionen zur Typkonversion

Mit den folgenden Konversionsfunktionen können numerische Datenobjekte (beliebigen Typs) in ein Objekt eines anderen Typs umgewandelt werden.

double(x)	konvertiert x in den Typ *double*
int8(x)	konvertiert x in den Typ *int8*
int16(x)	konvertiert x in den Typ *int16*
int32(x)	konvertiert x in den Typ *int32*
int64(x)	konvertiert x in den Typ *int64*
logical(x)	konvertiert x in den Typ *logical* (ein Wert ungleich Null wird als TRUE interpretiert, der Wert Null als FALSE)
single(x)	konvertiert x in den Typ *single*
uint8(x)	konvertiert x in den Typ *uint8*
uint16(x)	konvertiert x in den Typ *uint16*
uint32(x)	konvertiert x in den Typ *uint32*
uint64(x)	konvertiert x in den Typ *uint64*

12.3   Mathematische Funktionen

Alle mathematischen Funktionen können sowohl auf (reelle und komplexe) Skalare
als auch auf Felder angewendet werden; jede Funktion liefert einen Skalar oder
ein Feld derselben Größe zurück. Bei Feldern wird die Operation elementweise
ausgeführt.

`abs(x)`	Betrag $|x|$ (für reelles oder komplexes x)
`acos(x)`	Arkuskosinus von x
`acosh(x)`	Areakosinus hyperbolicus von x
`angle(x)`	Phasenwinkel der komplexen Zahl x
`asin(x)`	Arkussinus von x
`asinh(x)`	Areasinus hyperbolicus von x
`atan(x)`	Arkustangens $y = \text{atan}(x)$, wobei $y \in [-\pi/2, \pi/2]$
`atan2(x)`	Arkustangens $y = \text{atan}(x)$, wobei $y \in [-\pi, \pi]$
`atanh(x)`	Areatangens hyperbolicus von x
`ceil(x)`	rundet x auf die nächstgrößere ganze Zahl auf
`conj(x)`	liefert die zu x konjugiert komplexe Zahl
`cos(x)`	Kosinus von x
`cosh(x)`	Kosinus hyperbolicus von x
`exp(x)`	e^x
`fix(x)`	ganzzahliger Anteil von x („round towards zero")
`floor(x)`	rundet x auf die nächstkleinere ganze Zahl ab
`gcd(x,y)`	größter gemeinsamer Teiler von x und y
`imag(x)`	Imaginärteil der komplexen Zahl x
`lcm(x,y)`	kleinstes gemeinsames Vielfaches von x und y
`log(x)`	natürlicher Logarithmus von x (Basis e)
`log2(x)`	dualer Logarithmus von x (Basis 2)
`log10(x)`	dekadischer Logarithmus von x (Basis 10)
`mod(x,y)`	Modulo-Funktion
`real(x)`	Realteil von x
`rem(x,y)`	Rest der Division von x durch y
`round(x)`	rundet x zur nächstgelegenen ganzen Zahl
`sign(x)`	Signum von x (Resultat: -1, 1 oder 0)
`sin(x)`	Sinus von x
`sinh(x)`	Sinus hyperbolicus von x
`sqrt(x)`	$\sqrt{x}$
`tan(x)`	Tangens von x
`tanh(x)`	Tangens hyperbolicus von x

12.4   Vektoroperationen

find(v)	ermittelt Nichtnullelemente
fft(v)	diskrete Fourier-Transformation der Elemente in v
hist(v)	errechnet ein Histogramm der Daten in v
ifft(v)	inverse (diskrete) Fourier-Transformation von v
isequal(u,v)	TRUE, falls u und v (wertemäßig) gleich sind
length(v)	Länge des Vektors v
linspace(n,m,k)	linear angeordnete Wertefolge
logspace(n,m,k)	logarithmisch angeordnete Wertefolge
max(v)	maximales Element in v
mean(v)	Mittelwert der Elemente in v
median(v)	Median der Werte in v
min(v)	minimales Element in v
norm(v)	euklidische Vektornorm $\|v\|_2$
norm(v,p)	Vektornorm $\|v\|_p$; ist p gleich 'Inf', so liefert *norm* die Maximumnorm $\|v\|_\infty$
prod(v)	Produkt aller Elemente in v
std(v)	Standardabweichung der Elemente in v
sort(v)	sortiert v in aufsteigender Reihenfolge
sum(v)	Summe aller Elemente in v

12.5   Elementare Matrizenoperationen

diag(v)	Diagonalmatrix mit v als Hauptdiagonale
eye(n)	$n \times n$-Einheitsmatrix
find(A)	ermittelt Nichtnullelemente
isempty(A)	TRUE, falls A die leere Matrix ist
isequal(A,B)	TRUE, falls die beiden Matrizen A und B (wertemäßig) gleich sind
ones(n,m)	$n \times m$-Matrix, deren Elemente alle den Wert 1 haben
rand(n,k)	$n \times k$-Matrix, deren Elemente gleichverteilte Zufallszahlen aus dem Intervall $(0,1)$ sind
randn(n,k)	$n \times k$-Matrix, deren Elemente $N(0,1)$ (standardnormal) verteilte Zufallszahlen sind
size(x)	Größe des Feldes x als Vektor
sortrows(A)	sortiert die Spalten von A in aufsteigender Reihenfolge
zeros(n,m)	$n \times m$-Matrix, deren Elemente alle den Wert 0 haben

12.6   Numerische Matrizenoperationen

chol(A)	Cholesky-Faktorisierung von A (für positiv definites A)
cond(A)	Konditionszahl $\|A\|_2\|A^{-1}\|_2$ von A
condest(A)	Schätzung für die Konditionszahl $\|A\|_2\|A^{-1}\|_2$ von A
det(A)	Determinante von A
eig(A)	Eigenwerte und Eigenvektoren von A
eigs(A)	vollständige oder partielle Lösung allgemeiner oder spezieller Eigenwertprobleme
expm(A)	Matrix-Exponentialfunktion e^A
inv(A)	Inverse A^{-1} von A
linsolve(A,b)	löst $Ax = b$, wobei optional die Lösungsstrategie angegeben werden kann (linsolve(A,b,opts)), dabei wird nicht überprüft, ob A die vorausgesetzten Eigenschaften besitzt
lu(A)	LU-Faktorisierung von A
norm(A)	euklidische Norm (Spektralnorm) $\|A\|_2$
norm(A,p)	Matrixnorm $\|A\|_p$ für $p = 1, 2$, 'inf' oder 'fro'; ist $p =$ 'inf', so liefert *norm* die Zeilensummennorm $\|A\|_\infty$; ist $p =$ 'fro', so liefert *norm* die Frobenius-Norm (Schur-Norm) von A
normest(A)	Schätzung der euklidischen Norm (Spektralnorm) $\|A\|_2$
null(A)	Nullraum (Kern) der A entsprechenden linearen Abbildung
orth(A)	Orthonormalisierung der Spalten von A
pinv(A)	Pseudo-Inverse A^+ von A
poly(A)	charakteristisches Polynom der Matrix A als Koeffizientenvektor (siehe Abschnitt 5.3.8)
rank(A)	Rang von A (Dimension des Bildraums)
svd(A)	Singulärwertzerlegung von A

12.7   Schwach besetzte Matrizen

bicg(A,b)	BiCG-Verfahren
bicgstab(A,b)	BiCGSTAB-Verfahren
cgs(A,b)	CGS-Verfahren
cholinc(A)	unvollständige Cholesky-Faktorisierung von A

`full(A)`	konvertiert eine komprimiert gespeicherte Matrix A in eine vollständig gespeicherte Matrix
`gmres(A,b,n)`	GMRES-Verfahren
`issparse(A)`	TRUE, falls A eine komprimiert gespeicherte schwach besetzte Matrix ist
`luinc(A)`	unvollständige LU-Faktorisierung von A
`nnz(A)`	Zahl der Nichtnullelemente von A
`pcg(A,b)`	vorkonditioniertes CG-Verfahren
`qmr(A,b)`	QMR-Verfahren
`sparse(A)`	konvertiert die vollbesetzte *double*-Matrix A in die kompakte Repräsentation
`speye(n)`	schwach besetzte $n \times n$-Einheitsmatrix
`sprand(m,n,y)`	schwach besetzte $n \times m$-Matrix allgemeiner Struktur mit ungefähr nmy, $0 < y \leq 1$, gleichverteilten Zufallszahlen als Nichtnullelemente
`sprandn(m,n,y)`	analog mit standardnormalverteilten Zufallszahlen
`sprandsym(n,y)`	symmetrische schwach besetzte $n \times n$-Matrix mit ungefähr $n^2 y$, $0 < y \leq 1$, gleichverteilten Zufallszahlen als Nichtnullelemente
`spy(A)`	grafische Anzeige der Besetztheitsstruktur von A

12.8 Nullstellenbestimmung und Minimierung

`fminbnd`	Minimalstellensuche für eine Funktion $f : [a, b] \to \mathbb{R}$
`fminsearch`	Minimalstellensuche für eine Funktion $f : \mathbb{R}^n \to \mathbb{R}$
`fzero`	Nullstellensuche für eine Funktion $f : [a, b] \to \mathbb{R}$

12.9 Polynome und Polynominterpolation

Polynome werden durch ihre Koeffizientenvektoren dargestellt (siehe Abschnitt 5.3.8); v und w sind Vektoren von Koeffizienten, die Polynome repräsentieren.

`conv(v,w)`	multipliziert die Polynome v und w
`deconv(v,w)`	dividiert das Polynom v durch das Polynom w
`interp1`	stückweise univariate Polynom-Interpolation
`interp2`	stückweise zweidimensionale Tensor-Interpolation
`interp3`	stückweise dreidimensionale Tensor-Interpolation

interpn	stückweise mehrdimensionale Tensor-Interpolation
poly(z)	konvertiert einen Vektor z, der die Polynomnullstellen enthält, in einen Vektor, der die Polynomkoeffizienten enthält
polyder(v)	Ableitung des Polynoms v
polyfit(x,y,n)	Approximation durch ein Polynom vom Grad n
polyval(v,x)	Auswertung des Polynoms v an der Stelle x
ppval(p,x)	Auswertung eines stückweisen Polynoms
roots(v)	Nullstellen des Polynoms v
spline(x,y)	kubische Spline-Interpolation

12.10   Quadratur und Kubatur

dblquad	Berechnung des Doppelintegrals $\int_a^b \int_c^d f(x,y)\,dy dx$
quad	Simpson-Quadratur zur Berechnung von $\int_a^b f\,dx$
quadl	Lobatto-Quadratur zur Berechnung von $\int_a^b f\,dx$
triplequad	Berechnung eines Dreifach-Integrals

12.11   Differentialgleichungen

bvp4c	Kollokationslöser für Zwei-Punkt-Randwertprobleme gewöhnlicher Differentialgleichungen
ode113	Integrator für nicht-steife, linear-implizite (oder explizite) Anfangswertprobleme
ode23	Integrator für nicht-steife, linear-implizite (oder explizite) Anfangswertprobleme
ode45	MATLAB-*Standard-Integrator* für nicht-steife, linear-implizite (oder explizite) Anfangswertprobleme
ode15i	Integrator für implizite Anfangswertprobleme und Algebro-Differentialgleichungen
ode15s	MATLAB-*Standard-Integrator* für steife, linear-implizite (oder explizite) Anfangswertprobleme und Algebro-Differentialgleichungen
ode23s	Integrator für steife, linear-implizite (oder explizite) Anfangswertprobleme

ode23t	Integrator für steife, linear-implizite (oder explizite) Anfangswertprobleme und Algebro-Differentialgleichungen
ode23tb	Integrator für steife, linear-implizite (oder explizite) Anfangswertprobleme
pdepe	Löser für parabolische partielle Differentialgleichungen mit 1D Ort

12.12 Zeichenketten

blanks(n)	generiert String der Länge n, der nur Leerzeichen enthält
char(c,...)	generiert mehrzeiliges *char*-Objekt
char(x)	konvertiert Datenobjekt in String
double(c)	konvertiert ein ASCII-Zeichenketten-Feld in ein *double*-Feld, das die numerischen ASCII-Codes der einzelnen Zeichen enthält
eval(c)	wertet c als MATLAB-Ausdruck aus
findstr(c,d)	sucht Vorkommnisse des kürzeren Strings im längeren
ischar(c)	TRUE, falls c vom Typ *char* ist
lower(c)	konvertiert String c in Kleinbuchstaben
num2str(x)	konvertiert das *double*-Objekt x in einen String
str2num(c)	konvertiert einen String in ein *double*-Objekt
strcat(c,...)	hängt die angegebenen Strings zusammen
strcmp(c,d)	TRUE, falls die Strings c und d identisch sind
upper(c)	konvertiert String c in Großbuchstaben

12.13 Input/Output

Eine genauere Beschreibung der folgenden Befehle findet man in Abschnitt 9.3. Im Folgenden steht h für eine Datei-Nummer.

fclose(h)	schließt die Datei h
feof(h)	TRUE, falls Ende der Datei h erreicht ist
fgetl(h)	liest eine Zeile aus der Datei h (auch das abschließende Return)
fgets(h)	liest eine Zeile aus der Datei h (ohne Return)
fopen(c,d)	öffnet die Datei c im Zugriffsmodus d
fprintf	schreibt formatierten Text; siehe Abschnitt 9.2

`fscanf`	liest formatierten Text ein; siehe Abschnitt 9.2
`ftell(h)`	Wert des Datei-Positionszeigers von h (aktuelle Position in der Datei h)
`input(c)`	liest Daten, die auf der Tastatur eingegeben werden

12.14   Grafik

In der folgenden Tabelle sind einige MATLAB-Grafikbefehle kurz zusammengestellt; für eine nähere Diskussion sei auf Abschnitt 9.4 verwiesen.

`axis`	Einstellungen für die Koordinatenachsen ändern
`bar`	Darstellung von Balkendiagrammen
`box`	Einstellungen für den Diagrammrahmen
`close`	Schließen eines Ausgabefensters
`colordef`	Festlegen der Diagrammfarben
`contour`	Konturliniendarstellung zweidimensionaler Funktionen
`contour3`	dreidimensionale Konturliniendarstellung
`errorbar`	Fehlerintervall-Darstellung von Daten
`figure`	Festlegung des Ausgabefensters
`fill`	ausgefülltes zweidimensionales Vieleck zeichnen
`fplot`	Funktionen grafisch darstellen
`gplot`	Darstellen von Graphen mittels Adjazenzmatrix und Koordinaten
`grid`	Festlegung, ob im Koordinatensystem Gitternetzlinien gezeichnet werden sollen oder nicht
`gtext`	Platzierung einer Beschriftung mit Hilfe der Maus
`hist`	Erstellung eines Histogramms
`hold`	mehrere Diagramme in einem Koordinatensystem
`legend`	Hinzufügen einer Legende
`loglog`	Darstellung von Daten in einem doppelt logarithmischen Koordinatensystem
`mesh`	Darstellung von dreidimensionalen Netzgrafiken
`pcolor`	Darstellung von zweidimensionalen Funktionen durch Konturflächen
`pie`	Darstellung von „Tortendiagrammen"
`plot`	Zweidimensionale Linien- oder Punktgrafiken
`plot3`	Darstellung von dreidimensionalen Datenpunkten
`plotyy`	Darstellung zweier Kurven mit verschiedenen y-Achsen in einem Koordinatensystem

polar	Darstellung von Daten in Polarkoordinaten
rotate3d	Betrachtungswinkel von dreidimensionalen Grafiken
semilogx	Darstellung von Daten in einem Koordinatensystem mit logarithmischer x-Achse
semilogy	Darstellung von Daten in einem Koordinatensystem mit logarithmischer y-Achse
stairs	Darstellung von Stufendiagrammen
stem	Darstellung von Daten mittels „Stamm-Plot"
surf	Darstellung von dreidimensionalen Flächengrafiken
text	Beschriftung von Diagrammkurven
title	Festlegung des Diagrammtitels
xlabel	Beschriftung der x-Achse
ylabel	Beschriftung der y-Achse
zlabel	Beschriftung der z-Achse

12.15   Zeitmessung

MATLAB bietet die Möglichkeit, durch die beiden Befehle *tic* und *toc* die für eine Operation benötigte Zeit zu messen. Dazu setzt man ein *tic* vor die Anweisungen, deren Zeitverbrauch man messen möchte, und ein *toc* danach. Der zweite Befehl gibt die vergangene Zeit („elapsed time") seit dem letzten *tic* (in Sekunden) aus.

MATLAB-Beispiel 12.1

Um den Zeitbedarf zu messen, wird die *tic-toc*-Konstruktion verwendet. Die Genauigkeit des erhaltenen Zeitintervalls hängt von der computerinternen Zeitmessung ab. (Der erhaltene Wert ist mit Sicherheit nicht auf eine Mikrosekunde genau.)

```
» tic; plot(rand(5)); toc
elapsed_time =
    1.009768
```

Bei der Zeitmessung ist zu beachten, dass MATLAB-Funktionen interpretiert werden, d. h., die gemessene Zeit spiegelt nicht unbedingt die potentielle (maximale) Gleitpunktleistung des verwendeten Computersystems wider.

Die verbrauchte CPU-Zeit kann durch *cputime* ermittelt werden; der Befehl gibt die seit dem Start von MATLAB verbrauchte CPU-Zeit (in Sekunden) als *double*-Datenobjekt zurück. Speichert man beispielsweise die verbrauchte CPU-

Zeit vor einer Operation und bildet die Differenz zur CPU-Zeit nach einer Operation, kann man den CPU-Zeitverbrauch der Operation ermitteln.

cputime	CPU-Zeit (in Sekunden) seit dem Start von MATLAB
tic	Start der Zeitmessung
toc	Stop der Zeitmessung

Mit Hilfe des auch für MATLAB verfügbaren *Performance Apllication Programming Interface* (PAPI) kann man auf die Performance-Counter der Hardware zugreifen. Damit sind – neben vielen anderen Möglichkeiten – auch sehr genaue Zeit- und Aufwandsmessungen möglich (siehe http://icl.cs.utk.edu/papi/).

Literatur

[1] J. Alberty, C. Carstensen, S. A. Funken: *Remarks Around 50 Lines of* MATLAB: *Short Finite Element Implementation*, Numerical Algorithms 20 (1999), 117–137.

[2] J. Alberty, C. Carstensen, S. A. Funken, R. Klose: MATLAB *Implementation of the Finite Element Method in Elasticity*, Computing 69 (2002), 239–263.

[3] E. Anderson et al.: LAPACK *User's Guide*, 3rd ed., SIAM, 1999.

[4] F. Bachmann, H. R. Schärer, L.-S. Willimann: *Mathematik mit* MATLAB: *Aufgaben und Lösungen*, vdf Hochschulverlag, 1996.

[5] G. Backstrom: *Practical Mathematics Using* MATLAB, 2nd ed., Studentlitteratur, 2000.

[6] G. Backstrom: *Alternative Mathematics Using* MATLAB 7, GB Publishing, 2004.

[7] F. L. Bauer, G. Goos: *Informatik 1: Eine einführende Übersicht*, 4. Aufl., Springer, 1991.

[8] H. Benker: *Ingenieurmathematik mit Computeralgebra-Systemen*, Vieweg, 1998.

[9] H. Benker: *Mathematik mit* MATLAB, Springer, 2000.

[10] O. Beucher: MATLAB *und* SIMULINK *lernen*, Addison-Wesley, 2000.

[11] J. Bolte: *Adaptive Finite Element Methode in 3D für* MATLAB, Diplomarbeit, Christian-Albrechts-Universität zu Kiel, 2003.

[12] G. J. Borse: *Numerical Methods with* MATLAB: *A Resource for Scientists and Engineers*, PWS Publishing Company, 1997.

[13] U. Brunner, J. Hoffmann: MATLAB *und Tools für die Simulation dynamischer Systeme*, Addison-Wesley, 2002.

293

[14] C. Carstensen, R. Klose: *Elastoviscoplastic Finite Element Analysis in 100 Lines of* MATLAB, Journal of Numerical Mathematics, 10 (2002), 157–192.

[15] K. Chen, A. Irving, P. Giblin: *Mathematical Explorations with* MATLAB, Cambridge University Press, 1999.

[16] M. P. Coleman: *An Introduction to Partial Differential Equations with* MATLAB, CRC Press, 2004.

[17] K. R. Coombes et al.: *Differential Equation with* MATLAB, Wiley, 2000.

[18] J. M. Cooper: *Introduction to Partial Differential Equations with* MATLAB, Birkhäuser, 1997.

[19] P. Davis: *Differential Equations: Modeling with* MATLAB, Prentice Hall, 1999.

[20] J. W. Demmel: *Applied Numerical Linear Algebra*, SIAM, 1997.

[21] J. Dongarra, F. Sullivan (Eds.): *The Top 10 Algorithms*, IEEE Computing in Science and Engineering 2 (2000), 22–79.

[22] D. M. Etter: *Engineering Problem Solving with* MATLAB, 2nd ed., Prentice Hall, 1997.

[23] D. Etter, D. Kuncicky, H. Moore: *Introduction to* MATLAB 7, Prentice Hall, 2004.

[24] L. V. Fausett: *Applied Numerical Analysis Using* MATLAB, Prentice Hall, 1999.

[25] W. Gander, J. Hrebicek: *Solving Problems in Scientific Computing Using* MAPLE *and* MATLAB, Springer, 3rd ed., 2004.

[26] W. Gander, W. Gautschi, *Adaptive Quadrature – Revisited*, BIT Vol. 40 (2000), 84–101.

[27] W. Gansterer, C. W. Überhuber: *Hochleistungsrechnen*, Springer, 2001.

[28] C. F. Gerald, P. O. Wheatley: *Applied Numerical Analysis*, 7th ed., Addison-Wesley, 2004.

[29] G. H. Golub, C. F. van Loan: *Matrix Computations*, 3rd ed., Johns Hopkins University Press, 1996.

[30] G. Gramlich: *Anwendungen der Linearen Algebra mit* MATLAB, Fachbuchverlag Leipzig, 2004.

[31] G. Gramlich, W. Werner: *Numerische Mathematik mit* MATLAB, dpunkt-Verlag, 2000.

[32] F. Grupp, F. Grupp: MATLAB *6.5 für Ingenieure*, Oldenbourg, 2003.

[33] D. Hanselman, B. R. Littlefield: *Mastering* MATLAB *7*, Prentice Hall, 2004.

[34] T. L. Harman, J. B. Dabney, N. J. Richert: *Advanced Engineering Mathematics Using* MATLAB, PWS Publishing Company, 1997.

[35] D. J. Hartfiel: *Matrix Theory and Applications with* MATLAB, CRC Press, 2001.

[36] N. J. Higham: *Accuracy and Stability of Numerical Algorithms*, 2nd ed., SIAM, 2002.

[37] D. J. Higham, N. J. Higham: MATLAB *Guide*, SIAM, 2000.

[38] D. R. Hill, D. E. Zitarelli: *Linear Algebra Labs with* MATLAB, 3rd ed., Prentice Hall, 2003.

[39] C. Johnson: *Numerical Solution of Partial Differential Equations by the Finite Element Method*, Cambridge University Press, 1987.

[40] L. W. Johnson, R. D. Riess, J. T. Arnold: *Introduction to Linear Algebra*, 4th ed., Addison-Wesley, 2001.

[41] P. I. Kattan: MATLAB *Guide to Finite Elements*, Springer, 2003.

[42] A. Kharab, R. B. Guenther: *An Introduction to Numerical Methods: A* MATLAB *Approach*, Chapman and Hall / CRC, 2001.

[43] F. Kröger: *Einführung in die Informatik: Algorithmenentwicklung*, Springer, 1991.

[44] A. R. Krommer, C. W. Überhuber: *Computational Integration*, SIAM, 1998.

[45] C. L. Lawson, R. J. Hanson: *Solving Least Squares Problems*, SIAM, 1995.

[46] J. J. Leader: *Numerical Analysis and Scientific Computation*, Addison-Wesley, 2004.

[47] G. Lindfield, J. Penny: *Numerical Methods Using* MATLAB, 2nd ed., Prentice Hall, 2000.

[48] P. Linz, R. L. C. Wang: *Exploring Numerical Methods: An Introduction to Scientific Computing Using* MATLAB, Jones and Bartlett Publishers, 2003.

[49] E. B. Magrab et al.: *An Engineer's Guide to* MATLAB, Prentice Hall, 2004.

[50] P. Marchand: *Graphics and GUIs with* MATLAB, 3rd ed., CRC Press, 2002.

[51] M. Marcus: *Matrices and* MATLAB*: A Tutorial*, Prentice Hall, 1993.

[52] J. H. Mathews, K. D. Fink: *Numerical Methods Using* MATLAB, 4th ed., Prentice Hall, 2004.

[53] MathWorks Inc.: MATLAB *Function Reference*, Version 7, MathWorks Inc., 2004.

[54] C. B. Moler: *Numerical Computing with* MATLAB, SIAM, 2004.

[55] W. J. Palm: *Introduction to* MATLAB *7 for Engineers*, McGraw-Hill, 2004.

[56] R. Piessens, E. deDoncker-Kapenga, C. W. Überhuber, D. Kahaner: QUAD-PACK: *A Subroutine Package for Automatic Integration*. Springer, 1983.

[57] J. C. Polking, D. Arnold: *Ordinary Differential Equations Using* MATLAB, Prentice Hall, 2004.

[58] C. Pozrikidis: *Introduction to Finite and Spectral Element Methods using* MATLAB, CRC Press, 2005.

[59] A. Quarteroni, F. Saleri: *Scientific Computing with* MATLAB, Springer, 2003.

[60] G. W. Recktenwald: *Numerical Methods with* MATLAB*: Implementation and Application*, Prentice Hall, 2000.

[61] Y. Saad: *Iterative Methods for Sparse Linear Systems*, 2nd ed., SIAM, 2003.

[62] R. J. Schilling, S. L. Harris: *Applied Numerical Methods for Engineers: Using* MATLAB *and C*, Brooks/Cole, 2000.

[63] D. Schott: *Ingenieurmathematik mit* MATLAB, Hanser, 2004.

[64] L. F. Shampine, I. Gladwell, S. Thompson: *Solving ODEs with* MATLAB, Cambridge University Press, 2003.

[65] K. Sigmon, T. A. Davis: MATLAB *Primer*, 6th ed., CRC Press, 2001.

[66] L. N. Trefethen: *Spectral Methods in* MATLAB, SIAM, 2000.

[67] C. W. Überhuber: *Numerical Computation I*, Springer, 1997.

[68] C. W. Überhuber: *Numerical Computation II*, Springer, 1997.

[69] C. W. Überhuber, C. Meditz: *Softwareentwicklung in Fortran 90*, Springer, 1993.

[70] C. F. Van Loan: *Introduction to Scientific Computing: A Matrix-Vector Approach Using* MATLAB, 2nd ed., Prentice Hall, 2000.

[71] R. E. White: *Computational Mathematics: Models, Methods, and Analysis with* MATLAB *and MPI*, Chapman and Hall/CRC, 2004.

MATLAB-Befehle

Index

Springer und Umwelt

ALS INTERNATIONALER WISSENSCHAFTLICHER VERLAG
sind wir uns unserer besonderen Verpflichtung der
Umwelt gegenüber bewusst und beziehen umwelt-
orientierte Grundsätze in Unternehmensentschei-
dungen mit ein.

VON UNSEREN GESCHÄFTSPARTNERN (DRUCKEREIEN,
Papierfabriken, Verpackungsherstellern usw.) verlangen wir, dass sie sowohl beim Herstellungsprozess
selbst als auch beim Einsatz der zur Verwendung
kommenden Materialien ökologische Gesichtspunkte berücksichtigen.

DAS FÜR DIESES BUCH VERWENDETE PAPIER IST AUS
chlorfrei hergestelltem Zellstoff gefertigt und im
pH-Wert neutral.